普通高等教育“十一五”国家级规划教材

丛书主编　谭浩强

高等院校计算机应用技术规划教材

基础教材系列

计算机应用基础
实用教程

孙新德 主编

清华大学出版社

北京

内 容 简 介

本书是依据教育部计算机基础课程教学指导委员会 2009 发布的"计算机基础课教学基本要求(V2.0-15)",并结合应用型本科院校教学特点而编写的大学计算机基础新教材。

全书共分 8 章,内容包括计算机基础知识、Windows XP 操作系统、文字处理软件 Word 2003、电子表格软件 Excel 2003、演示文稿软件 PowerPoint 2003、计算机网络基础与 Internet 应用、计算机系统维护与数据安全以及计算机应用实训。在 Word 2003、Excel 2003、PowerPoint 2003 部分设计了典型案例,每一章后提供了大量习题。

本书通过案例巩固知识的掌握,通过实训提高计算机应用能力,内容简明扼要、好学易懂。

本书可以作为各类普通高等院校公共计算机基础课程教材,也可以作为高等院校成人教育的培训教材或自学参考书。

图书在版编目(CIP)数据

计算机应用基础实用教程/孙新德主编. —北京: 清华大学出版社, 2011.6
(高等院校计算机应用技术规划教材·基础教材系列)
ISBN 978-7-302-25359-4

Ⅰ.①计…　Ⅱ.①孙…　Ⅲ.①电子计算机—高等学校—教材　Ⅳ.①TP3

中国版本图书馆 CIP 数据核字(2011)第 070675 号

责任编辑:汪汉友
责任校对:李建庄
责任印制:杨　艳

出版发行:清华大学出版社　　**地　址**:北京清华大学学研大厦 A 座
http://www.tup.com.cn　　**邮　编**:100084
社 总 机:010-62770175　　**邮　购**:010-62786544
投稿与读者服务:010-62795954,jsjjc@tup.tsinghua.edu.cn
质 量 反 馈:010-62772015,zhiliang@tup.tsinghua.edu.cn
印 装 者:北京鑫海金澳胶印有限公司
经　销:全国新华书店
开　本:185×260　**印　张**:17.75　**字　数**:445 千字
版　次:2011 年 6 月第 1 版　**印　次**:2011 年 6 月第 1 次印刷
印　数:1～10000
定　价:29.00 元

产品编号:039589-01

编辑委员会

《高等院校计算机应用技术规划教材》

序

《高等院校计算机应用技术规划教材》

进入21世纪，计算机成为人类常用的现代工具，每一个人都应当了解计算机，学会使用计算机来处理各种事务。

学习计算机知识有两种不同的方法：一种是侧重于理论知识的学习，从原理入手，注重理论和概念；另一种是侧重于应用的学习，从实际应用入手，注重掌握其应用的方法和技能。不同的人应根据其具体情况选择不同的学习方法。对多数人来说，计算机是作为一种工具来使用的，应当以应用为目的、以应用为出发点。对于应用型人才来说，显然应当采用后一种学习方法，根据当前和今后的需要，选择学习的内容，围绕应用进行学习。

学习计算机应用知识，并不排斥学习必要的基础理论知识，要处理好这二者的关系。在学习过程中，有两种不同的学习模型：一种是金字塔模型，亦称为建筑模型，强调基础宽厚，先系统学习理论知识，打好基础以后再联系实际应用；另一种是生物模型，植物并不是先长好树根再长树干，长好树干才长树冠，而是树根、树干和树冠同步生长。对计算机应用型人才教育来说，应该采用生物模型，随着应用的发展，不断学习和扩展有关的理论知识，而不是孤立地、无目的地学习理论知识。

传统的理论课程采用以下三部曲：提出概念→解释概念→举例说明，这适合前面第一种侧重于理论知识的学习方法。对于侧重应用的学习者，我们提倡新的三部曲：提出问题→解决问题→归纳分析。传统的方法是：先理论后实际，先抽象后具体，先一般后个别。我们采用的方法是：从实际到理论，从具体到抽象，从个别到一般，从零散到系统。实践证明这种方法是行之有效的，减少了初学者在学习上的困难。这种教学方法更适合于应用型人才培养。

检查学习好坏的标准，不是“知道不知道”，而是“会用不会用”，学习的目的主要在于应用。因此希望读者一定要重视实践环节，多上机练习，千万不要满足于“上课能听懂、教材能看懂”。有些问题，别人讲半天也不明白，自己一上机就清楚了。教材中有些实践性比较强的内容，不一定在课堂上由老师讲授，而可以指定学生通过上机掌握这些内容。这样做可以培养学生的自学能力，启发学生的求知欲望。

全国高等院校计算机基础教育研究会历来倡导计算机基础教育必须坚持面向应用的正确方向，要求构建以应用为中心的课程体系，大力推广新的教学三部曲，这是十分重要的指导思想，这些思想在《中国高等院校计算机基础课程》中作了充分说明。本丛书完全符合并积极贯彻全国高等院校计算机基础教育研究会的指导思想，按照《中国高等院校计算机基础教育课程体系》组织编写。

这套《高等院校计算机应用技术规划教材》是根据广大应用型本科和高职高专院校的迫切需要而精心组织的，其中包括 4 个系列：

(1) 基础教材系列。该系列主要涵盖了计算机公共基础课程的教材。

(2) 应用型教材系列。适合作为培养应用型人才的本科院校和基础较好、要求较高的高职高专学校的主干教材。

(3) 实用技术教材系列。针对应用型院校和高职高专院校所需掌握的技能技术编写的教材。

(4) 实训教材系列。应用型本科院校和高职高专院校都可以选用这类实训教材。其特点是侧重实践环节，通过实践(而不是通过理论讲授)去获取知识，掌握应用。这是教学改革的一个重要方面。

本套教材是从 1999 年开始出版的，根据教学的需要和读者的意见，几年来多次修订完善，选题不断扩展，内容日益丰富，先后出版了 60 多种教材和参考书，范围包括计算机专业和非计算机专业的教材和参考书；必修课教材、选修课教材和自学参考的教材。不同专业可以从中选择所需要的部分。

为了保证教材的质量，我们遴选了有丰富教学经验的高校优秀教师分别作为本丛书各教材的作者，这些老师长期从事计算机的教学工作，对应用型本科的教学特点有较多的研究和实践经验。由于指导思想明确、作者水平较高，教材针对性强，质量较高，本丛书问世 7 年来，愈来愈得到各校师生的欢迎和好评，至今已发行了 240 多万册，是国内应用型高校的主流教材之一。2006 年被教育部评为普通高等教育“十一五”国家级规划教材，并向全国推荐。

由于我国的计算机应用技术教育正在蓬勃发展，许多问题有待深入讨论，新的经验也会层出不穷，我们会根据需要不断丰富本丛书的内容，扩充丛书的选题，以满足各校教学的需要。

本丛书肯定会有不足之处，请专家和读者不吝指正。

全国高等院校计算机基础教育研究会会长
《高等院校计算机应用技术规划教材》主编　**谭浩强**

2008 年 5 月 1 日于北京清华园

前言

随着我国信息化建设不断深入，计算机应用技术普及程度越来越高。目前，国内绝大部分的中小学都开设了信息技术课程，许多家庭的孩子是“学认字”、“学写字”、“学电脑”同步进行的。这些必对现行的大学计算机基础课程体系、课程内容，甚至教学方法、教学手段等提出挑战。大学计算机基础课程教学必须不断改革。为此，教育部高等学校计算机基础课程教学指导委员会于 2009 年又发布了新的“计算机基础课教学基本要求(V2.0-15)”，对计算机基础课程教学改革作了原则性建议。本书是依据“计算机基础课教学基本要求(V2.0-15)”并结合当前我国高等学校公共计算机教学的特点编写而成。

本书是编者多年教学经验和科研成果的凝结，具有以下特点：

(1) 面向应用型普通院校非计算机专业学生，强调应用、重视实训，设计了丰富的习题和实训项目。

(2) 强调基础，突出重点，内容简洁。所有内容围绕培养应用计算机和计算机网络的能力展开，压缩了计算机原理、数据库技术、编程技术、多媒体技术、数据结构与算法等内容，适合于利用较短时间掌握计算机应用基本技能的教学需求。

(3) 在软件方面仍以介绍具有最大用户群的 Windows XP 和 Office 2003 为主，适当介绍了 Windows 7 和 Office 2007，使其具有更强的实用性。

(4) 吸收了最新的计算机技术成果，内容具有新颖性和先进性。Intel 的 Core i7 CPU、“天河一号”巨型机、Windows 7 操作系统、IPv6 协议、微博等，书中都有介绍。

(5) 书中案例源自学生生活，容易激发学生学习兴趣，利于学生对相关内容的掌握。

(6) 内容组织方式深入浅出，对基本概念、基本技术和方法的阐述准确清晰、通俗易懂。

本书可以作为各类普通高等院校公共计算机基础课程教材，也可以作为高等院校成人教育的培训教材或自学参考书。

本书共分 8 章，内容包括计算机基础知识、计算机基本操作、办公软件应用、计算机网络基础与应用、计算机系统维护与数据安全以及计算机应用实训等 6 个模块。

本书由孙新德主编，由孙新德、王艳、刘国梅、白首华编写。参加编写的还有吴昊、王亚楠、薄树奎、范喆等。

本书在编写和出版过程中得到了清华大学出版社和编者所在学校的大力支持和帮助，在此表示衷心感谢。同时对在编写过程中参考的大量文献资料的作者表示感谢。

由于时间仓促且水平有限，教材之中定有不妥之处，敬请广大读者批评指正。联系方式(E-mail)：sxd6611@sohu.com。

编　者

2011年5月

目录

第1章 计算机基础知识

本章主要介绍计算机的概述、计算机系统的组成与工作原理、信息在计算机中的表示等计算机基础知识。通过本章学习，学生对计算机及其应用有一个总体概念，为后续各章学习打下一个良好基础。

1.1 计算机概述

计算机是一种能自动、高速、精确地进行信息处理的电子设备。自1946年诞生以来，计算机的发展极其迅速，至今已在各个方面得到广泛应用。它使人们传统的工作、学习、日常生活甚至思维方式都发生了深刻变化。

1.1.1 计算机的产生和发展简史

1. 计算机的产生

计算工具的发展有着悠久的历史，经历了从简单到复杂、从低级到高级的演变过程。早在我国春秋时期就有竹筹计数的"筹算法"，唐朝末年创造出算盘，南宋已有算盘歌诀的记载。随着生产力的发展，计算日趋复杂，开始出现较先进的计算工具。1642年，法国研制出了世界上第一台机械计算机。1654年出现了计算尺，1887年制成手摇计算机，以后又出现了电动机械计算机和电子模拟计算机。随着科学技术的发展和社会的进步，计算量越来越大，对计算速度和精度要求越来越高，原有计算工具已不能满足社会发展的实际需要。

世界上第一台电子数字计算机是ENIAC（Electronic Numerical Integrator And Computer，电子数字积分计算机），于1946年在美国的宾夕法尼亚大学研制成功。研制的目的是满足美国奥伯丁武器实验场弹道计算的需要。ENIAC是世界上第一台以电子管为基本元件，真正能自动运行的电子计算机，如图1-1所示。它可以每秒做5000次加法运算，3ms进行一次乘法运算，远远高于手工运算速度。但是它的体积非常庞大，占地约170m^2，重约30t，共用了18 000多支电子管，1500多个继电器，70 000只电阻及其他电子元器件，耗电功率达到140kW，且存储容量很小，只能存储20个字长为10位的十进制数据。

用现在的眼光来看，这是一台耗资巨大、功能不完善而且笨重的庞然大物。尽管如此，它的出现却是科学技术发展史上的一个伟大创举，人类社会从此进入了电子计算机时代。

(a)

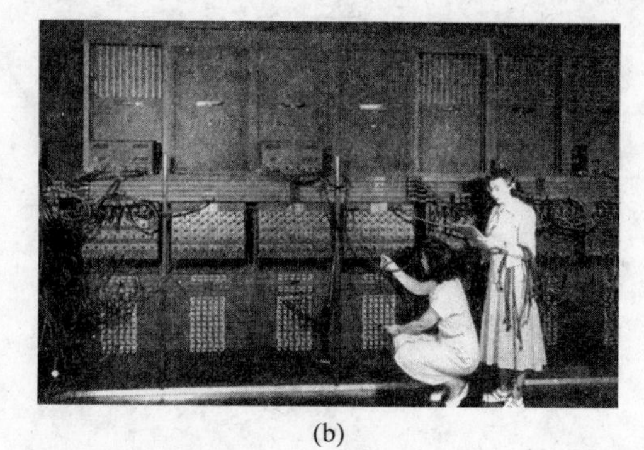
(b)

图 1-1　世界上第一台电子计算机 ENIAC

2. 计算机的发展简史

在计算机的发展过程中，其结构不断变化，所使用的电子器件也在不断更新。人们按照计算机中主要功能部件所采用的电子器件（逻辑元件）的不同，一般将计算机的发展分成 4 个阶段（习惯上称为四代），每一阶段在技术上都是一次新的突破，在性能上都是一次质的飞跃，各阶段电子计算机的特点如表 1-1 所示。

表 1-1　计算机发展概况

类　型	起止时间	主要器件	处理速度
第一代	1946—1957 年	电子管	每秒几千条
第二代	1958—1964 年	晶体管	每秒几百万条
第三代	1965—1970 年	中小规模集成电路	每秒几千万条
第四代	1971 年至今	大规模、超大规模集成电路	每秒数亿次以上

(1) 第一代(1946—1957 年)：电子管计算机

第一代电子计算机的典型代表是 ENIAC。尽管它的功能远不如今天的计算机，但 ENIAC 作为计算机大家族的鼻祖，开辟了人类科学技术领域的先河，使信息处理技术进入了一个崭新的时代。其主要特征如下：

① 使用电子管元件，体积庞大、耗电量高、可靠性差、维护困难。

② 运算速度慢，一般为每秒运算 1 千次到 1 万次。

③ 使用机器语言，没有系统软件。

④ 采用磁鼓、小磁心作为存储器，存储空间有限。

⑤ 输入输出设备简单，采用穿孔纸带或卡片。

⑥ 主要用于科学计算。

(2) 第二代(1958—1964 年)：晶体管计算机

晶体管的发明给计算机技术带来了革命性的变化。第二代计算机采用的主要元件是晶体管，称为晶体管计算机。计算机软件有了较大发展，采用了监控程序，这是操作系统的雏形。第二代计算机有如下特征：

① 采用晶体管作为计算机的器件，体积大大缩小，可靠性增强，寿命延长。

② 运算速度加快，达到每秒运算几万次到几十万次。

③ 提出了操作系统的概念，开始出现了汇编语言，产生了如 FORTRAN 和 COBOL 等高级程序设计语言和批处理系统。

④ 普遍采用磁心作为内存储器，磁盘、磁带作为外存储器，存储容量大大提高。

⑤ 计算机应用领域扩大，从军事研究、科学计算扩大到数据处理和实时过程控制等领域，并开始进入商业市场。

(3) 第三代(1965—1970 年)：中小规模集成电路计算机

20 世纪 60 年代中期，随着半导体工艺的发展，已制造出了集成电路元件。集成电路可在几平方毫米的单晶硅片上集成十几个甚至上百个电子元件。计算机开始采用中小规模的集成电路元件，这一代计算机比晶体管计算机体积更小，耗电更少，功能更强，寿命更长，综合性能也得到了进一步提高。第三代电子计算机具有如下主要特征：

① 采用中小规模集成电路元件，体积进一步缩小，寿命更长。

② 内存储器使用半导体存储器，性能优越，运算速度加快，每秒运算可达几百万次。

③ 外围设备开始出现多样化。

④ 高级语言进一步发展。操作系统的出现，使计算机功能更强，提出了结构化程序的设计思想。

⑤ 计算机应用范围扩大到企业管理和辅助设计等领域。

(4) 第四代(1971 年至今)：大规模集成电路计算机

随着 20 世纪 70 年代初集成电路制造技术的飞速发展，产生了大规模集成电路元件，使计算机进入了一个新的时代，即大规模和超大规模集成电路计算机时代。这一时期的计算机的体积、重量、功耗进一步减少，运算速度、存储容量、可靠性有了大幅度的提高。其主要特征如下：

① 采用大规模和超大规模集成电路逻辑元件，体积与第三代相比进一步缩小，可靠性更高，寿命更长。

② 运算速度加快，每秒运算可达几千万次以上。

③ 系统软件和应用软件获得了巨大发展，软件配置丰富，程序设计部分自动化。

④ 计算机网络技术、多媒体技术、分布式处理技术有了很大的发展，微型计算机大量进入家庭，产品更新速度加快。

⑤ 计算机在办公自动化、数据库管理、图像处理、语言识别和专家系统等各个领域得到应用，电子商务已开始进入到了家庭，计算机的发展进入到了一个新的历史时期。

20 世纪 80 年代以来，以美国、日本等国为首的许多国家开始研制智能计算机，也就是现在称的第五代计算机。它除了具备现在计算机的功能外，还具有能模仿人的推理、联想、学习等思维功能，并具有语音识别、图像识别能力。目前计算机技术仍在高速发展，计算机的应用领域将更加广阔。

1.1.2 计算机的发展趋势

计算机已广泛应用于科研、国防、工业、交通、邮电以及日常工作生活等各个领域。计算机应用的广泛和深入对计算机的发展提出了多样化的要求。计算机的发展呈现 4 种趋势：巨型化、微型化、网络化和智能化。

1. 巨型化

巨型化是指发展高速、大存储量和强功能的巨型计算机。这既是为了满足天文、气象、地质、核物理等尖端科学的需要，也是为了使计算机具有人脑学习、推理、记忆等功能。当今知识信息犹如核裂变一样不断膨胀，记忆、存储和处理这些海量信息必须使用巨型计算机。

目前，中国首台千万亿次超级计算机系统"天河一号"由国防科学技术大学研制，部署在国家超级计算天津中心，其实测运算速度可以达到2570万亿次每秒，雄居世界第一。美国橡树岭国家实验室的"美洲虎"超级计算机实测运算速度达1750万亿次每秒，排名第二。排名第三的是中国曙光公司研制的"星云"高性能计算机，其实测运算速度达到1270万亿次每秒。其他排名前十的超级计算机分别为日本、法国、德国和美国。

2. 微型化

微型化是指利用微电子技术和超大规模集成电路技术，将计算机的体积进一步缩小，价格进一步降低。因大规模、超大规模集成电路的出现，计算机微型化迅速。因为微型计算机可渗透到诸如仪表、家用电器、导弹弹头等中、小型计算机无法进入的领地，使仪器设备实现智能化。随着微电子技术的发展，笔记本式计算机、掌上型计算机必将以更优的性价比受到人们的欢迎。

笔记本式计算机(Notebook Computer)，俗称手提计算机或膝上型计算机，是一种小型、可携带的个人计算机，通常重1～3kg。当前的发展趋势是体积越来越小，重量越来越轻，而功能却越发强大。

PDA(个人数字助理)，一般是指掌上型计算机。相对于传统计算机，PDA的优点是轻便、小巧、可移动性强，同时又不失功能的强大，缺点是屏幕过小，且电池续航能力有限。它不仅可用来管理个人信息(如通讯录、计划等)，更重要的是可以上网浏览、收发E-mail、发传真，甚至还可以当做移动电话来用。尤为重要的是，这些功能都可以通过无线方式实现。

智能电话(Smartphone)，是由PDA演变而来的。最早的掌上计算机不具备移动电话的通话功能，考虑到现代人随时随地对个人信息处理和通信的需求以及不情愿随时都携带移动电话和PDA两个设备的状况，厂商们便把PDA的系统移植到了移动电话中，提出了智能移动电话这个概念(像个人计算机一样，具有独立的操作系统，可以由用户自行安装软件、游戏等第三方服务商提供的程序，通过此类程序来不断对移动电话的功能进行扩充，并可以通过移动通信网络来实现无线网络接入的这样一类移动电话的总称)。智能移动电话一经推出便受到人们的普遍欢迎。

3. 网络化

网络化是指利用现代通信技术和计算机技术，把分布在不同地点的计算机互连起来，按照网络协议相互通信，使网络内众多的计算机系统共享相互的硬、软件和数据等资源。计算机网络是计算机技术发展中崛起的又一重要分支，是现代通信技术与计算机技术结合的产物。从单机走向联网，是计算机应用发展的必然结果。目前，计算机网络在交通、金融、企业管理、教育商业等许多行业得到了广泛的应用。

4. 智能化

智能化是指让计算机具有模拟人的感觉和思维过程的能力,具有此能力的计算机称为智能计算机。这也是现代计算机的目标。它是让计算机来模拟人的感觉、行为、思维过程的机理,使计算机具备视觉、听觉、语言、行为、思维、逻辑推理、学习、证明等能力,形成智能型、超智能型计算机。智能化突破了“计算”这一含义,从本质上扩充了计算机的能力,使计算机更多地代替人类的某些脑力劳动。

智能计算机技术还很不成熟,现主要在做模式识别、知识处理及开发智能应用等方面的工作。尽管所取得的成果离人们期望的目标还有很大距离,但已经产生明显的经济效益与社会效益。专家系统已在管理调度、辅助决策、故障诊断、产品设计、教育咨询等方面广泛应用。文字、语音、图形图像的识别与理解以及机器翻译等领域也取得了重大进展,这方面的初级产品已经问市。计算机产品的智能化和智能机系统的研究开发将对国防、经济、教育、文化等各方面产生深远影响。

计算机智能化是21世纪信息产业的重要发展方向。发展智能计算机将加速以信息产业为标志的新的工业革命。智能计算机的应用将放大人的智力,减少对自然资源的利用。它只需要极少的能量和材料,其价值主要在于知识。另一方面,研制智能计算机可以帮助人们更深入地理解人类自己的智能,最终揭示智能的本质与奥秘。

1.1.3 计算机的特点

计算机技术快速发展,从许多方面给人们的生活和工作带来了变化。与过去的计算工具相比,现代的计算机具有以下几个主要特点。

1. 运算速度快,计算精度高

高性能的计算机能以千万亿次每秒的速度进行运算。许多过去由于数据量过大,手工很难处理的问题,现在都可以很容易地解决。比如航空航天、天文气象等数据处理和数值计算等都可以使用超级计算机得到较为准确的结果。目前计算机计算已达到小数点后上亿位的精度。事实上,计算机的计算精度可由实际需要而定。

2. 记忆力强,具有逻辑判断功能

计算机中的存储器能够存储和记忆大量的信息。随着制造工艺的发展,计算机中的内存、外存容量都在不断扩大,现代计算机内存容量已达到了吉字节(GB)数量级,外存容量发展更是迅猛,一台计算机能很轻松地将一个图书馆的全部资料信息存储下来,而且不会“忘记”。现代计算机不但可以存储数字和符号,还能记录声音、图像和影视等多媒体信息。

3. 自动化程度高

计算机可以按照预先编制的程序自动执行,而不需要人工干预。

4. 可靠性高,通用性强

随着微电子学和计算机技术的发展,现在计算机连续无故障运行时间可达几十万小时

以上,具有极高的可靠性。如目前在宇宙空间站、航天飞机上使用的计算机系统可以连续可靠工作几年以上。利用这一特点,还可以让计算机代替人做许多人类自身无法完成的工作。另外,计算机对于不同的问题,只是执行的程序不同,具有很强的稳定性和通用性。

1.1.4 计算机的主要性能指标

一台微型计算机功能的强弱或性能的好坏,不是由某项指标来决定的,而是由它的系统结构、指令系统、硬件组成、软件配置等多方面的因素综合决定的。但对于大多数普通用户来说,可以从以下几个指标来大体评价计算机的性能:主频、字长、内存容量、运算速度、外部设备配置等。

1. 主频

主频(时钟频率)是指计算机的中央处理器(CPU)在单位时间内输出的脉冲数,也即是CPU的时钟频率。它在很大程度上决定了计算机的运行速度,单位是赫兹(Hz)。目前微型计算机的主频都在1GHz以上。

2. 字长

字长是指计算机的运算部件能同时处理的二进制数据的位数。字长影响着计算机的运算精度和速度。字长越长,它在相同时间内能处理、传送更多数据,有更大的地址空间,能支持数量更多、功能更强的指令。

3. 内存容量

内存容量是指内存储器中能存储的最大信息量。内存容量的基本单位为字节(Byte,B),一个字节包含8个二进制位(bit,b),即1B=8b。常用的内存容量单位还有千字节(KB)、兆字节(MB)、吉字节(GB)、太字节(TB)。它们之间的换算关系如下:1KB=1024B,1MB=1024KB,1GB=1024MB,1TB=1024GB。

4. 运算速度

运算速度是个综合性的指标,单位为MIPS(百万条指令每秒)。影响运算速度的因素,主要是主频和存取周期,存取周期指的是存储器连续两次独立的“读”或“写”操作所需的最短时间,单位是纳秒(ns,$1ns=10^{-9}s$)。字长和存储容量对其也有影响。

5. 外部设备配置

计算机系统外部设备配置的数量和质量也影响着计算机性能的发挥和应用。

1.1.5 计算机的应用领域

在信息化的社会中,计算机的应用十分广泛,它在科学研究、工业、农业、国防和社会生活的各个领域中得到了越来越广泛的应用。可以总结归纳为以下几个方面。

1. 科学计算

科学计算又称数值计算,是指用计算机完成科学研究和工程技术中所提出的数学问题。

在科学技术和生产中所遇到的各种数学问题都需要进行复杂的计算，这些统称为科学计算，计算机作为一种计算工具，科学计算是它最早的应用领域，也是计算机最重要的应用之一。计算机可以解决数学、物理、化学、天文学等基础科学的研究，以及天气预报、航空航天、地质勘探等方面的运算问题。

在科学技术和工程设计中存在着大量的各类数字计算，如求解几百乃至上千阶的线性方程组、大型矩阵运算等。这些问题广泛出现在导弹实验、卫星发射、灾情预测等领域，其特点是数据量大、计算工作复杂。在数学、物理、化学、天文等众多学科的科学研究中，经常遇到许多数学问题，这些问题用传统的计算工具是难以完成的，有时人工计算需要几个月、几年，而且不能保证计算准确，使用计算机则只需要几天、几小时甚至几分钟就可以精确地解决。所以，计算机是发展现代尖端科学技术必不可少的重要工具。高性能的计算机运算速度快、精度高、存储容量大，因此适合于科学计算。

2. 信息处理

可被人感受的信息有声音、图像、文字、符号等。这些信息类型在计算机中都表现为计算机数据，因此信息处理又称数据处理。信息处理包括信息采集、存储、加工、传递以及综合分析等。信息处理一般不涉及复杂的数学计算问题，但是数据量大、时间性强。信息处理是计算机应用最广泛的领域之一。

信息处理广泛用于工农业生产计划的制定、科技资料的管理、财务管理、人事档案管理、图书管理、情报检索、医疗诊断、火车调度管理、飞机订票等。当前我国服务于信息处理的计算机约占整个计算机应用的60%左右，而有些国家则达80%以上。

目前，国内所有银行都已采用计算机记账、算账，通过使用计算机，把成千上万的出纳、会计、审核员从烦琐、枯燥的计算中解脱出来。如我国一些银行发行的“牡丹卡”、“长城卡”等信用卡，顾客到全国各地指定商店购物不必带现金，只要通过商店的计算机终端设备，即可完成验证、查询、扣款等一系列操作。整个过程可在数分钟内完成。

目前流行的“一卡通”也是计算机在信息处理中的典型应用。一卡通就是通过一张智能卡实现多种不同功能的智能管理，各种功能准确明了，方便快捷。一卡通可以用于银行、城市公共交通、高速公路自动收费、智能大厦、各种公共收费、智能小区物业管理、考勤门禁管理、校园和厂区管理等众多场合。在校园内，手持校园“一卡通”可以方便地进行就餐、购物、缴费等各种活动，避免了现金支付带来的各种麻烦。“一卡通”通用的范围将不断扩大，只要有一张“一卡通”就可以完成打电话、乘公交、乘出租车、购物、支付水电费、存取现金等工作和生活中的事务，让人们处处备感方便。

3. 过程控制

过程控制也称实时控制，是用计算机及时采集数据，按最佳值迅速对控制对象进行自动控制或采用自动调节。利用计算机进行过程控制，不仅大大提高了控制的自动化水平，而且大大提高了控制的实时性和准确性。

由于过程控制一般都是实时控制，要求可靠性高、响应及时，因此过程控制的特点是及时收集并检测数据，按最佳值调节控制对象。

在电力、机械制造、化工、冶金、交通等部门采用过程控制，可以提高劳动生产效率、产品质量、自动化水平和控制精确度，减少生产成本，减轻劳动强度。如用计算机控制发电，对蒸汽锅炉水位、温度、压力等参数进行优化控制，可使锅炉内燃料更充分燃烧，提高燃烧效率，节约能源。同时计算机可完成超限报警，使锅炉安全运行。在军事上，可使用计算机实时控制导弹，根据目标的移动情况修正飞行姿态，最终准确击中目标。计算机的过程控制已广泛应用于大型发电站、火箭发射、雷达跟踪、炼钢等各领域。

4. 计算机辅助系统

使用计算机进行辅助工作的系统越来越多，如计算机辅助设计、计算机辅助制造、计算机辅助测试、计算机辅助教学等。随着计算机应用领域的扩展，还会有更多的工作可以依靠计算机辅助完成。

(1) 计算机辅助设计(Computer Aided Design，CAD)：利用计算机进行辅助设计，可以提高设计质量和自动化程度，大大缩短设计周期，降低生产成本，节省人力物力。由于计算机有快速的数值计算能力、较强的数据处理及模拟的能力，因此 CAD 已被广泛应用在大规模集成电路、建筑、船舶、飞机、机床、机械以及服装等设计上。

(2) 计算机辅助制造(Computer Aided Manufacturing，CAM)：是指利用计算机通过各种数值控制生产设备，完成产品的加工、装配、检测、包装等生产过程的技术。将 CAD 进一步集成就形成了计算机集成制造系统，从而实现设计生产自动化。利用 CAM 可提高产品质量，降低成本和降低劳动强度。

(3) 计算机辅助教学(Computer Aided Instruction，CAI)：是在计算机辅助下进行的各种教学活动，通过应用 CAI 系统使教学内容生动、形象、逼真，丰富了教学方法、教学手段和教学形式。

(4) 计算机辅助测试(Computer-Assisted Testing，CAT)：是指计算机在测试及其评价中的应用。

5. 多媒体技术

把数字、文字、声音、图形、图像和动画等多种媒体有机组合起来，利用计算机、通信和广播电视技术，使它们建立起逻辑联系，并能进行加工处理(包括对这些媒体的录入、压缩和解压缩、存储、显示和传输等)的技术。目前多媒体计算机技术的应用领域正在不断拓宽，除了知识学习、电子图书、商业及家庭应用外，在远程医疗、视频会议中也都得到了广泛应用。

6. 计算机通信和网络

简单地说，计算机通信就是将一台计算机产生的数字信息传送给另一台计算机。随着信息化社会的发展，通信业也发展迅速，计算机在通信领域的作用越来越大，特别是计算机网络的迅速发展。目前遍布全球的因特网(Internet)已把地球上的大多数国家联系在一起，加之现在适应不同程度、不同专业的教学辅助软件不断涌现，利用计算机辅助教学和利用计算机网络在家里学习代替去学校、课堂这种传统教学方式已经在许多国家变成现实，如我国许多大学开设的网络远程教育等，具体内容在计算机网络章节讲解。

7. 人工智能

人工智能(Artificial Intelligence,AI)是用计算机模拟人类的智能活动,如判断、理解、学习、图像识别、问题求解等,是研究解释和模拟人类智能、智能行为及其规律的一门科学。其主要任务是建立智能信息处理理论,进而设计可以展现某些近似于人类智能行为的计算系统。人工智能研究的重要成果之一就是常说的"机器人"。人工智能学科包括知识工程、机器学习、模式识别、自然语言处理、智能机器人和神经计算等多个方面。

"自然语言理解"是人工智能应用的一个分支,它研究如何使计算机理解人类的自然语言(如汉语或英语),如根据一段文章的上下文来判断文章的含义,这是一个十分复杂的问题。

"专家系统"是人工智能应用的另一个重要分支,它的作用是使计算机具有某一方面专家的专门知识,利用这些知识去处理所遇到的问题。例如,计算机辅助医生看病,计算机博弈等。

目前,世界上已研制出各种各样的智能机器人,如能演奏乐曲的机器人,能带领盲人走路的机器人,能下棋的机器人,能进行家庭服务的机器人等。从它们的工作效能看,人工智能应用的前景是十分诱人的。

近年来,人类的活动领域不断扩大,机器人应用也从制造领域向非制造领域发展。像海洋开发、宇宙探测、采掘、建筑、医疗、农林业、服务、娱乐等行业都提出了自动化和机器人化的要求。这些行业与制造业相比,其主要特点是工作环境的非结构化和不确定性,因而对机器人的要求更高,需要机器人具有行走功能、对外感知能力,以及局部的自主规划能力等,是机器人技术的一个重要发展方向。

(1) 水下机器人

水下机器人已用于海洋石油开采、海底勘查、救捞作业、管道敷设和检查、电缆敷设和维护,以及大坝检查等方面。

(2) 空间机器人

空间机器人一直是先进机器人的重要研究领域。空间机器人是用于空间探测活动的特种机器人,它是一种低价位的轻型遥控机器人,可在行星的大气环境中导航及飞行。

(3) 核工业用机器人

研究主要集中在机构灵巧、动作准确可靠、反应快、重量轻、刚度好、便于装卸与维修的高性能伺服手,以及半自主和自主移动的机器人。

(4) 地下机器人

地下机器人主要包括采掘机器人和地下管道检修机器人两类。主要研究机械结构、行走系统、传感器及定位系统、控制系统、通信及遥控技术。目前日、美、德等发达国家已研制出了地下管道和石油、天然气等大型管道检修用的机器人,各种采掘机器人及自动化系统正在研制中。

(5) 医用机器人

医用机器人的主要研究内容包括医疗外科手术的规划与仿真、机器人辅助外科手术、最小损伤外科、临场感外科手术等。

(6) 建筑机器人

目前，建筑机器人为智能型机器人，装有多种传感器，基于人的思维方式进行判断，对作业环境具有适应性，能够基于环境变化自动编程，从而确定动作。对于机器人的开发与应用，国内外机器人专家公认应该优先发展工作于恶劣环境下的特种机器人，建筑也是仅次于采矿的第二危险行业，施工过程中事故多、劳动强度大、生产效率低，在建筑业中引入机器人技术可以把建筑活动扩展到人所不适的场所，如核辐射污染、高温、高压及水下作业，并且可以提高作业效率，将人类从简单重复及繁重的传统建筑业中替换出来，具有较大的社会效益和经济效益。

(7) 军用机器人

近年来，美、英、法、德等国已研制出第二代军用智能机器人。其特点是采用自主控制方式，能完成侦察、作战和后勤支援等任务，在战场上具有看、嗅和触摸能力，能够自动跟踪地形和选择道路，并且具有自动搜索、识别和消灭敌方目标的功能。

可以预见，在21世纪，各种先进的机器人系统将会进入人类生活的各个领域，成为人类良好的助手和亲密的伙伴。

除此之外，计算机在电子商务、电子政务等领域的应用也得到了快速发展。

1.2 计算机中的数据表示

电子计算机是由各种电子器件构成的电气设备。计算机各种应用的本质就是对数据的计算和加工处理。现代电子计算机中使用的数据都是用二进制数表示的。在计算机应用中，外界的任何形式的信息或数据都必须转变成二进制数才能被计算机识别和处理，这种转变可以采用数制转换或者信息编码的方法。因此，了解计算机中的数制转换和信息编码是理解计算机工作原理的基础。

1.2.1 进位计数与数制转换

在社会实践中，为了计数方便，人们提出了各种各样的进位计数规则。一种进位计数规则对应一种进位计数制(简称数制)。人类在日常生活中常用十进制来表述事物的量，即“逢十进一”，实际上这并非天经地义，只不过是人们的习惯而已，生活中也常常遇到其他数制，如六十进制(每分钟为60秒、每小时60分钟，即逢60进1)、十二进制(计量单位“一打”)等。

在计算机领域，最常用到的是二进制，这是因为电子计算机由千千万万个电子元件(如电容、电感、三极管等)组成，这些电子元件一般都是只有两种稳定的工作状态(如三极管的截止和导通)，用高、低两个电位表示“1”和“0”在物理上最容易实现，而且使用二进制数运算规则简单、可靠性高，因此计算机中参与运算的数据都是以二进制代码表示的，也就是说电子计算机只能识别二进制数。

二进制的书写一般比较长，而且容易出错。因此除了二进制外，为了便于书写，计算机中还常常用到八进制和十六进制。一般用户与计算机打交道并不直接使用二进制数，而是十进制数、八进制数或十六进制数，然后由计算机自动转换为二进制数。但对于使用计算机的人员来说，了解不同进制数的特点及它们之间的转换还是必要的。

1. 进位计数制

(1) 计数符号与位权

每一种进位计数制都有固定数目的计数符号,简称数符。

十进制,有 10 个数符: 0,1,2,…,9,其基数 R 为 10。

二进制,有 2 个数符: 0,1,其基数 R 为 2。

八进制,有 8 个数符: 0,1,2,…,7。其基数 R 为 8。

十六进制,有 16 个数符: 0,1,…,9,A、B、C、D、E、F,其中 A~F(或 a~F)对应十进制的 10~15,其基数 R 为 16。

在任何进位计数制中,处于一个数中不同位置的数符表示数量大小时有着不同的权重,称为位权。用 n 表示数符的位置,对于整数位权可用 R^{n-1} 表示,对于小数位权可用 R^{-n} 表示。

【例 1-1】 十进制数 34168 的值与数符、位权之间的关系:

$$(34168)_{10}=3\times10^4+4\times10^3+1\times10^2+6\times10^1+8\times10^0。$$

【例 1-2】 二进制数 100101 的值与数符、位权之间的关系:

$$(100101)_2=1\times2^5+0\times2^4+0\times2^3+1\times2^2+0\times2^1+1\times2^0$$

(2) 十进制

十进制(decimal notation)是人们十分熟悉的。它用 0~9 这 10 个数字符号,按照一定规律排列起来表示数值的大小。表示形式为$(527)_{10}$、$[527]_{10}$或 527D,有时也可以把下标 10 或 D 省略。

十进制的特点如下:

① 有 10 个数码: 0、1、2、3、4、5、6、7、8、9。

② 基数 R 为 10。

③ 逢十进一(加法运算),借一当十(减法运算)。

④ 按权展开式。对于任意一个 n 位整数和 m 位小数的十进制数 D,均可按权展开为:

$$D=D_{n-1}\times10^{n-1}+D_{n-2}\times10^{n-2}+\cdots+D_1\times10^1+D_0\times10^0$$
$$+D_{-1}\times10^{-1}+\cdots+D_{-m}\times10^{-m}$$

式中 D_i 为各数位的数符,n 和 m 分别表示整数和小数位。

【例 1-3】 将十进制数 456.24 写成按权展开式形式。

$$456.24=4\times10^2+5\times10^1+6\times10^0+2\times10^{-1}+4\times10^{-2}$$

(3) 二进制

与十进制类似,二进制(binary notation)的基数为 2。二进制的基本运算规则是“逢二进一”,各位的权为 2 的幂。

任意一个二进制数,如 110 可表示为$(110)_2$、$[110]_2$ 或 110B。

二进制有如下特点:

① 有两个数码: 0、1。

② 基数: 2。

③ 逢二进一(加法运算),借一当二(减法运算)。

④ 按权展开式。对于任意一个 n 位整数和 m 位小数的二进制数 D,均可按权展开为:

$$D= B_{n-1} \times 2^{n-1} + B_{n-2} \times 2^{n-2} + \cdots + B_1 \times 2^1 + B_0 \times 2^0$$
$$+ B_{-1} \times 2^{-1} + \cdots + B_{-m} \times 2^{-m}$$

式中 B_i 为二进制数符，可取 0 或 1 两种值。

【例 1-4】 把$(11001.101)_2$写成展开式，并把它表示为十进制数。

$$(11001.101)_2 = 1 \times 2^4 + 1 \times 2^3 + 0 \times 2^2 + 0 \times 2^1 + 1 \times 2^0$$
$$+ 1 \times 2^{-1} + 0 \times 2^{-2} + 1 \times 2^{-3}$$
$$= (25.625)_{10}$$

(4) 八进制

八进制(octal notation)的特点如下：

① 有 8 个数码：0、1、2、3、4、5、6、7。

② 基数：8。

③ 逢八进一(加法运算)，借一当八(减法运算)。

④ 按权展开式。对于任意一个 n 位整数和 m 位小数的八进制数 D，均可按权展开为：

$$D = O_{n-1} \cdot 8^{n-1} + \cdots + O_1 \cdot 8^1 + O_0 \cdot 8^0 + O_{-1} \cdot 8^{-1} + \cdots + O_{-m} \cdot 8^{-m}$$

【例 1-5】 把$(5346)_8$写成展开式，并把它表示成十进制数。

$$(5346)_8 = 5 \times 8^3 + 3 \times 8^2 + 4 \times 8^1 + 6 \times 8^0 = (2790)_{10}$$

(5) 十六进制

十六进制(hexadecimal notation)有如下特点：

① 有 16 个数码：0、1、2、3、4、5、6、7、8、9、A、B、C、D、E、F。

② 基数：16。

③ 逢十六进一(加法运算)，借一当十六(减法运算)。

④ 按权展开式。对于任意一 n 位整数和 m 位小数的十六进制数 D，均可按权展开为：

$$D= H_{n-1} \times 16^{n-1} + \cdots + H_1 \times 16^1 + H_0 \times 16^0$$
$$+ H_{-1} \times 16^{-1} + \cdots + H_{-m} \times 16^{-m}$$

在 16 个数码中，A、B、C、D、E 和 F 这 6 个数码分别代表十进制的 10、11、12、13、14 和 15，这是国际上通用的表示法。

【例 1-6】 把十六进制数$(4C4D)_{16}$写成展开式，并把它表示成十进制数。

$$(4C4D)_{16} = 4 \times 16^3 + 12 \times 16^2 + 4 \times 16^1 + 13 \times 16^0 = (19533)_{10}$$

2. 常用数制之间的转换

不同数制之间数进行转换必须遵循一定的转换原则：两个有理数相等，则有理数的整数部分和小数部分一定分别相等。也就是说，若转换前两数相等，转换后仍必须相等。

(1) 二、八、十六进制数转换为十进制数

把二、八、十六进制数变成十进制数很简单，只要将其按位权展开求和即可得到对应的十进制数。

【例 1-7】 把$(1101100.111)_2$转换为十进制数。

$$(1101100.111)_2 = 1 \times 2^6 + 1 \times 2^5 + 1 \times 2^3 + 1 \times 2^2 + 1 \times 2^{-1} + 1 \times 2^{-2} + 1 \times 2^{-3}$$
$$= 64 + 32 + 8 + 4 + 0.5 + 0.25 + 0.125$$
$$= (108.875)_{10}$$

【例 1-8】 把$(652.34)_8$转换成十进制。

$$(652.34)_8 = 6\times 8^2 + 5\times 8^1 + 2\times 8^0 + 3\times 8^{-1} + 4\times 8^{-2}$$
$$= 384 + 40 + 2 + 0.375 + 0.0625$$
$$= (426.4375)_{10}$$

【例 1-9】 将$(19BC.8)_{16}$转换成十进制数为：

$$(19BC.8)_{16} = 1\times 16^3 + 9\times 16^2 + 11\times 16^1 + 12\times 16^0 + 8\times 16^{-1}$$
$$= 4096 + 2304 + 176 + 12 + 0.5$$
$$= (6588.5)_{10}$$

(2) 十进制数转换成二、八、十六进制数

下面以二进制为例说明。

① 整数部分的转换——除 2 取余法

整数部分的转换采用“除 2 取余法”。即用 2 多次除被转换的十进制数，直至商为 0，每次相除所得余数，按照第一次除 2 所得余数是二进制数的最低位，最后一次相除所得余数是最高位，排列起来，便是对应的二进制数。

【例 1-10】 将十进制数$(13)_{10}$转换成二进制数。其算式如下：

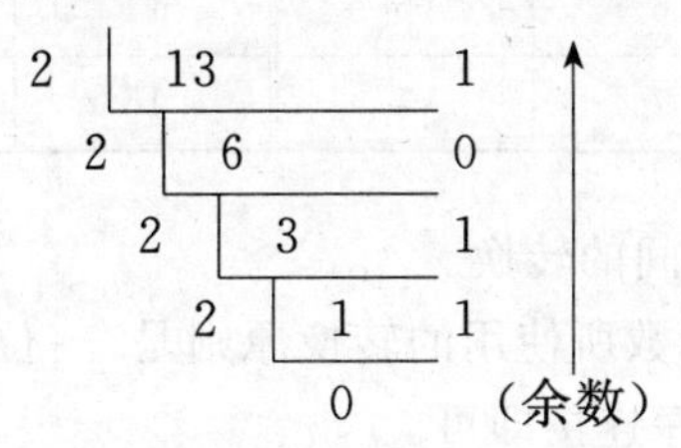

结果为：$(13)_{10} = (1101)_2$

② 小数部分的转换——乘 2 取整法

小数部分的转换采用“乘 2 取整法”。即用 2 多次乘被转换的十进制数的小数部分，每次相乘后，所得乘积的整数部分变为对应的二进制数。第一次乘积所得整数部分就是二进制数小数部分的最高位，其次为次高位，最后一次是最低位。

【例 1-11】 将十进制纯小数 0.562 转换成保留六位小数的二进制小数。其运算过程如下：

$0.562\times 2 = 1.124$ 1 (b_{-1})

$0.124\times 2 = 0.248$ 0 (b_{-2})

$0.248\times 2 = 0.496$ 0 (b_{-3})

$0.496\times 2 = 0.992$ 0 (b_{-4})

$0.992\times 2 = 1.984$ 1 (b_{-5})

由于最后所余小数 $0.984 > 0.5$，则根据“四舍五入”的原则，可得 $b_{-6} = 1$。

结果：$(0.562)_{10} \approx (0.100011)_2$。

任何十进制数都可以将其整数部分和纯小数部分分开，分别用“除 2 取余法”和“乘 2 取整法”化成二进制数形式，然后将二进制形式的整数和纯小数合并即成十进制数所对应的二进制数。

【例 1-12】 将十进制数$(13.562)_{10}$转换成保留六位小数的二进制数。

解：可先将整数部分由“除 2 取余法”化成二进制数：$(13)_{10} = (1101)_2$

再由“乘 2 取整法”将纯小数部分化成二进制数：$(0.562)_{10}=(0.100011)_2$

然后将所得结果合并成相应的二进制数：$(13.562)_{10}=(1101.100011)_2$

十进制转换成八进制或十六进制的方法同上，区别是十进制转换成八进制，分别用“除 8 取余法”和“乘 8 取整法”化成二进制数形式；十进制转换成十六进制，分别用“除 16 取余法”和“乘 16 取整法”化成二进制数形式，几种常用进制之间的对照关系如表 1-2 所示。

表 1-2　几种常用进制之间的对照关系

十进制	二进制	八进制	十六进制	十进制	二进制	八进制	十六进制
0	0000	0	0	8	1000	10	8
1	0001	1	1	9	1001	11	9
2	0010	2	2	10	1010	12	A
3	0011	3	3	11	1011	13	B
4	0100	4	4	12	1100	14	C
5	0101	5	5	13	1101	15	D
6	0110	6	6	14	1110	16	E
7	0111	7	7	15	1111	17	F

(3) 八进制与二进制之间的转换

八进制数转换成二进制数所使用的转换原则是“一位拆三位”，即把一位八进制数对应于三位二进制数，然后按顺序连接即可。

【例 1-13】 将$(64.54)_8$转换为二进制数。小数点位置不动，把每一个八进制数位分别拆成三位二进制数：

```
 6    4    .    5    4
 ↓    ↓    ↓    ↓    ↓
110  100   .   101  100
```

结果为：$(64.54)_8=(110100.101100)_2$

二进制数转换成八进制数可概括为“三位并一位”，即从小数点开始向左右两边以每三位为一组，不足三位时补 0，然后每组改成等值的一位八进制数即可。

【例 1-14】 将$(110111.11011)_2$转换成八进制数。以小数点为中心把二进制数位分组并转换成十进制数：

```
110  111   .   110  110
 ↓    ↓    ↓    ↓    ↓
 6    7    .    6    6
```

结果为：$(110111.11011)_2=(67.66)_8$

(4) 二进制数与十六进制数的相互转换

二进制数转换成十六进制数的转换原则是“四位并一位”，即以小数点为界，整数部分从右向左每 4 位为一组，若最后一组不足 4 位，则在最高位前面添 0 补足 4 位，然后从左边第一组起，将每组中的二进制数按权数相加得到对应的十六进制数，并依次写出即可；小数部分从左向右每4位为一组，最后一组不足4位时，尾部用0补足4位，然后按顺序写出每组二进制数对应的十六进制数。

【例1-15】 将$(1111101100.0001101)_2$转换成十六进制数。以小数点为中心把二进制数位分组并转换为十六进制数。

```
0011  1110  1100  .  0001  1010
 ↓     ↓     ↓    ↓   ↓     ↓
 3     E     C    .   1     A
```

结果为：$(1111101100.0001101)_2=(3EC.1A)_{16}$

把十六进制数转换成二进制数的转换原则是“一位拆四位”，即把1位十六进制数写成对应的4位二进制数，然后按顺序连接即可。

【例1-16】 将$(C41.BA7)_{16}$转换为二进制数。以小数点为中心，把小数点两侧的数每位用4位二进制数表示即可：

```
  C     4     1   .   B     A     7
  ↓     ↓     ↓   ↓   ↓     ↓     ↓
1100  0100  0001  .  1011  1010  0111
```

结果为：$(C41.BA7)_{16}=(110001000001.101110100111)_2$

1.2.2 计算机中的信息编码

计算机信息编码是用计算机硬件能够识别的二进制数来唯一表示外部信息形式的一种方法。计算机外部信息形式包括人们感官可以识别的声音、图像、字符等多种。进制转换强调的是转换到计算机内部的二进制数应该与外在的其他进制数大小相等；信息编码强调的则是不同的外部信息数据用不同的计算机内部二进制数表示。下面简单介绍几种在计算机应用中常见的信息编码。

1. 数字编码

在计算机中，用户和计算机之间经常需要进行十进制数和二进制数的转换，这项工作由计算机本身完成。一种简单而实用的二-十进制编码是8421BCD码。

在进行二-十进制转换的8421BCD码中，采用4位二进制数表示1位十进制数，也就是用不同的4位二进制数分别表示出10个十进制数码，如表1-3所示。“8421”的含义是指所用4位二进制数从左到右每位对应的权是8、4、2、1。

表1-3 十进制数、BCD码以及与二进制数之间的对应关系

十进制数	BCD码	二进制数	十进制数	BCD码	二进制数
0	0000	0000	5	0101	0101
1	0001	0001	6	0110	0110
2	0010	0010	7	0111	0111
3	0011	0011	8	1000	1000
4	0100	0100	9	1001	1001

续表

十进制数	BCD 码	二进制数	十进制数	BCD 码	二进制数
10	00010000	1010	13	00010011	1101
11	00010001	1011	14	00010100	1110
12	00010010	1100	15	00010101	1111

通过这种编码可以方便地把人们熟悉的十进制数变成二进制数，以供计算机识别处理。例如：十进制数 765 用 BCD 码表示的二进制数为：0111 0110 0101。

注意：表 1-3 中的"二进制数"是把"十进制数"经过数制转换得来的，"BCD 码"是编码得来的，两者是不一样的。

2. 字符编码

计算机中用得最多的符号数据是字符，它是用户和计算机之间的桥梁。用户使用计算机的输入设备(例如键盘)把字符输入给计算机，计算机把处理后的结果也以字符的形式输出到屏幕或打印机等输出设备上。字符数据包括各种运算符号、关系符号、货币符号、控制符号、字母和数字等。要把这些字符数据输入到计算机中，也必须对它们编码，即用二进制数表示。对于字符的编码方案有很多种，但使用最广泛的是 ASCII 码(American Standard Code for Information Interchange)。ASCII 码开始时是美国国家信息交换标准字符码，后来被采纳为一种国际通用的信息交换标准代码。

ASCII 码由 0～9 这 10 个数符，52 个大、小写英文字母，32 个符号及 34 个计算机通用控制符组成，共有 128 个元素。因为 ASCII 码总共为 128 个元素，故用二进制编码表示需用 7 位。任意一个元素由 7 位二进制数表示，0000000～1111111 共有 128 种编码，可用来表示 128 个不同的字符。ASCII 码表的查表方式是，先查列(高三位)，后查行(低四位)，然后按从左到右的书写顺序完成，如字母 B 的 ASCII 码为 1000010。在 ASCII 码进行存放时，由于它的编码是 7 位，因 1 个字节(8 位)是计算机中常用单位，故仍以 1 字节来存放 1 个 ASCII 字符，每个字节中多余的最高位取 0。如表 1-4 所示为 7 位 ASCII 字符编码表。

表 1-4　基本 ASCII 字符表

$d_0 d_1 d_2$ / $d_3 d_4 d_5 d_6$	000	001	010	011	100	101	110	111
0000	NUL	DLE	SP	0	@	P	'	p
0001	SOH	DC1	!	1	A	Q	a	q
0010	STX	DC2	"	2	B	R	b	r
0011	ETX	DC3	#	3	C	S	c	s
0100	EOT	DC4	$	4	D	T	d	t
0101	ENQ	NAK	%	5	E	U	e	u
0110	ACK	SYN	&	6	F	V	f	v
0111	BEL	ETB	'	7	G	W	g	w

续表

$d_3d_4d_5d_6$ \ $d_0d_1d_2$	000	001	010	011	100	101	110	111
1000	BS	CAN	(	8	H	X	h	x
1001	HT	EM	)	9	I	Y	i	y
1010	LF	SUB	*	:	J	Z	j	z
1011	VT	ESC	+	;	K	[	k	{
1100	FF	FS	,	<	L	\	l	|
1101	CR	GS	-	=	M	]	m	}
1110	SO	RS	.	>	N	^	n	~
1111	SI	US	/	?	O	_	o	DEL

表1-4中的每个字符对应于一个ASCII码值，例如字母A的ASCII码是01000001。

3. 汉字编码

英语文字是拼音文字，所有文字均由26个字母拼组而成，所以使用一个字节表示一个字符足够了。汉字是象形文字，汉字的计算机处理技术比英文字符复杂得多。由于汉字有一万多个，常用的也有六千多个，所以汉字编码采用两字节表示一个汉字。

完整的汉字编码方案通常包含4部分：汉字输入码、汉字内部码、汉字交换码、汉字字型码。

(1) 汉字输入码

汉字输入码也叫外码，是为了通过键盘字符把汉字输入计算机而设计的一种编码。英文输入时，想输入什么字符便按什么键，输入码和内码是一致的。而汉字输入规则不同，可能要按几个键才能输入一个汉字。汉字和键盘字符组合的对应方式称为汉字输入编码方案。汉字输入码是针对不同汉字输入法而言的，通过键盘按某种输入法进行汉字输入时，人与计算机进行信息交换所用的编码称为"汉字外码"。对于同一汉字而言，输入法不同，其外码也是不同的。例如，对于汉字"啊"，在区位码输入法中的外码是1601，在拼音输入中的外码是a，而在五笔字型输入法中的外码是KBSK。汉字的输入码种类繁多，大致有4种类型，即音码、形码、数字码和音形码。

(2) 汉字交换码

汉字交换码主要是用做汉字信息交换的。以国家标准局1980年颁布的《GB 2312—1980信息交换用汉字编码字符集基本集》规定的汉字交换码作为国家标准汉字编码，简称国标码。

GB 2312—1980规定，所有的国标汉字和符号组成一个94×94的矩阵。在该矩阵中，每一行称为一个"区"，每一列称为一个"位"，这样就形成了94个区号(01～94)和94个位号(01～94)的汉字字符集。国标码中有6763个汉字和628个其他基本图形字符，共计7445个字符。其中规定一级汉字3755个，二级汉字3008个，图形符号682个。一个汉字所在的区号与位号简单地组合在一起就构成了该汉字的"区位码"。在汉字区位码中，高两位为区号，低两位为位号。因此，区位码与汉字或图形符号之间是一一对应的。

(3) 汉字内部码(内码)

汉字机内码又称内码或汉字存储码。该编码的作用是统一了各种不同的汉字输入码在计算机内的表示。汉字机内码是计算机内部存储、处理的代码。计算机既要处理汉字,又要处理英文,所以必须能区别汉字字符和英文字符。英文字符的机内码是最高位为 0 的 8 位 ASCII 码。为了区分,把国标码每个字节的最高位由 0 改为 1,其余位不变的编码作为汉字字符的机内码。

一个汉字用两个字节的内码表示,计算机显示一个汉字的过程首先是根据其内码找到该汉字字库中的地址,然后将该汉字的点阵字形在屏幕上输出。

汉字的输入码是多种多样的,同一个汉字如果采用的编码方案不同,则输入码就有可能不一样,但汉字的机内码是一样的。有专用的计算机内部存储汉字使用的汉字内码,用以将输入时使用的多种汉字输入码统一转换成汉字机内码进行存储,以方便机内的汉字处理。在汉字输入时,根据输入码通过计算机或查找输入码表完成输入码到机内码的转换。如汉字国际码(H)+8080(H)=汉字机内码(H)。

(4) 汉字字形码(输出码)

汉字在显示和打印输出时,是以汉字字形信息表示的,即以点阵的方式形成汉字图形。汉字字形码是指确定一个汉字字形点阵的代码(汉字字形码)。一般采用点阵字形表示字符,就是将汉字像图像一样置于网状方格上,每格是存储器中的一个位,16×16 点阵是在纵向 16 点、横向 16 点的网状方格上写一个汉字,有笔画的格对应 1,无笔画的格对应 0。这种用点阵形式存储的汉字字形信息的集合称为汉字字模库,简称汉字字库。

通常汉字显示使用 16×16 点阵,而汉字打印可选用 24×24 点阵、32×32 点阵、64×64 点阵等。汉字字形点阵中的每个点对应一个二进制位,1 字节又等于 8 个二进制位,所以 16×16 点阵字形的字要使用 32(即 16×16/8=32)字节存储,64×64 点阵的字形要使用 512 字节。

在 16×16 点阵字库中的每一个汉字以 32 字节存放,存储一、二级汉字及符号共 8836 个,需要 282.5KB 磁盘空间。而用户的文档假定有 10 万个汉字,却只需要 200KB 的磁盘空间,这是因为用户文档中存储的只是每个汉字(符号)在汉字库中的地址(内码)。

一个完整的汉字信息处理离不开从输入码到机内码,由机内码到字形码的转换。虽然汉字输入码、机内码、字形码目前并不统一,但是只要在信息交换时,使用统一的国家标准,就可以达到信息交换的目的。

我国国家标准局于 2000 年 3 月颁布的国家标准《GB 8030—2000 信息技术和信息交换用汉字编码字符集·基本集的扩充》,收录了 2.7 万多个汉字。它彻底解决邮政、户政、金融、地理信息系统等迫切需要人名、地名所用汉字,也为汉字研究、古籍整理等领域提供了统一的信息平台基础。

1.3 计算机系统的组成

现在,计算机已发展成为一个庞大的家族,其中的每个成员,尽管在规模、性能、结构和应用等方面存在着很大的差别,但是它们的基本结构是相同的。一个完整的计算机系统包括硬件系统和软件系统两大部分,如图 1-2 所示。计算机硬件系统是组成计算机的各种部件和设备的总称，是组成计算机的物理实体，是计算机完成各项工作的物质基础。计算机软件系统是在计算机硬件设备上运行的各种程序、相关文档和数据的总称。计算机硬件系统和软件系统共同构成一个完整的系统，相辅相成，缺一不可。

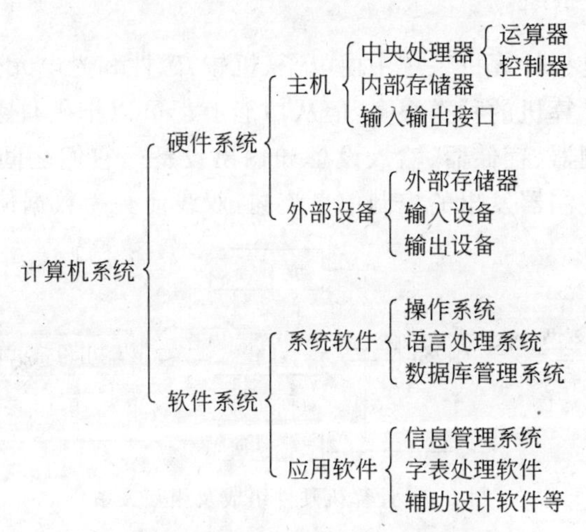

图 1-2　计算机系统组成示意图

1.3.1　冯·诺依曼型计算机

硬件系统是构成计算机的物理装置，是指在计算机中看得见、摸得着的有形实体。在计算机的发展史上做出杰出贡献的著名应用数学家冯·诺依曼(von Neumann)与其他专家于 1945 年为改进 ENIAC，提出了一个全新的存储程序的通用电子计算机方案。这个方案规定了新机器由 5 个部分组成：运算器、控制器、存储器、输入设备和输出设备。并描述了这 5 个部分的职能和相互关系，如图 1-3 所示。这个方案与 ENIAC 相比，有两个重大改进：一是采用二进制；二是提出了“存储程序”的设计思想，即用记忆数据的同一装置存储执行运算的命令，使程序的执行可自动地从一条指令进入到下一条指令。这个概念被誉为计算机发展史上的一个里程碑。计算机的存储程序和程序控制原理被称为冯·诺依曼原理，按照上述原理设计制造的计算机称为冯·诺依曼机。

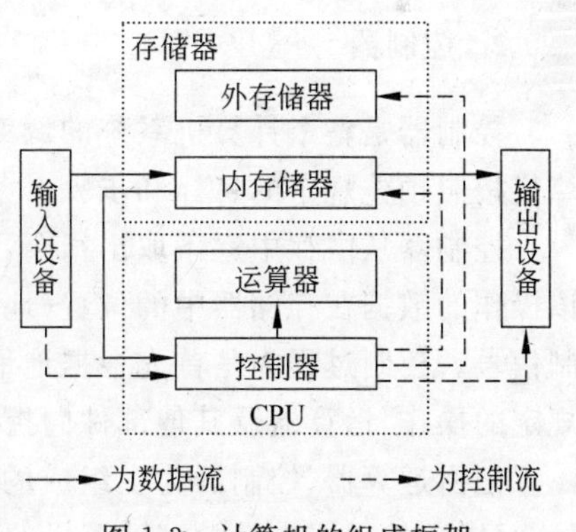

图 1-3　计算机的组成框架

概括起来，冯·诺依曼结构有 3 条重要的设计思想：

(1) 计算机应由运算器、控制器、存储器、输入设备和输出设备五大部分组成，每个部分有一定的功能。

(2) 以二进制的形式表示数据和指令。二进制是计算机的基本语言。

(3) 程序预先存入存储器中，使计算机在工作中能自动地从存储器中取出程序指令并加以执行。

硬件是计算机运行的物质基础，计算机的性能如运算速度、存储容量、计算和可靠性等，很大程度上取决于硬件的配置。

仅有硬件而没有任何软件支持的计算机称为裸机。在裸机上只能运行机器语言程序，使用很不方便，效率也低。所以早期只有少数专业人员才能使用计算机。

1.3.2 计算机硬件系统

计算机硬件系统是指计算机系统中由电子、机械、磁性和光电元件组成的各种计算机部件和设备。虽然目前计算机的种类很多，但从功能上都可以把硬件系统划分为五大基本模块，分别是运算器、控制器、存储器、输入设备和输出设备。它们之间的关系如图 1-4 所示。其中单线箭头表示由控制器发出的控制信息流向，双线箭头为数据信息流向。

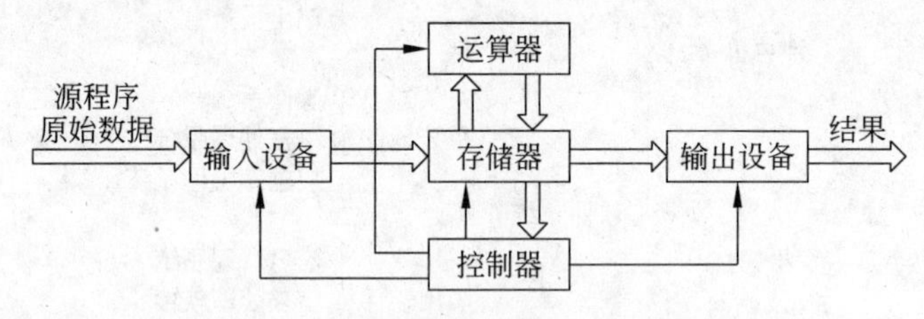

图 1-4 计算机硬件组成及相互关系

1. 运算器

运算器是执行算术运算和逻辑运算的功能部件，是计算机的“计算中心”。算术、逻辑运算包括加、减、乘、除四则运算及与、或、非等逻辑运算以及数据的传送、移位等操作。运算器运算需要的数据取自内存，运算的结果又送回内存；运算器在控制器的控制之下进行工作。

2. 控制器

控制器是整个计算机系统的调度和控制中心，它指挥计算机各部件协调地工作，保证计算机按照预先规定的目标和步骤有条不紊地进行操作及处理。

控制器从内存中逐条取出指令，并分析每条指令规定的是什么操作(操作码)，以及进行该操作的数据在存储器中的位置(地址码)；然后，根据分析结果，向计算机其他部件发出控制信号。控制过程为是首先根据地址码从存储器中取出数据，然后对这些数据进行操作码规定的操作，运算器及其他部件向控制器回报信息，以便控制器决定下一步的工作。

把由运算器、控制器为主组成的超大规模集成电路器件称为 CPU(Central Processing Unit，中央处理器)，是微型计算机的心脏。它起到控制整个微型计算机工作的作用，产生控制信号对相应的部件进行控制，并执行相应的操作。不同型号的微型计算机，其性能的差别首先在于其微处理器性能的不同，而微处理器的性能又与它的内部结构、硬件配置有关。每种微处理器具有专门的指令系统。通常所说的“奔腾”、“酷睿”等计算机实际上是指主板上 CPU 的型号。

3. 存储器

存储器的主要功能是用来存储程序和各种数据信息，并能在计算机运行中高速自动完成指令和数据的存取操作。存储器是具有“记忆”功能的设备。它用具有两种稳定状态的物理器件来存放数据，这些器件也被称为记忆元件。

存储器按其在计算机中的作用可分为内存储器（简称内存）和外存储器（简称外存）两类。

（1）内存储器

内存储器（internal memory）是指可以直接与 CPU 交换信息的一类半导体存储器。内存储器具有速度高、容量较小的特点。根据工作原理可把内存分为随机存取存储器（Random Access Memory，RAM）和只读存储器（Read Only Memory，ROM）。

RAM 的特点是可以根据需要随时对存储器进行读或写操作，但是关机后 RAM 中信息即消失。在计算机系统中常用来存放正在执行的程序及其相关数据、运算结果等。因此，用户在退出计算机系统前，应把当前 RAM 中的有用数据转存到可永久性保存数据的外存中去，以便再次使用。现代计算机中用到的 RAM 存储器又有两类，一类是 DRAM，具有结构简单、易于集成、容量较大、速度较低的特点，常用做主存储器（Main Memory，简称主存）；另一类是 SRAM，具有结构复杂、容量小、速度高的特点，常用做高速缓冲存储器（Cache，简称高速缓存）。Cache 的出现是计算机体系结构上的一个重大突破，极大地改善了计算机系统性能。它处于 CPU 与主存储器之间，速度比主存储器高，接近 CPU，存放当前要用的指令、数据及中间结果，以满足 CPU 的实时需要，如图 1-5 所示。目前的微型计算机中一般采用两级高速缓冲存储器，以便最大限度地提高计算机性能。Cache 功能全部由硬件实现，对用户是全透明的。

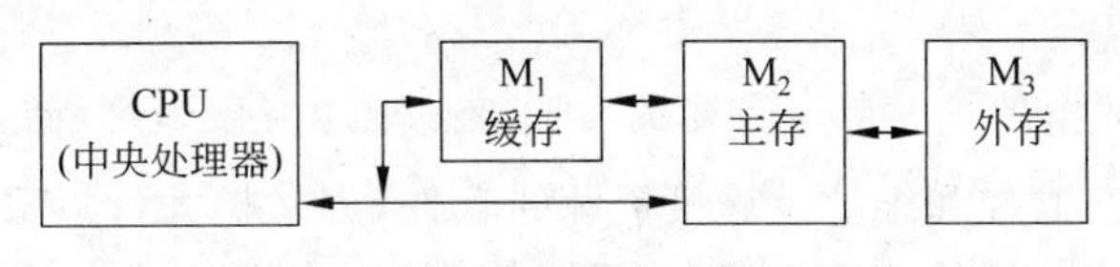

图 1-5　CPU 与存储器系统的关系

ROM 的特点是只能进行读操作，不能进行写操作，而且 ROM 中的信息在关机后不会消失。在计算机系统中 ROM 存储器用来存放监控程序、系统引导程序等专用程序。存储单元中的信息由 ROM 制造厂在生产时或用户根据需要一次性写入。

（2）外存储器

外存储器（External Memory）也叫辅助存储器，简称辅存或者外存。外存是主存储器的扩展，其容量大，可以长期保存暂时不用的数据和程序。通常，外存只与内存交换信息，而且比内存的存取速度低。常用的外存有磁盘、光盘、U 盘等。

中央处理器能直接访问的存储器包括主存储器和高速缓冲存储器。中央处理器不能直接访问外存储器，外存储器的信息必须调入内存储器后才能为中央处理器进行处理。所以，内存储器存取速度比外存储器快。相对于外存储器而言，内存储器的存取速度快，但容量较小，且价格较高。外存储器的特点是存储容量大，价格低，但存取速度较慢。

4. 输入设备

用来接收用户的原始数据和程序、并将它们转换为计算机能识别的形式存放到内存中去的设备是输入设备。常见的输入设备有键盘、扫描仪、鼠标器、摄像头、光笔、数字照相机以及模数转换器等。

5. 输出设备

输出设备是将存放在内存储器中的计算机运算结果转变为人们所能感知的形式的设备。常见的输出设备有显示器、打印机、绘图仪、音响设备等。

计算机硬件系统的 5 个组成部分中，常把运算器和控制器合称为中央处理器(Central Processing Unit,CPU)，把 CPU 和内部存储器合称为主机，而把输入输出设备以及外部存储器合称为外部设备，简称外设。

由于输入输出设备大多是机电装置，有机械传动或物理移位等动作过程，相对而言，输入输出设备是计算机系统中运转速度最慢的部件。而 CPU 是整个计算机系统中工作最快的部件。

1.3.3 计算机软件组成

计算机软件是为了方便用户操作使用计算机和充分发挥计算机效率，以及为解决各类具体应用问题所需要的各种程序、数据以及文档的总称。软件是计算机的灵魂，是发挥计算机功能的关键。有了软件，人们可以不必过多地去了解计算机本身的结构与原理，可以方便灵活地使用计算机，从而使计算机有效地为人类服务。

随着计算机应用的不断发展，计算机软件不断积累和完善，形成了极为宝贵的软件资源。计算机软件可分为系统软件和应用软件两大类。

1. 系统软件

系统软件是管理、监控和维护计算机资源的软件，用来扩大计算机的功能、提高计算机的工作效率、方便用户使用计算机。当前，系统软件是计算机正常运转不可缺少的。常见的系统软件有计算机操作系统、服务性程序、语言处理程序和数据库管理系统等。

(1) 计算机操作系统

计算机操作系统是为了合理、方便地利用计算机系统，而对其硬件资源和软件资源进行管理和控制的系统软件。操作系统具有处理机管理(进程管理)、存储管理、设备管理、文件管理和作业管理等五大管理功能，由它来负责对计算机的全部软硬件资源进行分配、控制、调度和回收，合理地组织计算机的工作流程，使计算机系统能够协调一致、高效率地完成处理任务。操作系统是计算机系统中最基本的系统软件，用户对计算机的所有操作都必须在操作系统的支持下进行。

比较常见的操作系统有 Windows、UNIX、Linux 等。

(2) 服务程序

现代计算机系统提供多种服务程序，它们是面向用户的软件，可供用户共享，方便用户使用计算机和管理人员维护管理计算机，可以用于对计算机系统进行测试、诊断和排除故障，进行文件的编辑、传送、装配、显示、调试，以及进行计算机病毒检测、防治等。在软件开发的各个阶段选用合适的服务程序可以大大提高工作效率和软件质量。

常用的服务程序有编辑程序、连接装配程序、测试程序、诊断程序、调试程序等。

① 编辑程序(Editor)能使用户通过简单的操作就建立、修改程序或其他文件，并提供方便的编辑环境。

② 连接装配程序(Linker)可以把几个分别编译的目标程序连接成一个目标程序,并且与系统提供的库程序相连接,得到一个可执行程序。

③ 测试程序(Checking Program)能检查出程序中的某些错误,方便用户对错误的排除。

④ 诊断程序(Diagnostic Program)能方便用户对计算机维护,检测计算机硬件故障并对故障定位。

⑤ 调试程序(Debug)能帮助用户在程序执行的状态下检查源程序的错误,并提供在程序中设置断点、单步跟踪等手段。

(3) 语言处理程序

要使计算机能够按照人的意愿去工作,就必须使计算机能接受人向它发出的各种命令和信息,这就需要有用来进行人和计算机交换信息的"语言"。人与计算机之间交流信息使用的语言叫计算机程序设计语言。计算机程序设计语言的发展经历了机器语言、汇编语言和高级语言 3 个阶段。

① 机器语言。机器语言是用二进制代码表示的语言,是计算机唯一可以直接识别和执行的语言。机器语言程序具有计算机可以直接执行、运算速度高等优点。但是,用机器语言编写程序难度大、复杂性高,而且直观性差,检查和调试都比较困难。此外,机器语言程序对计算机的依赖性很强,难于相互交流。现在已经不再使用机器语言进行编程,不过机器语言的一些概念、思想仍用于现代编程之中。

② 汇编语言。汇编语言是为了解决机器语言难于理解和记忆的问题,用易于理解和记忆的名称和符号(指令助记符)表示机器指令的一种计算机语言。例如用 ADD 表示加法,用 SUB 表示减法,用 MOV 表示数据传送等。由于指令助记符的含义和功能相近,这就提高了程序的可读性,便于程序的编写、检查和修改。用汇编语言编写的程序叫汇编语言源程序。

然而,计算机硬件不能直接识别用汇编语言编写的源程序,这就需要另外一个程序来把汇编语言源程序"翻译"成计算机硬件能识别的目标程序,这个"翻译"程序就是语言处理程序,叫做汇编程序。

用汇编语言编写的源程序与机器语言编写的程序相比有了很大的进步。但是汇编语言仍然是依赖于计算机的,使用仍然不很方便。不过鉴于汇编语言程序具有简洁、运行速度高的特点,目前在一些专业场合仍有使用。

③ 高级语言。从 20 世纪 50 年代开始,人们开发出了一种既接近于自然语言、又可以使用数学算式表示、还相对独立于不同计算机的计算机程序设计语言,这种计算机语言常称为高级语言。

用户采用高级语言编写的程序称为源程序。通过语言处理程序把源程序"翻译"为目标程序。翻译通常有编译和解释两种实现途径(如图 1-6 和图 1-7 所示)。

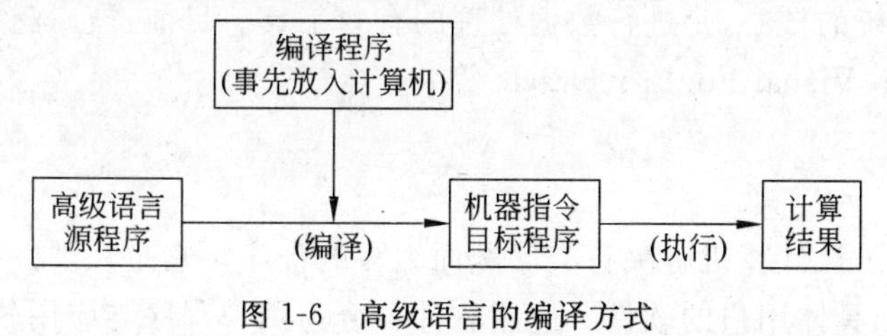

图 1-6　高级语言的编译方式

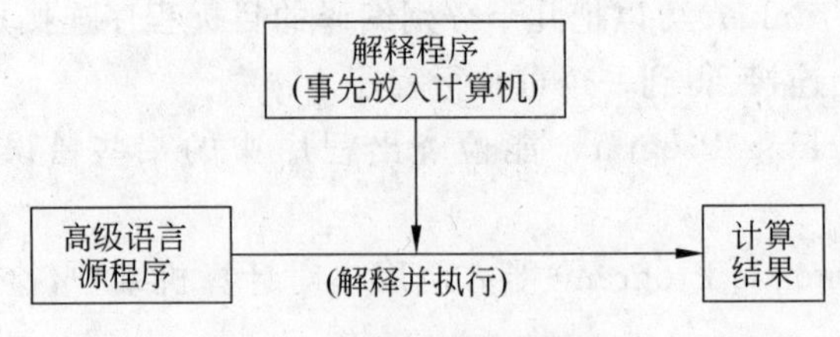

图 1-7　高级语言的解释方式

编译方式是用编译程序把用户源程序整个地翻译成计算机识别的目标程序，然后再执行，最后得到计算结果。编译方式“翻译”的总体效果比较好。

解释方式是用解释程序把用户高级语言源程序逐句地翻译，译出一句立即执行一句，边解释边执行。这种方式较浪费时间，但可少占计算机内存，而且使用比较灵活。

至今，比较有影响的计算机高级语言有以下几种。

- FORTRAN(公式翻译)。常用于科学与工程计算。
- COBOL(数据处理语言)。常用于事务处理。
- Pascal(结构程序设计语言)。常用于教学、科学计算、数据处理等。
- BASIC(小型会话式语言)。简单易学，可作为入门语言。
- C(通用程序设计语言)。适于编写系统软件。
- PROLOG(逻辑程序设计语言)。常用于人工智能领域。

随着面向对象和可视化编程技术的发展，像C++、Java、Visual Basic、Visual C++、Delphi 等面向对象程序设计语言得到了广泛的使用。

由于编译(或解释)程序可以自动地把源程序翻译为机器指令的目标程序，这就大大减少了用户编制程序的难度和工作量。使用高级语言后，一般用户可以不必深入了解计算机的内部结构和工作原理，就能方便地使用计算机进行各种科学计算或事务管理等，这就为计算机的广泛普及应用提供了可能。使用高级语言编程的另一个优点就是通用性好，也就是说源程序几乎可以不加修改或稍作修改就能在不同的计算机上运行，这给用户带来了极大的方便，同时也推动了计算机软件行业的快速发展。因此有人说，高级语言的出现是计算机发展中“最惊人的成就”。

(4) 数据库管理系统

数据库是以一定组织方式存储起来且具有相关性数据的集合，它的数据具有冗余度小，而且独立于任何应用程序而存在的特点，可以为多种不同的应用程序共享。也就是说，数据库的数据是结构化了的，对数据库输入、输出及修改均可按一种公用的可控制的方式进行，使用十分方便，大大提高了数据的利用率和灵活性。数据库管理系统(Data Base Management System，DBMS)是对数据库中的资源进行统一管理和控制的软件，数据库管理系统是数据库系统的核心，是进行数据处理的有力工具。目前，被广泛使用的数据库管理系统有 SQL Server、Visual FoxPro、Oracle 等。

2. 应用软件

应用软件是为了让计算机解决各类问题而编写的程序。它是在硬件和系统软件的支持下，面向具体问题和具体用户的软件。应用软件可分为用户程序与应用软件包两类。

(1) 用户程序

用户程序是用户为了解决特定的具体问题而开发的软件。充分利用计算机系统的种种现成软件,在系统软件和应用软件包的支持下可以更加方便、有效地开发用户程序。如各种票务管理系统、事务管理系统和财务管理系统等,这都属于用户程序。

(2) 应用软件包

随着计算机应用的日益广泛深入,各种应用软件的数量不断增加,质量日趋完善,使用更加方便灵活,通用性越来越强。有些软件已逐步标准化、模块化,形成了解决某类典型问题的较通用的软件,这些软件称为应用软件包(Package)。它们通常是由专业软件人员精心设计的,为广大用户提供方便、易学、易用的应用程序,帮助用户完成各种各样的工作。例如Microsoft 公司出品的 Office 2003 应用软件包,包含有 Word 2003、Excel 2003、PowerPoint 2003 等,是实现办公自动化的很好的应用软件包。另外,还有会计电算化软件包、绘图软件包、运筹学软件包等。

系统软件和应用软件之间并不存在明显的界限。随着计算机技术的发展,各种各样的应用软件中有了许多共同的东西,把这些共同的部分抽取出来,形成一个通用软件,它就逐渐成为系统软件了。

组成计算机系统的硬件系统和软件系统是相辅相成的两个部分。硬件是组成计算机系统的基础,而软件是硬件功能的扩充与完善。离开硬件,软件无处栖身,也无法工作。没有软件的支持,硬件仅是一堆废铁。如果把硬件比做是计算机系统的躯体,那么软件就是计算机系统的灵魂,有躯体而无灵魂是僵尸,有灵魂而无躯体则是幽灵。

1.3.4 计算机工作原理

理解计算机的工作原理有助于更好地应用计算机解决实际问题。要理解计算机工作原理,就要熟悉应用计算机解决问题的过程和计算机程序执行过程。因为计算机工作的过程实质上是程序执行的过程。在计算机工作时,CPU 逐条执行程序中的语句就可以完成一个程序的执行,从而完成一项特定的任务。

1. 应用计算机解决问题的过程

借助计算机解决实际问题一般需要经过下面的过程:

(1) 为待解决的问题建立数学模型,就是用数学语言描述问题。

(2) 找出适合计算机求解的方法,确定合理的算法。

(3) 选择一种合适的程序设计语言编写解决问题的程序。

(4) 输入并存储程序和运行程序需要的数据。

(5) 执行程序。

(6) 输出结果。

在计算机工作中,计算机的各个组成模块通过 3 种信息流(数据信息流、指令信息流和控制信息流)发生联系,如图 1-8 所示。

2. 计算机程序执行过程

计算机工作过程的关键是程序执行。计算机在执行程序时先将每个语句分解成一条或多条机器指令,然后根据指令顺序,一条指令一条指令地执行,直到遇到结束运行的指令为止。而计算机执行指令的过程又分为取指令、分析指令和执行指令 3 步,即从内存中取出要执行的指令并送到 CPU 中,分析指令要完成的动作,然后执行操作,直到遇到结束运行程序的指令为止。程序执行过程如图 1-9 所示。

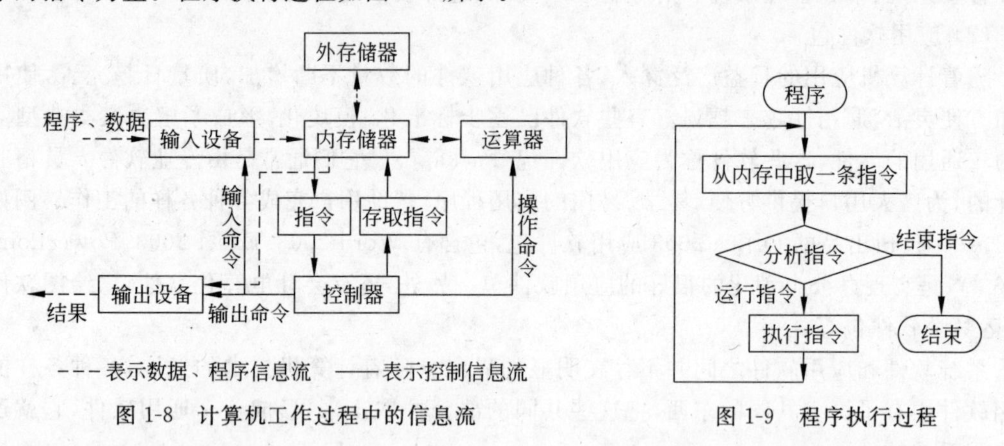

图 1-8　计算机工作过程中的信息流　　图 1-9　程序执行过程

1.4　微型计算机

目前计算机中发展最快、应用最广泛的是微型计算机。自 1971 年美国 Intel 公司研制了第一个单片微处理器 Intel 4004 以来,由于其功能齐全、可靠性高、体积小、价格低廉、使用方便,得到了迅速的发展和广泛的应用。

1.4.1　微型计算机系统

随着大规模集成电路技术的发展,运算器和控制器被集成在一块集成电路芯片上,称为微处理器。以微处理器为基础,配以内存储器、输入输出(I/O)、接口电路和相应外围设备以及足够的软件而构成的系统称为微型计算机系统。

在计算机系统中,各个部件之间传送信息的公共通路叫总线(Bus),微型计算机是以总线来连接各个功能部件的。按照计算机所传输的信息种类,计算机的总线可以划分为数据总线、地址总线和控制总线,分别用来传输数据、数据地址和控制信号。总线是一种内部结构,它是 CPU、内存、输入、输出设备传递信息的公用通道,主机的各个部件通过总线相连接,外部设备通过相应的接口电路再与总线相连接,从而形成了计算机硬件系统。

微型计算机基本结构如图 1-10 所示。

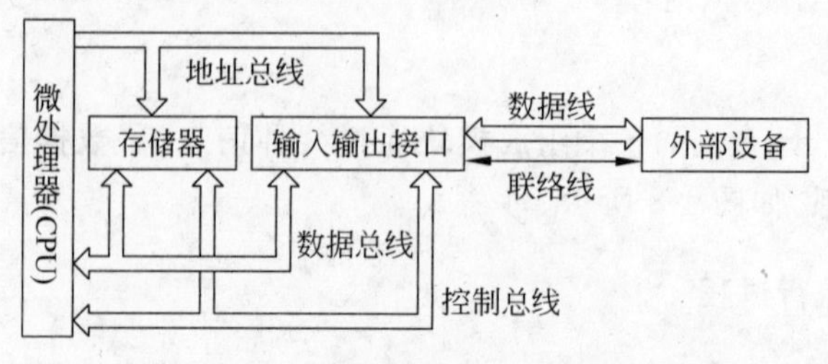

图 1-10　微型计算机硬件系统基本结构图

1.4.2 微型计算机硬件配置

微型计算机系统的硬件组成直观来看，一般分为主机和外部设备(简称外设)。主机由中央处理器、内存储器和接口设备组成；外部设备主要包括输入设备、输出设备、辅助存储设备等。如图 1-11 所示的是一款典型的微型计算机。

图 1-11 微型计算机的外观

1. 主板

主板也称为母板，一方面为 CPU、存储器、键盘、鼠标、显示卡等硬件提供硬件支持，为它们提供数据传输的通道；另一方面也为微型计算机系统的协调工作提供管理和控制，主板的外观如图 1-12 所示。主板的性能影响着整个微型计算机系统的性能，其类型和档次决定着整个微型计算机系统的类型和档次。比如适用于奔腾 4 微型计算机的主板类型有 Intel 875、Intel 915 等。主板主要由以下部件组成。

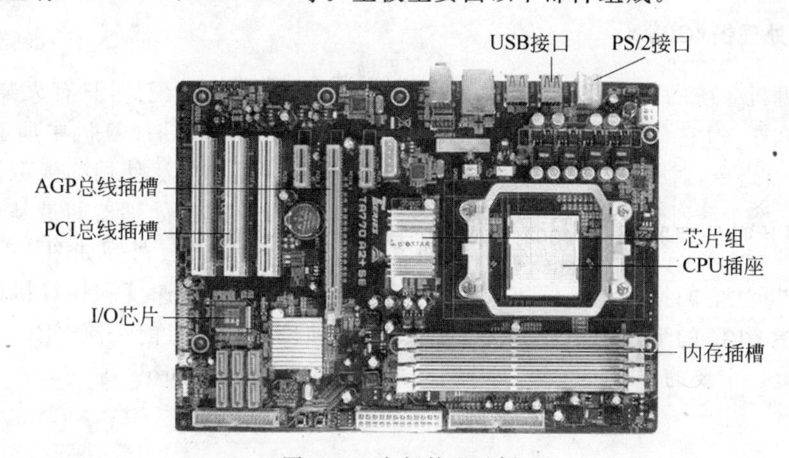

图 1-12 主板外观示例

(1) 控制芯片组

芯片组是主板的灵魂，由一组超大规模集成电路芯片构成。芯片组控制和协调整个计算机系统的正常运转和各个部件的选型，它被固定在主板上，不能像 CPU、内存那样进行简单的升级换代。

芯片组的作用是在 BIOS 和操作系统的控制下，按照统一规定的技术标准和规范为计算机中的 CPU、内存、显卡等部件建立可靠的安装、运行环境，为各种接口的外部设备提供可靠的连接。

(2) CPU 插座

用于固定连接 CPU 芯片。由于集成化程度和制造工艺的不断提高，越来越多的功能被集成到 CPU 上。为了使 CPU 安装更加方便，现在 CPU 插座基本上采用零插槽式设计。

(3) 内存插槽

随着内存扩展板的标准化，主板给内存预留专用插槽，只要购买所需数量并与主板插槽匹配的内存条，就可以实现扩充内存和即插即用。

(4) 总线扩展槽

主板上有一系列的扩展槽即插槽,用来连接各种功能插卡。用户可以根据自己的需要在扩展槽上插入各种用途的插卡,如显示卡、声卡、防病毒卡和网卡等,以扩展微型计算机的各种功能。任何插卡插入扩展槽后,就可以通过系统总线与 CPU 连接,在操作系统的支持下实现即插即用。这种开放的体系结构为用户组合各种功能设备提供了方便。

(5) 输入输出接口

输入输出接口是 CPU 与外部设备之间交换信息的连接电路,它们通过总线与 CPU 相连,简称 I/O 接口。I/O 接口分为总线接口和通信接口两类。当需要外部设备或用户电路与 CPU 之间进行数据、信息交换以及控制操作时,应使用微型计算机总线把外部设备和用户电路连接起来,这时就需要使用微型计算机总线接口;当微型计算机系统与其他系统直接进行数字通信时使用通信接口。

I/O 接口一般做成电路插卡的形式,所以通常把它们称为适配卡,如软盘驱动器适配卡、硬盘驱动器适配卡(IDE 接口)、并行打印机适配卡(并口)、串行通信适配卡(串口),还包括显示接口、音频接口、网卡接口(RJ-45 接口)、调制解调器使用的电话接口(RJ-11 接口)等。

2. 中央处理器(CPU)

微型计算机系统的微处理器也称为 CPU,是计算机中的核心配件,只有火柴盒那么大,几十张纸那么厚,但它却是一台计算机的运算核心和控制核心。计算机中所有操作都由 CPU 负责读取指令,对指令译码并执行指令的核心部件。目前广泛使用的微型计算机是酷睿 2 代以及酷睿 i 系列微处理器,它们都是多核的微处理器(双核处理器即是基于单个半导体的一个处理器上拥有两个一样功能的处理器核心),典型的 CPU 外观如图 1-13 所示。

衡量 CPU 性能的指标有字长和主频。字长越长计算机运行速度和计算机的精度都越高。主频是指 CPU 的工作频率,主频越高表明处理速度越快。目前主流 CPU 主频一般都在 2GHz 以上。主要的 CPU 生产厂家有 Intel、AMD、VIA、Motorola 等。

3. 内存

在微型计算机系统中所说的内存主要是指内存条,是微型计算机的最重要设备之一。内存条外观为条形,包括 PCB 板、金手指、内存芯片、电阻电容、SPD 芯片、固定卡缺口、内存脚 缺口等(如图1-14所示)。其中 SPD 芯片一般由 EEPROM 做成,记录内存厂家信息、参

图 1-13 典型的 CPU 外观

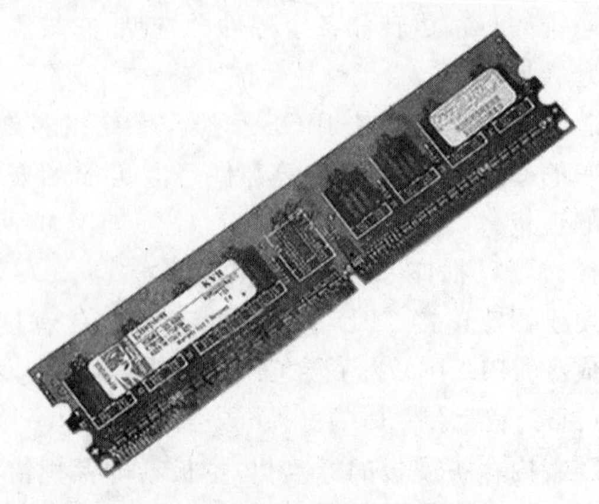

图 1-14 典型的内存条外观

数等，可与控制芯片组交流信息，允许 BIOS 访问。

主流的内存条是 DDR Ⅱ和 RDRAM 两种类型，目前其容量一般都在 512MB 以上。

4. 外存

目前，常用的外存有磁盘、光盘、U 盘等三类。

(1) 硬盘

磁盘是利用磁性材料进行信息存储的。磁盘是一种磁表面存储器，就是在金属或塑料基体上涂敷一层磁性材料，利用磁体在不同方向的磁场作用下的两种剩磁状态表示 0、1 存储信息，通过专门的读写元件——磁头来读写信息。磁盘又分作硬磁盘和软磁盘两种。软盘存储器由于其容量小、读写速度慢、容易损坏等缺点，目前已基本被淘汰。

硬(磁)盘存储器由硬盘机和硬盘控制器组成。硬盘机也称硬盘驱动器，它是集硬磁盘片和读写磁头为一体的装置；目前它的存储容量一般都在 300GB 以上，目前容量已经达到太字节(TB)数量级。硬盘控制器也称硬盘适配器，是硬盘机与主机的接口。硬盘外观及结构如图 1-15 所示。

硬盘由多个盘片组成，可以有多个磁头同时读写。数据在硬盘上是以扇区为单位存取的，每个单位的地址由柱面号、磁头号和扇区号唯一确定。每个扇区的容量一般为 512B。硬磁盘有两种类型，一种称为固定硬盘，被固定在主机箱中，存储容量大，存取速度高；另一种称为移动硬盘，通常采用 USB 接口，可以随时与主机连接或断开，可以随身携带，十分方便，如图 1-16 所示。

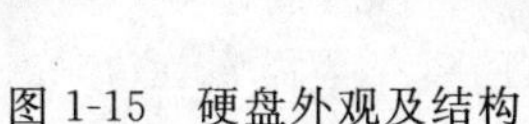

图 1-15　硬盘外观及结构

图 1-16　一款典型的移动硬盘

(2) 光盘

光盘一般分为光盘片和光盘驱动器两部分。光盘的最大特点是存储量大，并且具有价格低、寿命长、可靠性高的特点，常用在多媒体计算机中对数字图书、视频、图像、声音等信息进行存储。光盘的存储原理不同于磁盘，它是利用物质的光学性质实现信息存储的，即通过激光束对光盘的照射以及对光盘反射光的接收实现二进制数据的记录和读取。

计算机系统中常用的光盘可以根据读写性能分为 3 类：只读光盘、一次写入光盘和可抹性光盘；而按照存储容量和存储机理的不同还可以分为 CD 光盘和 DVD 光盘两类。CD 光盘的容量一般为 640MB，DVD 光盘的容量多在 4.7GB 以上。

光盘驱动器也有多种，常见的有 CD-ROM、CD-R/W、DVD-ROM、DVD-R 等。

(3) U盘

U盘也称优盘、闪盘，是采用闪速存储器(Flash Memory)作为核心的一类半导体存储器，利用USB接口同主机进行数据交换，是一种常用的移动存储工具，具有容量大、读写速度快、体积小、携带方便等特点。U盘外观如图1-17所示。

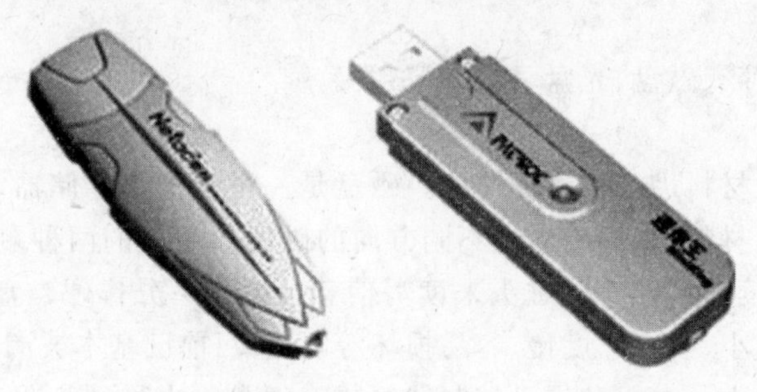

图1-17　U盘外观

5. 常用输入输出设备

(1) 显示器

显示器是一种最重要的输出设备，它可以显示键盘输入的命令和数据，也可以将计算结果以字符、图形或图像的形式显示出来。显示器通过一个插头连接到主机箱内的显示控制适配器(显示卡)上。目前常用的显示器有CRT(Cathode Ray Tube，阴极射线管)显示器和LCD(Liquid Crystal Display，液晶)显示器。液晶显示器具有体积小、重量轻、只要求低压直流电源便可工作等特点，如图1-18所示。

图1-18　显示器(左为CRT显示器，右为LCD显示器)

通常称每一个亮点为一个像素。像素光点的大小直接影响显示效果。一般说，每屏的(列数×行数)像素数越大就越清晰，所以把每屏的(列数×行数)像素数称为分辨率。常见的分辨率值有640×480、800×600、1024×768、1280×1024等。显示器按分辨率可分为中分辨率显示器和高分辨率显示器。分辨率是显示器的一个重要指标，分辨率越高，图像就越清晰。

(2) 键盘

键盘是一种最基本的输入设备，它与显示器一起成为人机对话的主要工具。键盘通过其连线插入主板上的键盘接口与主机相连接。目前，微型计算机上常用的有104/105键盘和107/108键盘。如图1-19所示是两款键盘的外观。

由于现在市场较常见的几种键盘的按键分布是极相似的，所以这里以104键的键盘为

图 1-19 键盘

例,介绍一下键盘的分区。熟悉了键盘的分区,就可以更好地练习键盘的指法了。

按功能划分,可把键盘分为 4 个大区:功能键区,打字键区,编辑控制键区,副键盘区。另外在键盘的右上方还有 3 个指示灯。

① 功能键区。功能键区是位于键盘上部的一排按键,从左到右各键作用如下:

- Esc 键,一般起退出或取消作用。
- F1～F12 共 12 个功能键,一般是作为"快捷键"。
- Print Screen 键,在 Windows 环境下,其功能是把屏幕的显示作为图形存到内存中,以供处理。
- Scroll Lock 键,在某些环境下可以锁定滚动条,在右边有一盏 Scroll Lock 指示灯,亮着表示锁定。
- Pause/Break 键,用以暂停程序或命令的执行。

② 打字键区和编辑控制键区。打字键区的键主要是由字母键、数字键、符号键和制表键等组成,它的按键数目及排列顺序与标准英文打字机基本一致,通过打字键区可以输入各种命令,但一般是和编辑控制键区一起用以文字的录入和编辑。编辑控制键区主要用于控制光标的移动。

③ 副键盘区。副键盘区是为提高数字输入的速度而增设的,由打字键区和编辑控制键区中最常用的一些键组合而成,一般被编制成适合右手单独操作的布局。只有一个 Num Lock 键是特别的,它是数字输入和编辑控制状态之间的切换键。在它正上方的 Num Lock 指示灯就是指示所处的状态的,当指示灯亮着的时候,表示副键盘区正处于数字输入状态,反之则正处于编辑控制状态。

键盘接口类型是指键盘与计算机主机之间相连接的接口方式或类型。目前市面上常见的键盘接口有 3 种:老式 AT 接口、PS/2 接口以及 USB 接口。老式 AT 接口,俗称大口,目前已经基本淘汰,因此不再介绍。

① PS/2 接口。最早出现在 IBM 的 PS/2 的计算机上,因而得此名称。这是一种鼠标和键盘的专用接口,是一种 6 针的圆形接口,但键盘只使用其中的 4 针传输数据和供电,其余 2 个为空脚。PS/2 接口的传输速率比 COM 接口稍快一些,而且是 ATX 主板的标准接口,是目前应用最为广泛的键盘接口之一。

键盘和鼠标都可以使用 PS/2 接口,如图 1-20 所示。但是按照 PC '99 颜色规范,鼠标通常占用浅绿色接口,键盘占用紫色接口。虽然从上面的针脚定义看来二者的工作原理相同,但这两个接口还是不能混插,这是由它们在计算机内部不同的信号定义所决定的。

② USB 接口。USB 的全称是 Universal Serial Bus。USB 支持热插拔,具有即插即用

的优点，如图 1-21 所示。USB 有两个规范：USB 1.1 和 USB 2.0。

图 1-20　PS/2 接口及传输线

图 1-21　USB 接口

PS/2 接口和 USB 接口的键盘在使用方面差别不大，由于 USB 接口支持热插拔，因此 USB 接口键盘在使用中更方便一些。但是计算机底层硬件对 PS/2 接口支持得更完善一些，因此如果计算机遇到某些故障，使用 PS/2 接口的键盘兼容性更好一些。主流的键盘既有使用 PS/2 接口的也有使用 USB 接口的，购买时需要根据需要选择。各种键盘接口之间也能通过特定的转接头或转接线实现转换，例如 USB 转 PS/2 转接头等。

(3) 鼠标

鼠标(Mouse)也是一种常见的输入设备，如图 1-22 所示。它可以方便、准确地移动显示器上的光标，并通过点击，选取光标所指的内容。随着软件中窗口、菜单的广泛使用，鼠标已成为计算机系统的必备输入设备之一。

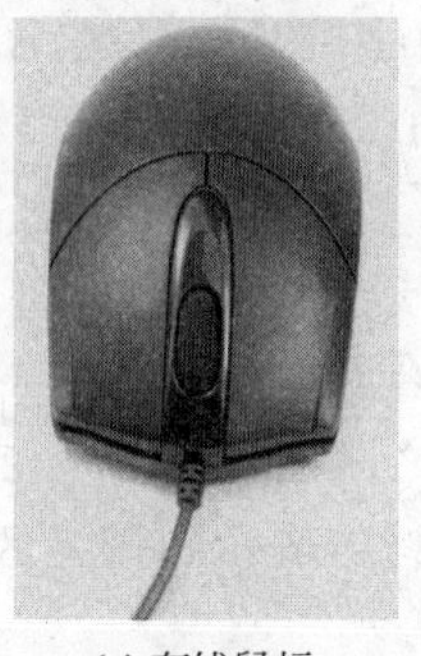

(a) 有线鼠标

(b) 无线鼠标

图 1-22　鼠标

(4) 打印机

打印机是一种常用的输出设备，它可以将计算机处理结果用各种图表、字符的形式打印在纸上。常见的打印机有针式打印机、喷墨打印机、激光打印机等，如图 1-23 所示。

针式打印机是击打式打印机，它由打印机械装置和控制驱动电路两部分组成。针式打印头由若干排成一列(或两列)的打印针组成。当打印针击打色带时便在打印纸上印出一个色点。打印头从左到右移动，每次打印一列。打印头中每根针的击打动作都是由计算机发出的电信号控制的。常用的有 LQ-1600K、AR-3240 等型号的 24 针打印机。

喷墨打印机是靠墨水通过精细的喷头喷到纸面上产生图像。它是一种非击打式打印机。其精度较高、噪声小、价格较低，但消耗品价格较高。常见的有 HP 和 Canon 等品牌的

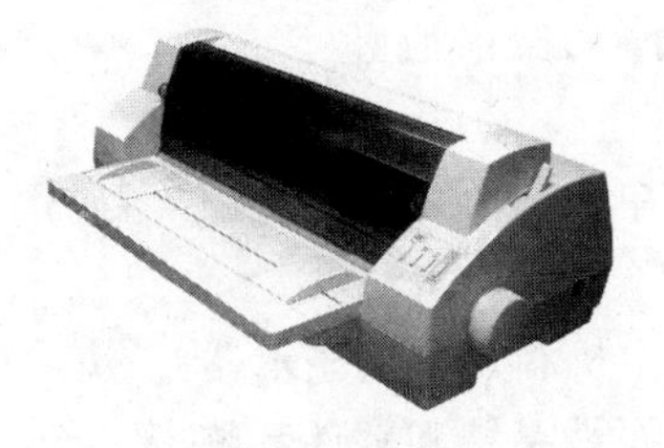
(a) 针式打印机

(b) 喷墨打印机

(c) 激光打印机

图 1-23 打印机

喷墨打印机。

激光打印机是一种高速度、高精度、低噪声的非击打式打印机。它由激光扫描系统、电子照相系统和控制系统 3 个部分组成。它的工作原理类似于静电复印,不同的是静电复印采用全色可见光曝光,而激光打印机则是用经过计算机输出的信息调制后的激光曝光。常见的有 HP、Epson 和 Canon 等品牌。激光打印机速度和质量都很高且噪声小,广泛用于激光照排系统和办公室等场合。

(5) 数字照相机

数字照相机(俗称数码相机)是一种能够进行拍摄,并通过内部处理把拍摄到的光学信号转换成数字信号并存储的照相机。数字照相机可以直接连接到计算机、电视机或者打印机上。在一定条件下,数字照相机还可以直接连接到移动式电话机或者 PDA 上。由于采用完全不同的技术原理,数字照相机的分辨率目前比传统相机的胶片低,但是不需要传统相机所需的胶卷和冲洗环节就可以直接观察拍摄效果,直接生成能被计算机处理的图像。同时,由于存储卡体积小、存储容量很大,对恶劣环境适应能力强,摆脱了胶卷携带和对使用的局限性。

习题 1

一、选择题

1. 世界上第一台电子数字计算机是在( )年诞生的。
   A. 1972 B. 1945 C. 1946 D. 1956
2. 微型计算机的发展是以( )的发展为表征的。
   A. 微处理器 B. 软件 C. 主机 D. 控制器
3. 下列各类计算机中,( )计算机的运算精度最高。
   A. 巨型 B. 大型 C. 小型 D. 微型
4. 就工作原理而言,当代计算机都是基于冯·诺依曼提出的( )原理。
   A. 存储程序 B. 控制 C. 自动计算 D. 程序控制
5. 计算机内部,一切信息均表示为( )。
   A. 二进制数 B. ASCII 码 C. 十进制数 D. 十六进制数
6. 在微型计算机中,bit 的中文含义是( )。
   A. 二进制位 B. 字 C. 字节 D. 双字

7. 汉字是一种特殊的字符，汉字代码分为内码、外码、交换码和字形码，一个汉字需要(　　)。

A. 2字节　　B. 4字节　　C. 单字节　　D. 不确定

8. 一个完整的计算机系统应包括(　　)。

A. 计算机和外部设备　　B. 主机箱、键盘、显示器等

C. 系统软件和应用软件　　D. 硬件系统和软件系统

9. 在微型计算机中，微处理器主要功能是(　　)。

A. 算术运算　　B. 逻辑运算

C. 算术逻辑运算　　D. 算术逻辑运算及全机控制

10. 断电后会使信息丢失的存储器是(　　)。

A. RAM　　B. ROM　　C. 硬盘　　D. 光盘

11. 在内存中，每个基本单位都被赋予一个唯一的序号，这个序号叫(　　)。

A. 字节　　B. 编号　　C. 地址　　D. 容量

12. 计算机软件系统一般包括(　　)。

A. 编译软件　　B. 数据库管理软件

C. 操作系统和应用软件　　D. 系统软件和应用软件

13. Enter键是(　　)。

A. 输入键　　B. 回车换行键　　C. 空格键　　D. 换档键

14. 下列设备中，属于输出设备的是(　　)。

A. 键盘　　B. 光盘　　C. 鼠标　　D. 显示器

15. (　　)KB等于1MB。

A. 10　　B. 100　　C. 1024　　D. 10 000

16. ROM存储器指的是(　　)，断电后其中的数据(　　)。

A. 光盘存储器　　B. 磁介质表面存储器

C. 随机访问存储器　　D. 只读存储器

E. 丢失　　F. 自动保存

G. 不变化　　H. 需人工保存

17. 将十进制数173转换成二进制数是(　　)。

A. 10101101　　B. 10110101　　C. 10011101　　D. 10110110

18. 把二进制数01010110转换成十进制数是(　　)。

A. 82　　B. 86　　C. 54　　D. 102

19. 把二进制数0.11转换成十进制数，结果为(　　)。

A. 0.75　　B. 0.5　　C. 0.2　　D. 0.25

20. 能把高级语言源程序翻译成目标程序的处理程序是(　　)。

A. 连接程序　　B. 汇编程序　　C. 编译程序　　D. 解释程序

21. 计算机性能指标包括多项，下列项目中不属于性能指标的是(　　)。

A. 主频　　B. 字长　　C. 运算速度　　D. 是否带光驱

22. 要使用外存储器中的信息，应先将其调入(　　)。

A. 控制器　　B. 运算器　　C. 微处理器　　D. 内存储器

23. 计算机向使用者传递计算、处理结果的设备称为(　　)。

A. 显示设备　　B. 打印设备　　C. 外部设备　　D. 输出设备

24. 显示器的规格中。数据 640×480 或 1024×768 等表示(　　)。

A. 显示器屏幕的尺寸

B. 分别表示显示器显示字符的最多列数和行数

C. 显示器工作时确定不变的显示分辨率

D. 显示器的分辨率

25. 现在计算机的内存储器的大小,比较合理的应该是(　　)。

A. 512B　　B. 512KB　　C. 512MB　　D. 512GB

26. 在计算机中常用的打印机,除有针式的外,还有(　　)。

A. 英文打字机和中文打字机　　B. 喷墨打印机和激光打印机

C. 绘图仪和扫描仪　　D. 传真机和复印机

27. 在计算机工作时突然断电,(　　)设备的信息全部丢失。

A. RAM　　B. ROM　　C. 软盘　　D. 硬盘

28. 某单位的财务管理软件属于(　　)。

A. 工具软件　　B. 系统软件　　C. 编辑软件　　D. 应用软件

29. CAI 的中文全称是(　　)。

A. 计算机辅助教育　　B. 计算机辅助设计

C. 计算机辅助制造　　D. 计算机辅助教学

30. 个人计算机属于(　　)。

A. 小巨型机　　B. 中型机　　C. 小型机　　D. 微型机

二、判断题

1. 操作系统是一种应用软件。(　　)
2. 计算机断电后,内存储器 RAM 中的信息都会全部丢失。(　　)
3. 打印机只能打印字符和表格,不能打印图形。(　　)
4. 一个完整的计算机系统应包括硬件系统和软件系统。(　　)
5. 语言处理程序是把用一种程序设计语言表示的程序转化为与之等价的另一种程序设计语言表示的程序的程序。(　　)
6. 一个汉字的机内码在计算机中用 2 字节表示。(　　)
7. 传统的计算机都是冯·诺依曼型计算机。(　　)
8. 计算机能直接识别汇编语言程序。(　　)
9. 计算机能直接执行高级语言源程序。(　　)
10. 计算机由主机和系统软件组成。(　　)
11. 计算机掉电后,硬盘中的信息会丢失。(　　)
12. 应用软件的作用是扩大计算机的存储容量。(　　)
13. 键盘和显示器都是计算机的 I/O 设备,键盘是输入设备,显示器是输出设备。(　　)
14. 输入输出设备是用来存储程序及数据的装置。(　　)
15. 计算机的中央处理器简称为 ALU。(　　)

三、填空题

1. 第一代计算机逻辑元件采用的是________。

2. Word、Excel 属于________软件。

3. 计算机辅助设计的英文缩写是________，CAI 的中文含义是________。

4. 所有指令的有序集合称为________。

5. 冯·诺依曼型计算机的硬件系统包括五大部分，分别是________、________、________、________、________。

6. 计算机能直接执行的程序是________，在计算机内部是以________编码形式表示的。

四、简答题

1. 计算机的主要性能指标有哪些？

2. 计算机的硬件系统由哪几部分组成？

3. 计算机的软件系统由哪几部分组成？

4. 计算机存储器分哪几类？各有什么特点？

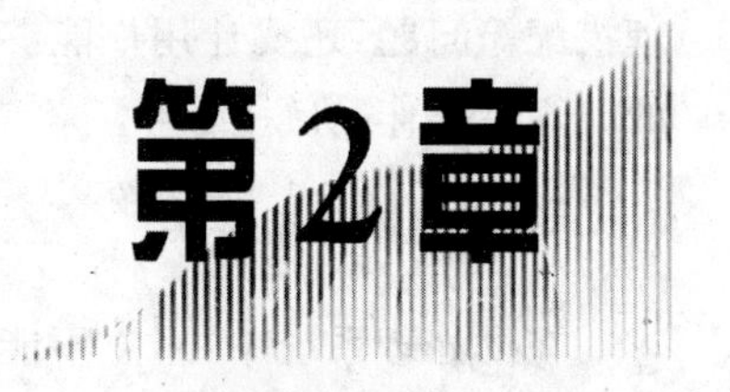

计算机操作系统

计算机操作系统是计算机软件系统的核心，是整个计算机系统的管理与指挥者，它管理和控制计算机的软、硬件资源，使其协调一致，有条不紊地工作。Windows XP 操作系统是微软公司推出的一款多任务操作系统，以安全性、稳定性、应用性著称，是目前微型计算机上应用最广泛的操作系统。本章将在介绍操作系统基础知识的基础上，重点介绍 Windows XP 的基本操作和应用，最后也对微软新推出操作系统 Windows 7 作简要介绍。

2.1 操作系统基础知识

操作系统是一个负责控制和管理计算机系统中所有硬件和软件资源的系统软件，是用户和计算机之间的接口，用户通过操作系统来使用计算机。计算机发展到今天，从微型计算机到巨型计算机，无一例外都设置一种或多种操作系统，操作系统已成为现代计算机系统不可分割的重要组成部分。

2.1.1 操作系统的形成与发展

操作系统的历史就是一部解决计算机系统需求与问题的历史。操作系统与计算机硬件的发展息息相关。

1. 手工操作阶段

从第一台计算机诞生到 20 世纪 50 年代中期，并未出现操作系统，这个阶段的计算机采用人工操作方式。用户是计算机专家，既是程序员又是操作员，需要自己编写管理和控制计算机硬件的程序，用户操作计算机非常烦琐。

2. 单道批处理系统与多道批处理系统

随着计算机技术的发展，计算机的速度、容量、外部设备的功能和种类等方面都有了很大的发展。手工操作的慢速度和计算机运算的高速度之间形成了矛盾，为了解决这一矛盾，人们提出了批处理技术。

所谓批处理系统是指加载在计算机上的一个“作业监督程序”(操作系统的雏形)，在它的控制下，计算机能够自动地、成批地处理一个或多个用户的作业。到20世纪60年代中期，单道批处理发展为多道批处理系统。作业监督程序的任务也变得复杂起来。作业监督程序不仅要解决处理机的分配、内存的分配与保护、I/O设备的共享、文件的存取、作业的合理搭配等问题，还要让用户能够方便地使用计算机。这时的作业监督程序就是实际意义上的计算机操作系统了。

3. 分时操作系统

在批处理系统中，用户不能干预作业的运行，无法得知作业运行情况，对作业的调试和排错不利。为了克服这一缺点，便产生了分时操作系统。

分时技术是把处理机的时间分成很短的时间片，这些时间片轮流地分配给各个联机的各作业使用。如果某作业在分配给它的时间片用完时仍未完成，则该作业就暂时中断，等待下一轮运行，并把处理机的控制权让给另一个作业使用。这样在一个相对较短的时间间隔内，每个用户作业都能得到快速响应，以实现人机交互。

分时的思想于1959年在美国的麻省理工学院（MIT）正式提出，并在1962年研发出了第一个分时系统CTSS，成功地运行在IBM 7094上，能支持32个交互式用户同时工作。

4. 实时操作系统

通过多道批处理操作系统和分时操作系统，可以获得较佳的资源利用率和快速的响应时间，从而使计算机的应用范围日益扩大，但是它们仍难以满足实时控制和实时信息处理的需要，于是便产生了实时操作系统。

实时操作系统是指当外界事件或数据产生时，能够接收数据并以足够快的速度予以处理，其处理的结果又能在规定的时间之内控制所监视的生产过程或指挥处理系统做出快速响应，并且控制所有实行任务协调一致运行的操作系统。

5. 操作系统的进一步发展

(1) 微型计算机操作系统

到20世纪80年代，随着超大规模集成电路的发展，产生了微型计算机。配置在微型计算机上的操作系统称为微型计算机操作系统。最早出现的微型计算机操作系统是8位微型计算机上的CP/M，后来产生了一系列的微型计算机操作系统，其中最知名的有DOS、Windows、UNIX、Linux、OS/2等。

(2) 网络操作系统

计算机网络是通过通信设施将地理上分散的、具有自制能力的多台计算机连接成一个系统，以实现资源共享、数据通信和相互操作的目的。网络操作系统是计算机网络环境的操作系统，它同时具备一般通用操作系统的管理功能和网络通信及网络服务的功能。

目前流行的网络操作系统以及具有连网功能的操作系统主要有NetWare、Windows Server、UNIX、Linux等。网络操作系统已比较成熟，它必将随着计算机网络的广泛应用而得到进一步的发展和完善。

(3) 分布式操作系统

分布式计算机系统是计算机网络系统的高级形式，由多台计算机组成，计算机之间没有主次之分。分布式系统的特点有数据和控制及任务的分布性、整体性、资源共享的透明性、各结点的自制性和协同性。

(4) 嵌入式操作系统

操作系统向微型化方向发展的典型是嵌入式操作系统。嵌入式操作系统主要指应用在嵌入式系统(例如机器人、工业自动化设备、信息家电、导航系统、移动电话等)环境中，对整个嵌入式系统以及它所操作、控制的各种部件装置等资源进行统一协调、调度、指挥和控制的系统软件。常见的嵌入式操作系统有 μC/OS、嵌入式 Linux、Windows CE 等。

2.1.2 计算机操作系统的基本功能

1. 处理机管理

在多道程序或多用户的环境下，要组织多个作业同时运行，就要解决处理机管理的问题。在多道程序系统中，处理机的分配和运行都是以进程为基本单位的，因而对处理机的管理可归结为对“进程”的管理，包括进程控制、进程调度、进程同步和进程通信。

2. 存储器管理

存储器管理主要是指对内存的管理，包括内存分配、内存共享、内存保护、内存扩充等。合理地为多道程序的运行分配内存，保证多道程序间不发生冲突，并提高内存的利用率。

3. 设备管理

设备管理的主要任务是对计算机系统内的所有设备实施有效管理，包括对各种设备的资源分配、启动、完成、回收等，使用户方便灵活地使用设备。

4. 文件管理

处理机管理、存储管理和设备管理都属于硬件资源的管理。文件管理属于对软件资源的管理。文件管理包括对文件存储空间的管理、目录管理，以及对文件的存取、共享和保护等操作的管理。

5. 用户接口

提供方便、友好的用户界面，使用户无须了解过多的软、硬件细节就能方便灵活地使用计算机。

2.1.3 典型计算机操作系统介绍

1. DOS 操作系统

DOS 是由美国的微软公司于 20 世纪 80 年代初开发并推出的一种单任务单用户的计算机操作系统，是一种基于字符命令的计算机操作系统，如图 2-1 所示。在 Windows 诞生以前,DOS是最受欢迎的计算机操作系统之一。

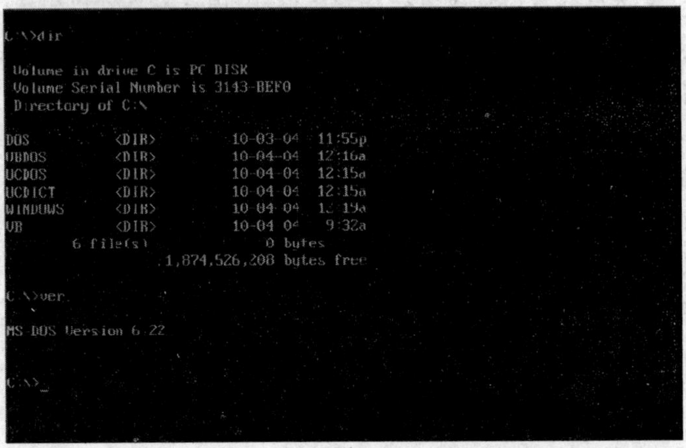

```
C:\>dir

 Volume in drive C is PC DISK
 Volume Serial Number is 3143-BEF0
 Directory of C:\

DOS          <DIR>         10-03-04  11:55p
UBDOS        <DIR>         10-04-04  12:16a
UCDOS        <DIR>         10-04-04  12:15a
UCDICT       <DIR>         10-04-04  12:15a
WINDOWS      <DIR>         10-04-04  12:19a
VB           <DIR>         10-04-04   9:32a
        6 file(s)              0 bytes
                   1,874,526,208 bytes free

C:\>ver

MS-DOS Version 6.22

C:\>_
```

图 2-1 DOS操作系统界面

在 Windows XP、Windows 7 中提供了对部分 DOS 命令的支持,用户可以在 Windows XP 中执行“开始”|“所有程序”|“附件”|“命令提示符”菜单命令启动“命令提示符”窗口。在其中可以使用字符命令运行各种应用程序和进行文件管理。目前,在计算机硬件管理和编程时还经常用到 DOS 命令。

2. Windows 操作系统

微软公司从 1990 年至今推出了一系列的 Windows 产品,有代表性的有 Windows 3.x、Windows 95、Windows 98、Windows 2000、Windows XP、Windows Vista、Windows 7 等,另外还有 Windows NT、Windows 2000 Server、Windows XP Server、Windows Server 2008 R2 等网络版系列。Windows 是目前世界上用户最多、兼容性最强的操作系统。从发展历史来看,Windows 操作系统一直朝着提高多媒体、网络应用能力,更加方便、安全、稳定的方向发展。

3. UNIX 操作系统

UNIX 操作系统 1969 年诞生于美国的 AT&T 公司的 Bell 实验室,是一个强大的多用户、多任务操作系统,支持多种处理器架构。由于 UNIX 具有可靠性高、可移植性好、网络和数据库功能强、开放性好等特点,可满足各行各业的实际需要,特别能满足企业重要业务的需要,已经成为主要的工作站平台和重要的企业操作平台。它主要安装在巨型计算机、大型计算机上作为网络操作系统使用。

4. Linux 操作系统

1991 年,在芬兰的赫尔辛基大学,一名叫 Linus 的学生编写了 Linux 操作系统的内核,并放在了 Internet 上,允许自由下载和修改添加。经过许多人的改进、扩充、完善,最后形成了今天备受欢迎的操作系统。其标志性图案是一个可爱的小企鹅,图 2-2 是 Red Hat Linux 9.0 的界面。由于其源代码的免费开放,使其在很多高级应用中占有很大市场。

图 2-2　Red Hat Linux 9.0 的界面

2.2　Windows XP 基本操作

2.2.1　Windows XP 的启动、注销和退出

1. 启动 Windows XP

首先打开显示器电源，接着打开计算机主机的电源，计算机在完成自检后，就会自动引导 Windows XP(如果计算机上安装了多个操作系统，就会显示操作系统列表，使用键盘上的方向键选择所需的操作系统，然后按 Enter 键)，计算机进入 Windows XP 启动状态，在随后出现的登录界面中单击某个用户名(如果用户已设置密码，还需输入密码)，就可以登录到 Windows XP 系统了。

2. 注销 Windows XP

Windows XP 是一个多用户操作系统，当用户不需要在当前账户下访问系统的时候，可以注销该用户。也可以多个用户同时登录该操作系统并在多个用户之间进行切换。方法是在桌面左下角的“开始”菜单中选择“注销”，打开“注销 Windows”对话框，如图 2-3 所示。单击“注销”按钮，则把当前账户注销掉，该账户中运行的所有程序关闭。单击“切换用户”按钮，则切换到另一个账户中，当前账户还保留，并且当前账户中运行的程序不会被关闭。

3. 退出 Windows XP

退出 Windows XP 的方法是在桌面左下角的“开始”菜单中选择“关闭计算机”，打开“关闭计算机”对话框，如图 2-4 所示。单击“关闭”按钮，就可以退出 Windows XP。在“关闭计算机”对话框中还有“重新启动”和“待机”两个按钮，“重新启动”就是重新启动计算机，而“待机”则是系统将当前状态保存于内存中，只向内存供应电源，此时电源消耗降低，适合于暂时不使用计算机而又想省去开关机麻烦的情况。

图 2-3 “注销 Windows”对话框

图 2-4 “关闭计算机”对话框

2.2.2 桌面及其操作

Windows XP 正常启动以后，呈现在用户面前的整个显示器屏幕空间就是 Windows 桌面。Windows XP 的桌面主要由桌面背景、桌面图标和任务栏组成，如图 2-5 所示。

图 2-5 Windows XP 桌面

桌面背景还可以自己设置。设置方法是右击桌面空白处，在弹出的快捷菜单中执行“属性”菜单命令，打开“显示 属性”对话框，在该对话框的“桌面”选项卡中选择相应的桌面背景，单击“确定”按钮即可。

桌面上的图标有两种：一种是系统图标，即 Windows XP 安装后自动出现的图标，例如“我的电脑”、“我的文档”等；另一种是快捷方式图标。快捷方式图标的左下角有一个黑色小箭头。对桌面图标可以进行移动、删除、重新排列等操作。

任务栏位于桌面底部。对任务栏的操作有调整大小、移动位置、隐藏等，但不能删除任务栏。

2.2.3 窗口及对话框操作

1. 窗口操作

窗口是 Windows 操作系统的重要标志之一。在 Windows XP 中,每当用户打开一个文件或启动一个程序时,就打开了一个窗口。窗口的管理是 Windows XP 系统的重要组成部分。

Windows XP 的窗口一般由标题栏、菜单栏、工具栏、地址栏、状态栏、工作区等组成。打开 C:盘后的窗口如图 2-6 所示。窗口的名称通常就是当前运行的程序或打开的文件名称。

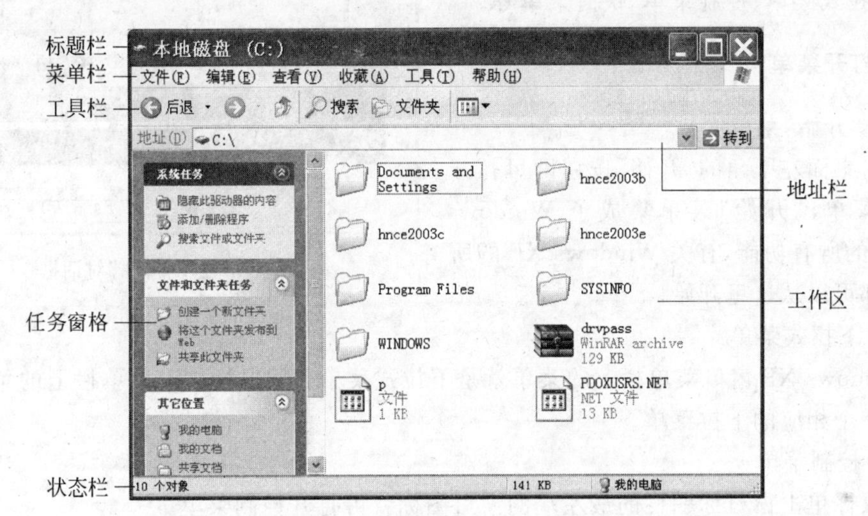

图 2-6 "本地磁盘(C:)"窗口

对一个窗口可以进行移动、改变大小、关闭等操作;对多个窗口可以进行切换等操作。

(1) 移动窗口

将鼠标定位在窗口的标题栏,然后按住鼠标左键不放,拖曳到目标处松开鼠标就可以把窗口移动到新的位置。

(2) 改变窗口大小

通过单击窗口标题栏右侧的最大化、最小化、还原等按钮,可以将窗口最大化、最小化或者还恢复到正常大小。

另外还可以通过将鼠标放在窗口的 4 条边上或者 4 个角上,等到鼠标变成双向箭头时拖曳鼠标来任意改变窗口的大小。

(3) 切换窗口

单击任务栏上代表窗口的图标,可以切换到新的窗口,也可以利用 Alt+Tab 键实现窗口切换。

2. 对话框操作

对话框是人机交互的一种重要方式。对话框可以看成是特殊的窗口。与普通窗口不同之处在于,对话框没有最大化、最小化按钮,不能像窗口那样任意改变大小(但可以随意移动对话框的位置)。对话框由选项卡构成,每一张选项卡上提供了一些按钮和选项让用户选择,如图 2-7 所示。用户可以通过对对话框上的按钮和选择项的设置向计算机发出自己的命令。

图 2-7 “显示 属性”对话框

2.2.4 菜单操作

使用 Windows XP 的最大优点之一就是所有的基本操作都可以从菜单中选取,而不需要记忆复杂的命令。常用的菜单有“开始”菜单、下拉式菜单、控制菜单、快捷菜单等。

1. 打开菜单

(1) “开始”菜单

单击桌面左下角的“开始”按钮即可打开“开始”菜单,“开始”菜单集成了 Windows XP 系统的所有功能,有关 Windows XP 的所有操作都可以从这里开始。

(2) 下拉式菜单

Windows XP 窗口菜单栏上的菜单就是下拉式菜单。用鼠标单击菜单栏上的菜单名即可打开一个相应的下拉菜单。

(3) 控制菜单

用鼠标单击窗口标题栏的最左端的窗口图标就可打开控制菜单。

(4) 快捷菜单

是指鼠标右键单击(简称右击)某对象以后弹出的菜单。与对象相关的一些操作以及该对象的属性均会出现在快捷菜单上。

2. 撤销菜单

如果在打开菜单后不想选择其中的命令,用鼠标单击菜单以外的任何地方或按下 Esc 键都可撤销菜单。

3. 菜单标记含义

Windows 菜单上有一些特殊的标记,不同的标记代表不同的含义,具体如下:

(1) 菜单项灰色:表示该菜单项在当前状态下不能执行。

(2) 菜单项后带有省略号“…”:表示执行该菜单项将弹出对话框。

(3) 菜单项前有符号“√”:表示该菜单项正在起作用。

(4) 菜单项前有符号“●”:表示在并列的几项功能中,每次只能选择其中一项。

(5) 菜单项右侧的组合键:表示不必打开菜单,用组合键可直接执行菜单命令。

(6) 菜单项后边括号内的字母:表示在打开菜单的情况下,使用该键可直接执行该命令。

(7) 菜单项右侧的“▶”标记：表示执行该菜单项将会打开一个级联菜单。

2.2.5 建立桌面快捷方式

快捷方式是 Windows XP 提供的由快捷方式图标到文件或程序所在位置的一种链接，常用来快速地打开文件或运行程序。建立桌面快捷方式很简单，在“开始”菜单中右击任何一个程序，或者在计算机资源管理器中右击某个文件，在弹出的快捷菜单中执行“发送到”|“桌面快捷方式”命令，就可以在桌面上建立一个该程序(文件)的快捷方式了，如图 2-8 所示。另外，也可以右击桌面空白处，在弹出的快捷菜单上执行“新建”|“快捷方式”菜单命令来实现。

删除快捷方式后，所链接的对象不会被删除。

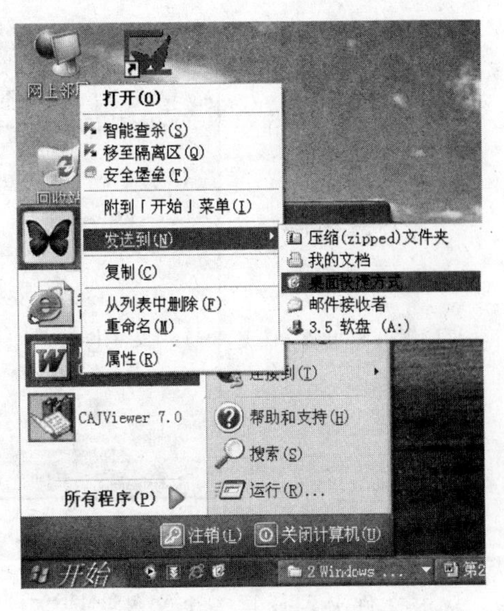

图 2-8 建立桌面快捷方式

2.3 Windows XP 的文件管理

计算机中的各种信息都是以文件的形式保存在磁盘上的。日常工作中，为了便于对信息的使用，需要经常对磁盘上的文件进行操作，如文件或文件夹的新建、命名、查找、复制、移动、删除等，这就是文件管理。管理文件或文件夹是 Windows 操作系统中最重要的功能之一。

2.3.1 计算机文件管理的层次

对于独立的计算机系统而言，文件管理分为 3 个层次：盘、文件夹和文件。

1. 盘

这里的盘是指计算机系统中的硬盘、光盘、优盘等外部存储器。硬盘容量比较大，常常把一个物理硬盘分成若干个“分区”。每一个分区叫一个逻辑盘，并用符号“C:”、“D:”、“E:”、“F:”等作为盘符对它们进行区分。通常使用的 Windows XP 操作系统一般就装在 C:盘。各个逻辑盘之间是相互独立的，不但使数据管理变得方便，而且使数据安全性得到提高。

2. 文件夹

一个磁盘上通常存储了大量文件。为了便于管理，将相关文件分类后存放在不同的目录中。这些目录在 Windows XP 中称为文件夹。文件夹是计算机组织管理文件的工具。

一个逻辑盘内只有一个根文件夹，根文件夹下可由用户建立子文件夹，各级文件夹中均可存放文件或下级子文件夹，从而形成了树状结构的文件管理模式，如图 2-9 左边文件夹窗格所示。

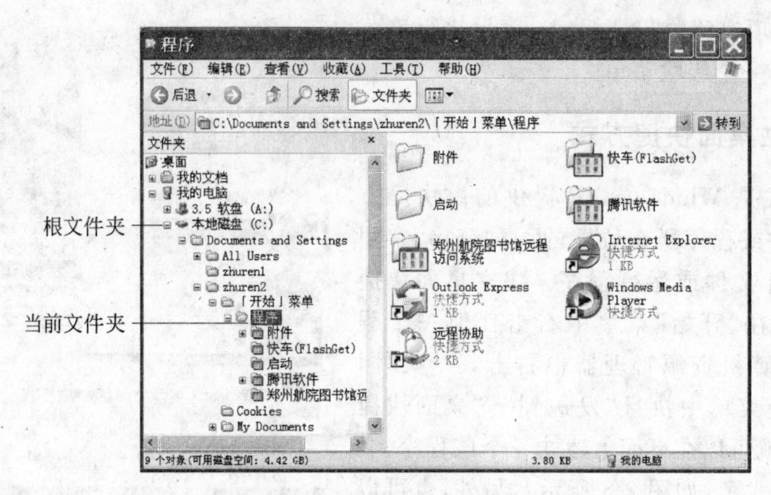

图 2-9　树状文件夹结构

从根文件夹到任意一个文件夹或文件都有唯一一条通路，该通路称为文件或文件夹的路径。路径由文件夹名、文件名和"\"组成。例如图 2-9 中当前文件夹"程序"的路径为"C:\Documents and Settings\zhuren2\「开始」菜单\程序"，窗口的地址栏中显示的即为该路径。计算机中每一个文件或文件夹只有一个唯一的路径。文件路径决定了文件在逻辑盘上存放的位置。已知文件的路径可以很方便地找到该文件。

3. 文件

文件是用文件名表示的一组相关信息的集合。文件是通过不同的名称来区分的，这个名称称为文件名。

文件名的格式为：主文件名．扩展名。

主文件名用来区分不同的文件，扩展名用来区分文件的类型，常用扩展名及其意义如表 2-1 所示。

表 2-1　常见文件扩展名及表示的文件类型

文件扩展名	文 件 类 型	文件扩展名	文 件 类 型	文件扩展名	文 件 类 型
TXT	文本文件	TMP	临时文件	MP3	MP3 压缩文件
DOC	Word 文档文件	ZIP 或 RAR	压缩文件	JPG	图片文件
PPT	演示文稿文件	WAV	PCM 音频文件	BMP	位图文件
HTML	网页文件	AVI	音频符合文件	EXE	可执行文件

文件名的命名规则：

- 文件名最长不能超过 255 个字符。
- 文件名中可以包含字母、汉字、数字和部分符号，但不能包含下列字符：| " ：\ / * ? ＜＞。
- 一个文件名中还可以包含多个点号(.)分隔符，其中最后一个点号后面的内容是扩展名。

• 文件名不区分字母的大小写，即文件 aef. doc 和 AEF. doc 表示的是同一个文件。

2.3.2 用资源管理器管理文件或文件夹

Windows XP 提供了两种对文件或文件夹管理的窗口，即“我的电脑”和“资源管理器”。从外观来看，“我的电脑”窗口默认为一个窗口，而“资源管理器”窗口默认分为两个子窗口，如图 2-10。通过单击“资源管理器”窗口上的“文件夹”工具按钮，可以在“我的电脑”窗口与“资源管理器”窗口之间进行切换。本书以“资源管理器”为例介绍对文件或文件夹的管理操作。

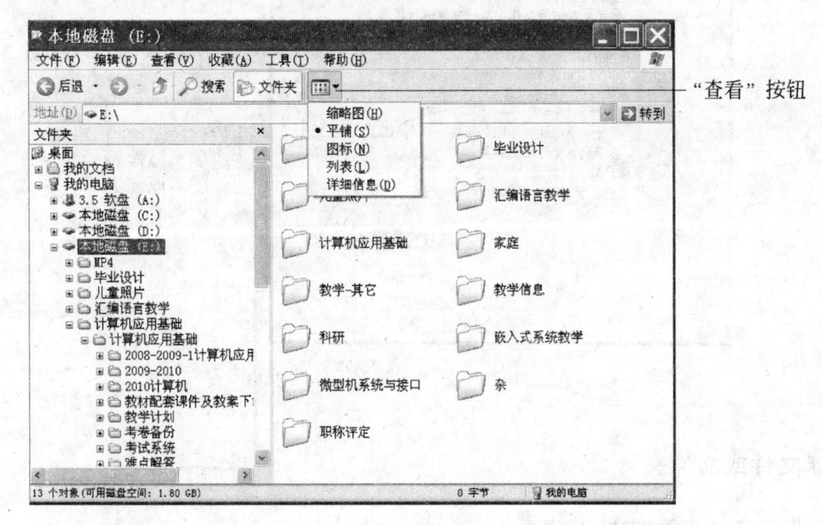

图 2-10 使用“查看”工具按钮改变文件或文件夹的显示风格

1. 打开资源管理器

打开资源管理器的方法有以下几种。

(1) 执行“开始”|“所有程序”|“附件”|“Windows 资源管理器”菜单命令。

(2) 右击“我的电脑”图标，在弹出的快捷菜单中执行“资源管理器”菜单命令。

(3) 右击“开始”按钮，在弹出的快捷菜单中执行“资源管理器”菜单命令。

(4) 在“我的电脑”窗口中，单击工具栏上的“文件夹”按钮。

2. 查看文件或文件夹

图 2-10 给出了“资源管理器”窗口的组成。单击左边文件夹窗格中的⊞或⊟，可以展开或折叠文件夹，在左边文件夹窗格中选中一个文件夹，在右边窗格中就会自动显示出该文件夹内容。然后双击右边窗格中的文件夹或文件图标就可以打开相应的文件夹或文件。

通过使用工具栏中的“查看”按钮可以改变右边窗格中的文件或文件夹的显示风格，如图 2-10 所示。有 5 种显示风格，分别是缩略图、平铺、图标、列表和详细信息。

通过右击右边窗格中弹出的快捷菜单，可以对文件或文件夹进行排序，有 4 种排序方法，分别是按名称、按大小、按类型、按修改时间。

通过执行“工具”|“文件夹选项”菜单命令，可以打开“文件夹选项”对话框，通过设置该“文件夹选项”对话框可以显示出系统隐藏文件，还可以显示出已知文件的扩展名，如

图 2-11 所示。

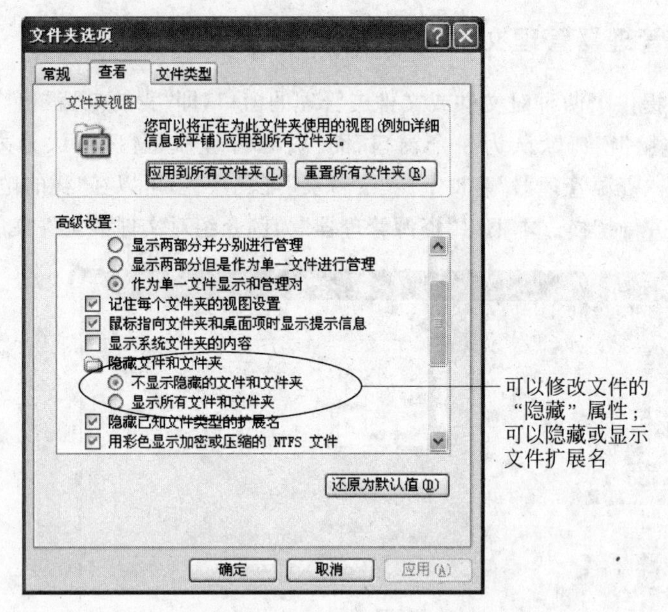

图 2-11 "文件夹选项"对话框

3. 新建文件或文件夹

新建文件或文件夹有两种方法。

方法 1：在资源管理器内执行"文件"|"新建"菜单命令。

方法 2：右击空白处，在弹出的快捷菜单中执行"新建"菜单命令。

4. 选定文件或文件夹

用户在操作文件或文件夹时，首先必须先选中它。在资源管理器中选中文件或文件夹的方法有多种。

(1) 选择单个文件或文件夹。单击该文件或文件夹。

(2) 选择多个连续的文件或文件夹。按住 Shift 键不放，单击第一个文件或文件夹和最后一个文件或文件夹；用鼠标拖曳框选定。

(3) 选择多个不连续的文件或文件夹。按住 Ctrl 键不放，用鼠标依次单击要选择的文件或文件夹。

(4) 选择所有文件或文件夹。按 Ctrl＋A 键，或执行"编辑"|"全部选定"菜单命令。

(5) 反向选择。执行"编辑"|"反向选择"菜单命令，即可选中当前未选定的全部对象。

5. 删除文件或文件夹

在 Windows XP 的资源管理器中，删除一个文件或文件夹可以选择使用下面几种操作。

(1) 选定要删除的文件或文件夹，然后执行"文件"|"删除"菜单命令。

(2) 选定要删除的文件或文件夹，右击，在弹出的快捷菜单中执行"删除"菜单命令。

(3) 选定要删除的文件或文件夹，然后按 Delete 键。

(4) 用鼠标直接将文件或文件夹拖入“回收站”图标中。

这样的操作只是把文件或文件夹放入了“回收站”。如果想要一次操作就把文件彻底从硬盘删除,可以按住 Shift 键再执行上述删除操作。

回收站是 Windows XP 在计算机硬盘中开辟的一块区域,用于暂时存放硬盘中被删除的文件或文件夹。在桌面上双击“回收站”图标可以打开回收站,如图 2-12 所示。在“回收站”中,利用“还原”功能可以把已被删除的文件还原到被删除前所在的位置。在回收站中被再次删除的文件将被从硬盘中彻底删除。右击桌面上的“回收站”图标,在弹出的快捷菜单中执行“清空回收站”命令,就可在不打开回收站的情况下一次把回收站中的文件全部彻底删除。

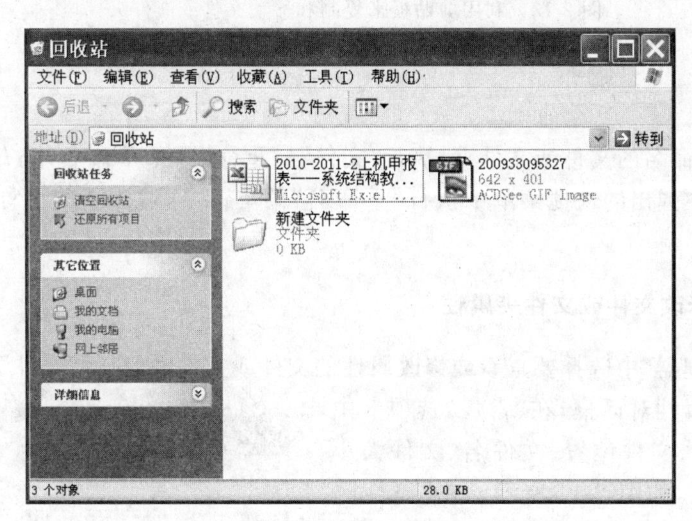

图 2-12 “回收站”窗口

6. 复制和移动文件或文件夹

常用的文件或文件夹复制或移动的方法有以下几种。

(1) 应用菜单

选定要复制或移动的文件或文件夹,执行“编辑”|“复制”(复制时选择)或“编辑”|“剪切”(移动时选择)菜单命令,选定目标文件夹,执行“编辑”|“粘贴”命令。

(2) 应用快捷键

选定要复制或移动的文件或文件夹,按 Ctrl+C 键(复制时用)或 Ctrl+X 键(移动时)快捷键,选定目标文件夹,按 Ctrl+V 键。

(3) 用鼠标拖曳

① 同一磁盘中的复制。选中文件或文件夹,按住 Ctrl 键,拖曳到目标文件夹。

② 不同磁盘中的复制。选中文件或文件夹,拖曳到目标文件夹。

③ 同一磁盘中的移动。选中文件或文件夹,拖曳到目标文件夹。

④ 不同磁盘中的移动:选中文件或文件夹,按住 Shift 键,拖曳到目标文件夹。

(4) 应用快捷菜单

右击要复制或移动的文件或文件夹,打开快捷菜单,执行“复制”(复制时选择)或“剪切”(移动时选择)菜单命令;再右击目标文件夹,打开快捷菜单,执行“粘贴”菜单命令。

注意：进行文件或文件夹的复制和移动时，都用到了 Windows 中的剪贴板，剪贴板(Clip Board)是内存中的一块区域，是 Windows 内置的一个非常有用的工具。通过剪贴板，使得在各种应用程序之间传递和共享信息成为可能。借助剪贴板来复制和移动文件或文件夹的原理如图 2-13 所示。执行"复制"或"剪切"命令时是先把选中的文件或文件夹保存到剪贴板上，而执行"粘贴"命令时是把剪贴板上的信息粘贴到目的地。

图 2-13 利用剪贴板来复制和移动文件或文件夹

7. 重命名

选择需要重命名的文件或文件夹，执行"文件"|"重命名"菜单命令，或右击要重命名的文件或文件夹，在弹出的快捷菜单中执行"重命名"菜单命令，输入新的名称，然后按 Enter 键即可。

8. 查看或修改文件或文件夹属性

在"资源管理器"中选择要查看或修改属性的文件或文件夹，执行"文件"|"属性"菜单命令，打开文件的属性对话框，在"常规"选项卡中，显示了文件类型、文件位置、文件名、文件大小、创建时间等信息，如图 2-14 所示。在"属性"栏中，可以修改文件的只读、隐藏等属性。将文件或文件夹设置隐藏属性后，在默认状态下不显示该文件或文件夹，可以通过前边图 2-11 中介绍的方法查看隐藏的文件或文件夹。

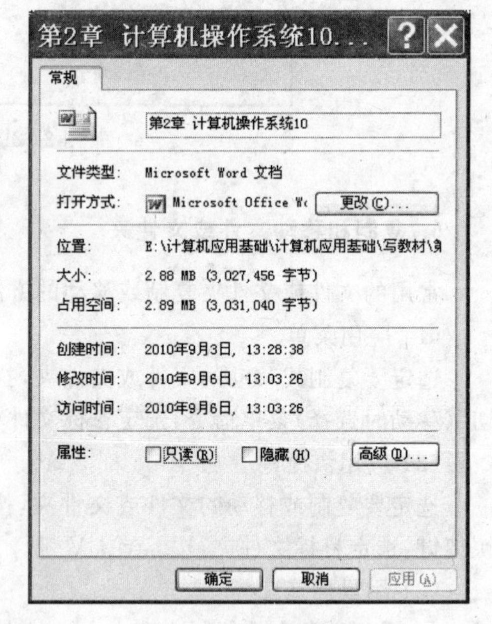

图 2-14 "常规"选项卡

9. 搜索文件或文件夹

搜索文件或文件夹的步骤如下。

(1) 打开"搜索"窗口。

方法 1：执行"开始"|"搜索"菜单命令。

方法 2：单击"资源管理器"工具栏上的"搜索"按钮。

在打开的搜索窗口左边的"搜索助理"窗格中单击"所有文件和文件夹"超链接，打开如图 2-15 所示的搜索窗口。

(2) 在"全部文件名或部分文件名"文本框中输入要查找的文件或文件夹名称。

想要查找某一类文件，或者在文件信息不全的情况下查找某文件，可以使用 Windows 提供的通配符来完成。Windows 定义了问号(?)和星号(＊)两种通配符，其中问号(?)表示任意一个字符，星号(＊)表示任意长度的任意字符。例如，文件名 ＊.doc 表示指定磁盘或文件夹中所有的 doc 格式的文档文件，?a＊.ppt 则表示指定磁盘或文件夹中第二个字符是

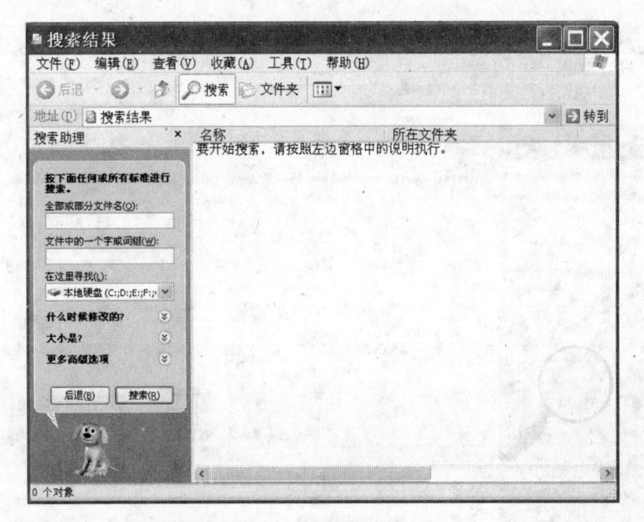

图 2-15 “搜索结果”窗口

a 的所有 PPT 格式的文件。

(3) 在“在这里寻找”下拉列表中确定搜索的范围，打开该列表，可以选定一个要从中查找的驱动器(例如 D：盘)，也可以选择整个计算机，选择“浏览”选项，则可以在弹出的对话框中逐层将文件打开然后选定所需的文件夹。

(4) 在窗口下面的搜索选项中可以指定文件或文件夹的创建时间、类型、大小等，进一步确定搜索范围。

(5) 用户设置完毕后，单击“搜索”按钮，系统就会自动地开始查找用户需要的文件或文件夹。查找结果将显示在右边的窗格内。

2.4 Windows XP 系统设置

控制面板是用来对 Windows XP 系统进行设置的一个工具集，通过它用户可以更改 Windows XP 的外观和行为方式，对系统的显示器、鼠标、键盘、桌面、时间、日期等进行个性化设置。

2.4.1 启动控制面板

启动控制面板有以下几种方法。

(1) 执行“开始”|“控制面板”菜单命令，打开“控制面板”窗口。

(2) 在“我的电脑”窗口中的左侧“其他位置”显示框中，单击“控制面板”。

(3) 在 Windows XP 资源管理器窗口左窗格中，单击“控制面板”。

打开的控制面板窗口如图 2-16 所示。这是经典视图方式，还可以通过单击窗口左侧“控制面板”栏中的“切换到分类视图”切换到分类视图方式。

2.4.2 查看系统属性

在“控制面板”中双击“系统”图标，或者在桌面上的“我的电脑”的右键快捷菜单中执行

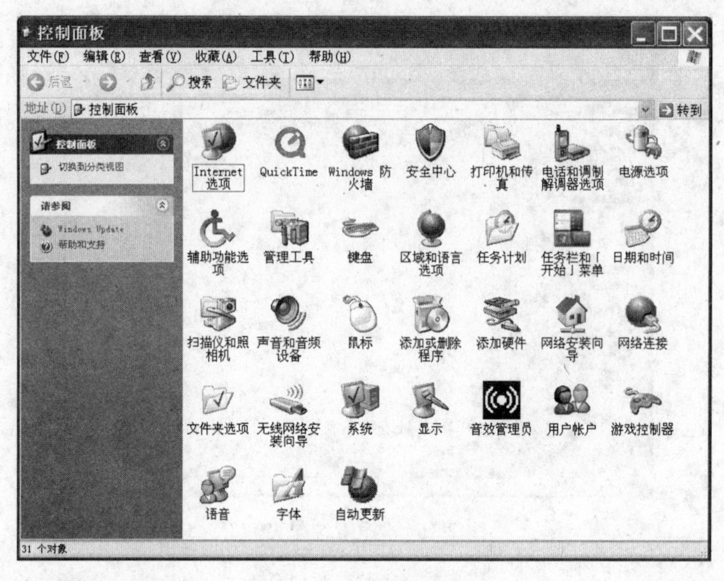

图 2-16　控制面板窗口

“属性”菜单命令，打开“系统属性”对话框，如图 2-17 所示。在“系统属性”对话框的“常规”选项卡中提供了当前计算机使用的操作系统类型、CPU 型号、内存参数等重要系统信息。

通过其他的选项卡还可以查看计算机的其他系统属性，或者进行一些系统属性的设置。

2.4.3 设置桌面及显示属性

在“控制面板”中双击“显示”图标，或者在桌面空白处右击，从弹出的快捷菜单中执行“属性”菜单命令，打开“显示 属性”对话框，如图 2-18 所示。

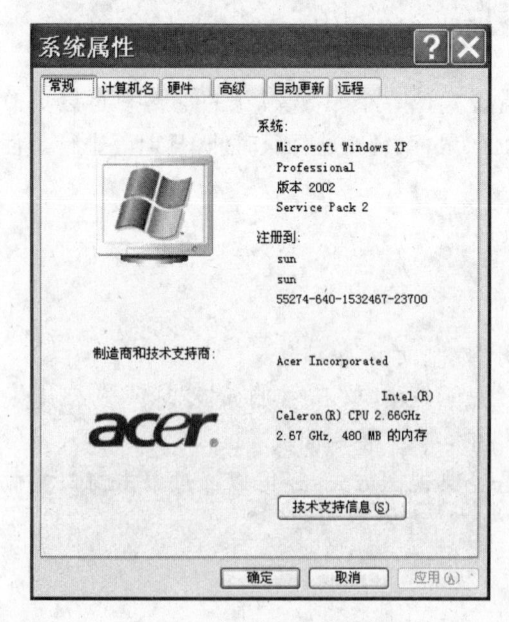

图 2-17　“系统属性”对话框

图 2-18　“显示 属性”对话框

“显示 属性”对话框有 5 个选项卡，分别是“主题”、“桌面”、“屏幕保护程序”、“外观”和“设置”。切换到不同的选项卡可以进行相关的设置，例如切换到“桌面”选项卡可以设置桌面背景、桌面图标等，切换到“屏幕保护程序”选项卡可以选择系统的屏幕保护程序，切换到“设置”选项卡，可以设置显示器的分辨率、颜色质量等。

2.4.4 用户管理

Windows XP 作为一个多用户操作系统，允许多个用户共同使用同一台计算机，Windows XP 允许共享计算机的每一个用户拥有自己的个性化 Windows 桌面和环境，这可以通过“控制面板”中提供的“用户账户”来实现。

在“控制面板”中双击“用户账户”图标，打开“用户账户”窗口，如图 2-19 所示。在“挑选一项任务”选项组中，选择“创建一个新账户”超链接，可以创建一个新账户。单击已经存在的某个账户可以对该账户进行设置或更改密码。

图 2-19 “用户账户”窗口

需要注意的是，只有计算机管理员才能为计算机创建新的用户账户。更改账户时，用户可以修改自己的账户，而管理员可以对所有的户进行修改。

创建了新账户或者对已有账户进行了修改以后，下次启动 Windows XP 时，欢迎界面的用户列表中就包含了新建的用户账户，所做的修改也会生效。

2.4.5 添加或删除程序

应用计算机时，用户经常需要进行软件(程序)的添加和删除操作。在 Windows XP 环境下有多重安装软件(添加程序)的方法。对较正规的软件来说，在软件安装文件的目录下都有一个名为 Setup. exe 的可执行程序，运行这个可执行程序，然后按照提示一步一步就可完成软件安装。另外，目前很多的软件光盘都支持光盘自动安装功能，只要把软件光盘放入光驱，安装程序会自动运行，然后用户根据安装向导的提示完成软件安装。

在 Windows XP 的控制面板也有一个添加或删除应用程序的专用工具，利用它用户可以很方便地添加或删除程序。

1. 添加新程序

在“控制面板”窗口中双击“添加或删除程序”项，打开“添加或删除程序”窗口，如图 2-20，然后单击“添加新程序”按钮，出现如图 2-21 所示的对话框，单击“从 CD-ROM 或软盘安装程序”右侧的“CD 或软盘”按钮，打开“从软盘或光盘安装程序”向导对话框，按照相应的提示就可以完成新程序的添加了。

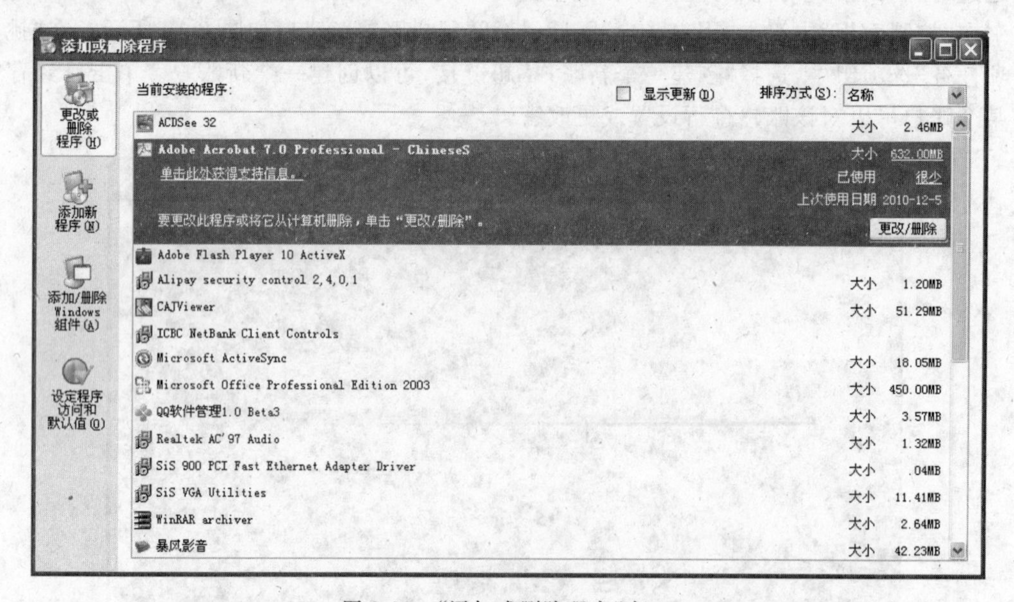

图 2-20 “添加或删除程序”窗口

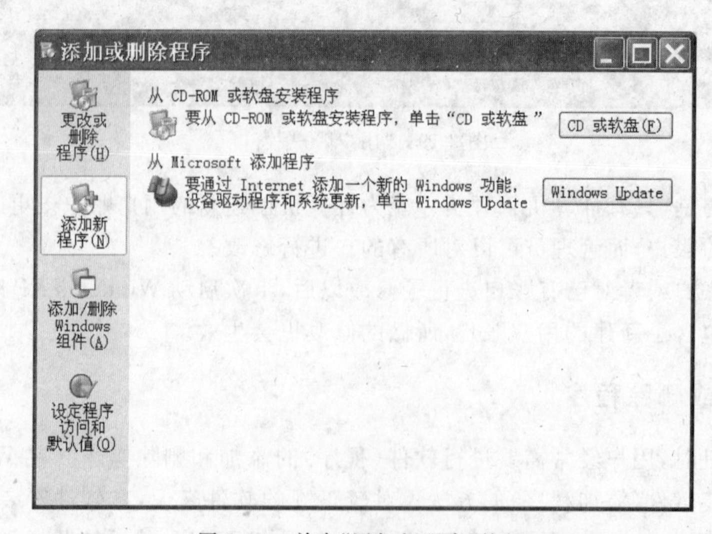

图 2-21 单击“添加新程序”按钮

通过控制面板中的“添加或删除程序”项，还可以添加 Windows XP 的组件程序，这样在 Windows XP 安装完成后需要对其进行重新调整时，无须重新执行全部安装过程。添加 Windows XP 的组件程序的方法：在图 2-20 的窗口中，单击左边的“添加/删除 Windows 组件”按钮，打开“Windows 组件向导”对话框，如图 2-22 所示。在此对话框中，选择要安装的组件前的复选框，将 Windows XP 系统安装光盘放入光驱，单击“下一步”按钮，Windows XP 即开始自动进行组件的安装。

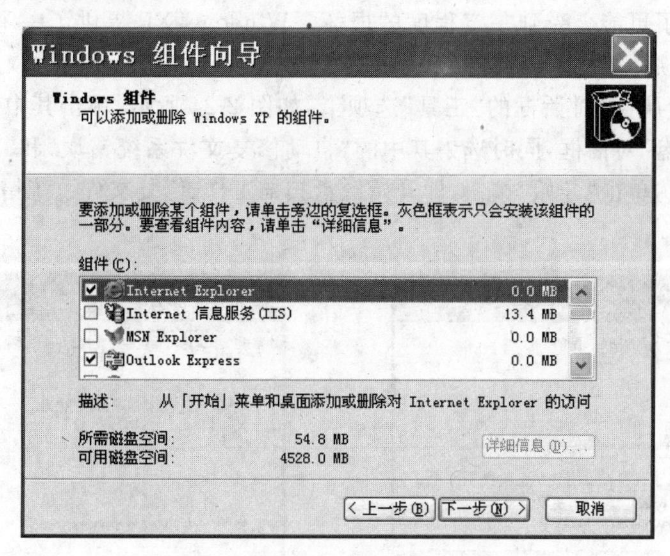

图 2-22 “Windows 组件向导”对话框

2. 删除程序

在图 2-20 所示的“添加或删除程序”窗口中，在右边程序列表中找到要删除的程序，单击“删除”按钮即可。

需要说明的是，有些程序安装到操作系统以后不但程序名会出现在“开始”菜单的“所有程序”子菜单上，同时还会显示一个程序“卸载”的命令项，单击此“卸载”命令可以快速地把相应程序删除。

2.5 Windows XP 中磁盘及打印机管理

2.5.1 磁盘管理

磁盘是重要的存储设备之一。学习掌握磁盘的管理维护方法不但可以提高系统的运行速度、延长磁盘的寿命，还可以提高用户数据、文档的安全性。

1. 磁盘属性

在“我的电脑”或“资源管理器”窗口中，选中某一盘符，执行“文件”|“属性”菜单命令（或右击，在快捷菜单中执行“属性”菜单命令），弹出属性对话框，如图 2-23 所示。

在“常规”选项卡中列出了该磁盘的一些常规信息，如类型、文件系统、打开方式、可用和已用空间等；在“工具”选项卡中，给出了磁盘查错工具、磁盘碎片整理工具等，单击这些按钮，可以直接对当前磁盘进行相应的操作；“共享”选项卡用于设置磁盘共享属性。下面重点介绍一下这些磁盘工具的使用。

2. 磁盘查错

磁盘使用久了可能会受到一定程度的损坏。Windows XP 提供了一个磁盘扫描程序，可以检查磁盘的损坏状况并修复磁盘。

切换到“磁盘属性”对话框的“工具”选项卡，如图 2-24 所示，单击其中的“开始检查”按钮，弹出“检查磁盘”对话框，同时选中其中的“自动修复文件系统错误”和“扫描并试图恢复坏扇区”两个选项，单击“开始”按钮，即开始磁盘扫描工作、修复文件系统错误和恢复被损坏的扇区。

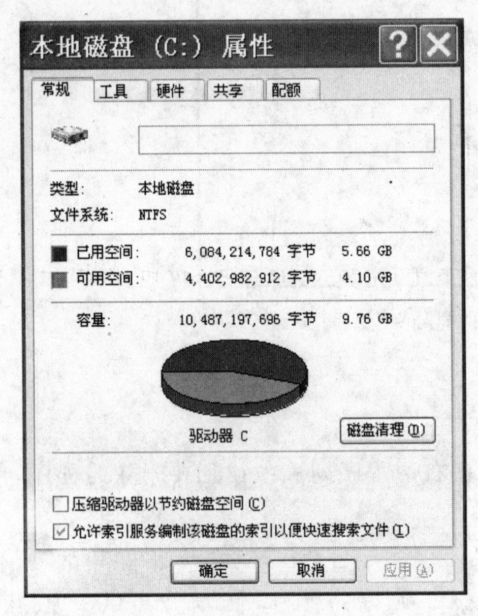

图 2-23　磁盘属性对话框

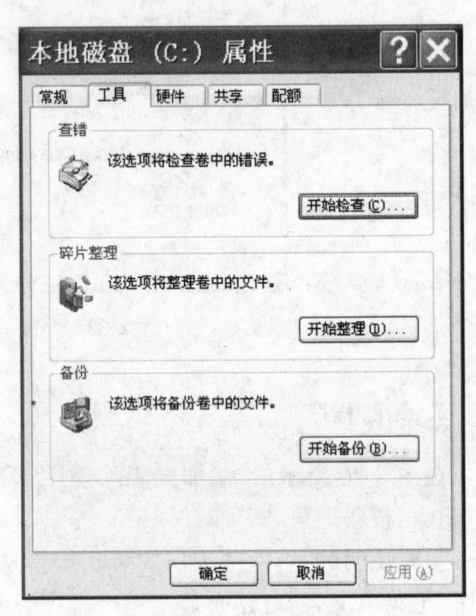

图 2-24　“工具”选项卡

3. 磁盘碎片整理

由于磁盘上的文件不断地被修改、删除和保存等操作，致使许多文件被分散保存到整个磁盘的不同地方，磁盘自由空间也不再连续，形成了所谓的磁盘“碎片”。大量磁盘“碎片”的存在可直接影响文件的存取速度，还会降低磁盘的寿命。

利用 Windows XP 提供的磁盘碎片整理工具，可以有效地清除磁盘碎片。方法如下：单击磁盘属性对话框中“工具”选项卡中的“开始整理”按钮，弹出“磁盘碎片整理程序”对话框，如图 2-25 所示。在对话框上方可以选定要整理的磁盘驱动器，然后单击对话框下边的“分析”按钮，先对磁盘进行分析，看是否需要整理，分析结果如果需要整理，则单击“碎片整理”按钮，对磁盘碎片进行整理。

图 2-25 “磁盘碎片整理程序”对话框

4. 磁盘清理

系统使用一段时间之后，有可能存在各种各样无用的文件，比如 Windows 临时文件、Internet 缓存文件、回收站、安装日志文件等，它们往往占据了部分硬盘空间，利用 Windows XP 提供的磁盘清理功能可以很方便地清除掉这些无用文件，以节省磁盘空间。

在图 2-23 所示的磁盘属性对话框“常规”选项卡中，单击“磁盘清理”按钮，弹出一个对话框，其中“磁盘清理”选项卡中列出了用户可以清除的文件类型，进行选择后，单击“确定”按钮，系统开始磁盘清理。

5. 磁盘格式化

磁盘格式化是在磁盘中建立磁道和扇区，对硬盘分区进行格式初始化，方便计算机存储、读取磁盘中数据的过程。磁盘格式化会比较彻底地删除磁盘文件(也包括潜伏病毒)。因此在对硬盘进行格式化操作之前一定要做好数据备份工作。

在“我的电脑”或“资源管理器”中都可以进行磁盘格式化，步骤如下。

(1) 选中需要格式化的磁盘图标，例如 D: 盘。

(2) 执行“文件”|“格式化”菜单命令，或右击磁盘图标，在弹出的快捷菜单中执行“格式化”菜单命令，打开“格式化”对话框，如图 2-26 所示。

(3) 在“格式化”对话框中设置磁盘的容量、文件系统、分配单元大小、卷标等(通常取默认值即可)参数，如图 2-26 所示。

(4) 单击“开始”按钮，系统就会自动完成对 D 盘的格式化。

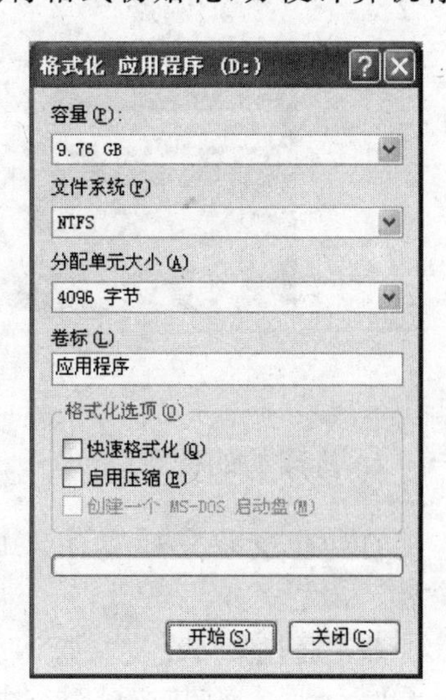

图 2-26 设置磁盘格式化参数

2.5.2 打印机管理

打印机是最常用的办公设备之一，利用它可以把文字、图像等信息形式打印在纸张上长期保存。掌握打印机的添加方法与使用方法很有必要。

1. 添加打印机

添加打印机的步骤如下。

(1) 将打印机连接到计算机适当的端口上，打开打印机电源。启动计算机系统。

(2) 此时如果安装的是即插即用型打印机，则 Windows XP 会自动识别并寻找安装打印机的驱动程序，如果操作系统没有找到该打印机的驱动程序，则会提示放入驱动程序光盘或软盘，按照提示步骤完成安装。

(3) 对于非即插即用打印机，操作系统无法识别它。可以打开控制面板，双击“打印机和传真机”图标，打开“打印机和传真机”窗口，如图 2-27 所示。单击窗口左窗格中的“添加打印机”超链接，按照向导要求进行操作即可完成安装。

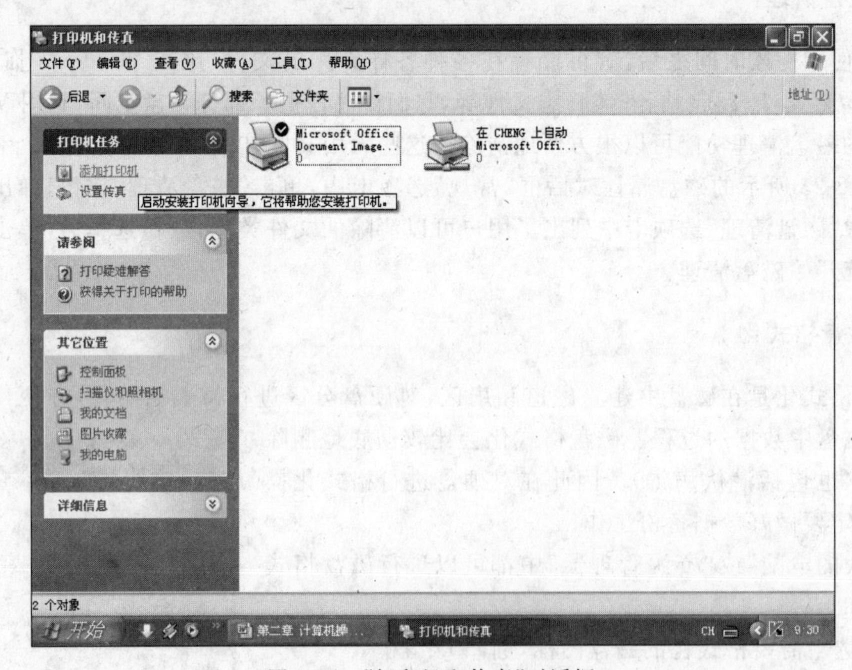

图 2-27 “打印机和传真”对话框

2. 打印机的使用

打印机安装完成以后，就可以使用该打印机打印文档了。打印文档一般有两种方法。

(1) 通过某一个支持打印机功能的应用软件(比如 Word)进行打印。打印方法是通过执行“文件”|“打印”菜单命令进行打印。

(2) 在“我的电脑”或“资源管理器”窗口中直接打印。如图 2-28 所示，在“资源管理器”窗口中，右击要打印的文件，在弹出的快捷菜单中执行“打印”菜单命令，则在不打开该文件的情况下就可以打印该文件。

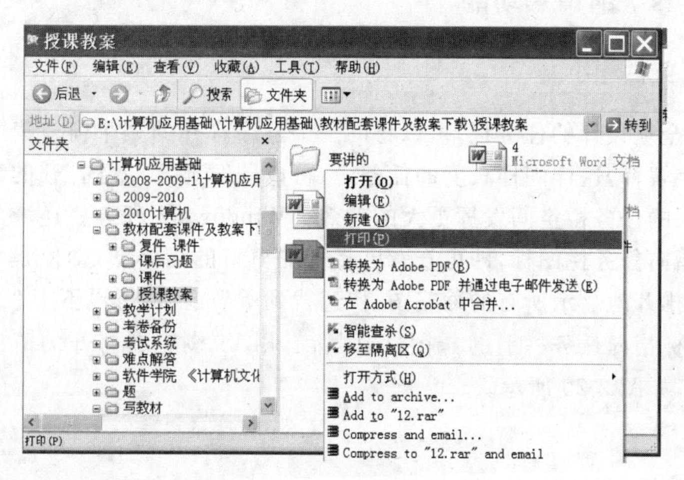

图 2-28 在资源管理器中打印

2.6 Windows 7 简介

2.6.1 概述

Windows 7 是由微软公司于 2009 年 10 月推出的具有革命性变化的操作系统。该系统旨在让人们的日常计算机操作更加简单和快捷，为人们提供高效易行的工作环境。

面向不同的用户 Windows 7 有 6 种版本：Windows 7 Starter（简易版）、Windows 7 Home Basic（家庭普通版）、Windows 7 Home Premium（家庭高级版）、Windows 7 Professional（专业版）、Windows 7 Enterprise（企业版）、Windows 7 Ultimate（旗舰版），其中旗舰版功能最全，硬件要求也最高，用户可以根据自己的需要选择合适的版本。

微软为了让更多的用户购买 Windows 7，让 Windows 7 降低系统配置，使得在 2005 年以后的配置即能够较流畅地运行 Windows 7。安装 Windows 7 的推荐配置如表 2-2 所示。

表 2-2 安装 Windows 7 的推荐配置

设备名称	基本要求	备注
CPU	2.0GHz 及以上	Windows 7 包括 32 位及 64 位两种版本，如果希望安装 64 位版本，则需要支持 64 位运算的 CPU 的支持
内存	1GB DDR 及以上	最好还是 2GB DDR2 以上
硬盘	40GB 以上可用空间	因为软件等可能还要用几吉字节
显卡	显卡支持 DirectX 9、WDDM1.1 或更高版本（显存大于 128MB）	显卡支持 DirectX 9 就可以开启 Windows Aero 特效
其他设备	DVD R/RW 驱动器或者 U 盘等其他储存介质	安装用

2.6.2 Windows 7 的精彩功能

1. 全新的任务栏

Windows 7 全新设计的任务栏,可以将同一个程序打开的多个窗口集中在同一个图标显示,不再有文字解释,这样同样长度的任务栏,可以同时显示的已打开的窗口的数量就大大增加了,让有限的任务栏空间发挥更大的功效。Windows 7 任务栏还增加了新的窗口预览功能,用鼠标指向任务栏图标,即可查看已打开的窗口的缩略图,即使是堆叠的多个窗口也一样可以一字排开地显示所有的缩略图,快速找到所需窗口,再也不用在多个窗口间点来点去。例如用鼠标指向任务栏上的图标,则所有用 IE 浏览器打开的窗口的缩略图一字排开地显示出来,如图 2-29 所示。

图 2-29 Windows 7 的任务栏图标及缩略图

2. 直观的预览文件

在 Windows 7 的资源管理器中,可以通过文件图标的外观预先了解文件内容,这样就能在不打开文件的情况下直接打开预览窗格,如图 2-30 所示。快速查看文件的详细内容,例如各种办公文档、图片,甚至是播放影音文件。

3. Jump List(跳转列表)

在开始菜单和任务栏图标右击,在弹出的快捷菜单中,具有 Windows 7 的一项全新功能 Jump List,其中包含着用户最近经常访问的应用程序菜单和文件列表,它会根据程序的不同显示出不同的操作选项。用户可以将最近常用的任务锁定在相应程序的 Jump List 顶端,通过 Jump List,用户可以快速访问自己喜爱的应用程序。比如右击任务栏上 Microsoft Office Word 2007 图标,菜单上就会显示最近看过的 Word 文档和有关的菜单操作,如

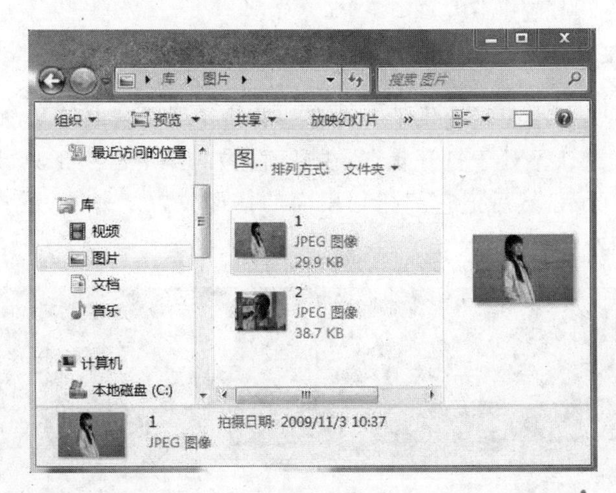

图 2-30　在资源管理器中预览文件内容

图 2-31 所示，单击某文档右边的图标，就可将该文档锁定到 Jump List 顶端，如果不需要了还可以进行解锁。

4. 窗口智能缩放

在 Windows 7 中，选中当前窗口轻轻一晃，它背后层层叠叠的无关窗口就统统不见了(都最小化了)，繁杂的桌面就会立即回复清爽，再晃动两下，又都回来了，而且保持之前的布局。将窗口拖到屏幕顶端，就能自动最大化；将窗口向显示器左侧边缘碰一下，窗口将自动靠左半屏显示，向右碰，则窗口将自动靠右半屏显示，如果向左向右同时使用，很容易对比两个窗口，而且在两个窗口之间进行文件的复制、移动等操作也很简单。Windows 7 通过细节的改进提升了用户的工作效率。

5. 自定义通知区域图标

在 Windows 7 中，可以对通知区域图标进行自由管理，将一些不常用的图标隐藏起来，并且通过简单的拖曳来改变图标的位置。通过单击通知区域中的小三角图标可以找到隐藏的图标，如图 2-32 所示，并且还可以通过单击“自定义”菜单项打开详细的设置面板对所有图标进行集中的管理。

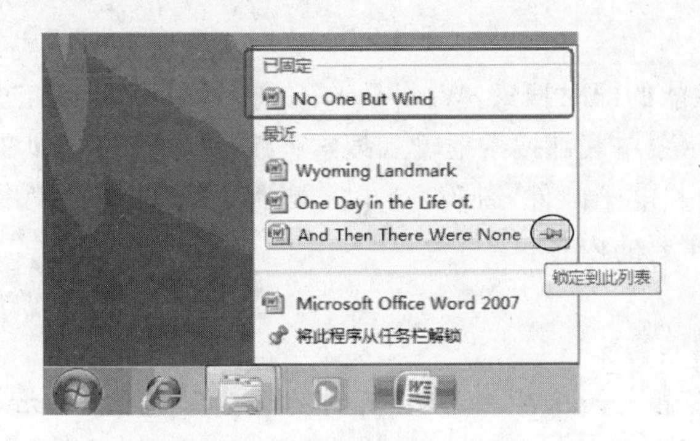

图 2-31　Windows 7 的 Jump List

图 2-32　Windows 7 的通知区域

6. 更多桌面小工具

Windows 7 中的桌面小工具提供了一种有趣的途径用以获取信息，如时间、天气、地图、娱乐、股票等，但它们默认不处于打开状态，在桌面上右击，单击小工具，即可打开小工具的管理界面，如图 2-33 所示，然后把它们托到桌面的任何位置。另外，还可以到 Windows 网站上找到更多的免费小工具。

图 2-33　Windows 7 的桌面小工具

7. 让桌面更有个性

很多人都想让自己的桌面更个性、更有趣，而 Windows 7 可轻松实现。Windows 7 系统自带壁纸和主题个性十足，而且 Windows 7 的幻灯片壁纸可以让多张图片在桌面轮流播放，还可将系统声音、窗口颜色、炫彩屏保等打包制作成个性“主题包”，让桌面时刻保持新鲜。图 2-34 显示了 Windows 7 的几类主题。Windows 7 还可以通过富有创意的新主题和其他自定义设置，充分地表达自己的个性。另外，还可到互联网上下载更多壁纸和主题。

8. Windows 7 的搜索

相比 Windows XP 完全依靠计算机性能的即时搜索，Windows 7 的搜索原理已经和过去完全不同，性能也大幅提升。只需在开始菜单底部搜索框输入搜索关键字，用户将立即在计算机上看到一列相关的文档、图片、音乐和电子邮件。搜索结果按类别分组，并包含突出显示的关键字和文本片断，便于更快找到需要的内容。

9. 家庭组让分享更简单

现在很多家庭都不只一台计算机，Windows 7 中一个全新的功能叫家庭组（Home Group），通过家庭组可以在多台计算机间快速建立家庭共享网络，轻松共享图片、文档、音乐和视频，文件再也不需要频繁复制了。

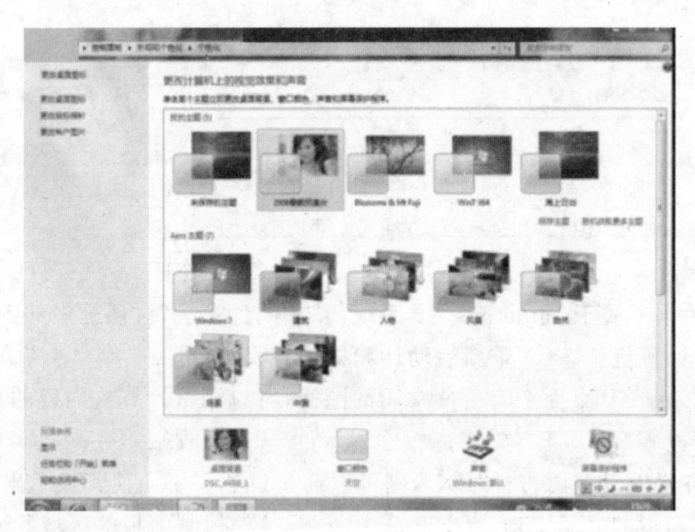

图 2-34　Windows 7 主题

10. 互联网视频功能

Windows 7 全新升级的 Media Center 互联网视频，只需连接宽带，就可以随时免费看到最新新闻、电影、电视剧等各大视频网站的精彩节目，消除网上海量搜索的种种烦恼。而且视频界面上没有过多的按钮、菜单，界面看起来更干净。图 2-35 是第一次运行 Windows Media Center 时出现的欢迎画面。

图 2-35　Windows Media Center 的欢迎画面

11. 多点触控功能

多点触控功能是 Windows 7 的亮点之一，也就是说，有了 Windows 触控和支持触控的显示器，以后就可以丢掉鼠标、键盘，用手指触控屏幕就能操作计算机。Windows 7 中的“开始”菜单、任务栏和资源管理器，目前都支持这样的功能。

习题 2

一、选择题

1. 在 Windows XP 窗口中对(　　)拖曳,可以移动整个窗口。

A. 菜单栏　　B. 标题栏　　C. 工作区　　D. 状态栏

2. 下面哪一项不属于 Windows XP 系统的“关闭计算机”对话框中的内容(　　)。

A. 关闭计算机　　B. 重新启动计算机　　C. 待机　　D. 关闭硬盘

3. 在 Windows XP 桌面上有一些常用的图标,可以浏览计算机内容的是(　　)。

A. 我的电脑　　B. 文件夹　　C. 回收站　　D. 网上邻居

4. 如果任务栏上没有语言栏“EN”,则可以通过设置(　　)使其显示出来。

A. 控制面板的显示选项　　B. 控制面板的区域和语言选项

C. 桌面上的应用程序图标　　D. “我的电脑”的属性

5. 计算机术语中,“裸机”一词是指(　　)。

A. 没有安装操作系统的计算机

B. 没有安装系统软件和应用软件的计算机

C. 计算机的主板

D. CPU、存储器、输入设备和输出设备

6. Windows XP 中长文件名可有(　　)个字符。

A. 83　　B. 254　　C. 255　　D. 512

7. 在 Windows XP 中,若一个用户请求长时间得不到响应,可使用(　　)键打开 Windows 任务管理器强行关闭窗口,终止任务请求。

A. Shift+Esc+Tab　　B. Ctrl+Shift+Enter

C. Alt+Shift+Enter　　D. Ctrl+Alt+Delete

8. 在 Windows XP 中,(　　)不属于窗口的组成部分。

A. 标题栏　　B. 状态栏　　C. 菜单栏　　D. 对话框

9. 在 Windows XP 中,用户可以同时启动多个应用程序。在启动了多个应用程序后,用户可以使用组合键(　　)在各应用程序之间进行切换。

A. Alt+Tab　　B. Alt+Shift　　C. Ctrl+Alt　　D. Ctrl+Esc

10. 有关桌面正确的说法是(　　)。

A. 桌面的图标都不能移动

B. 在桌面上不能打开文档和程序文件

C. 桌面上的图标不能重新排列

D. 桌面上的图标能自动排列

11. 在 Windows XP 中,不能对任务栏进行的操作是(　　)。

A. 改变大小　　B. 移动位置　　C. 删除　　D. 隐藏

12. 单击 Windows XP 的“开始”按钮,在弹出的“开始”菜单中,(　　)菜单中将含有最新安装的软件名称。

A. 程序　　B. 运行　　C. 搜索　　D. 我最近的文档

13. Windows 直接删除文件而不进入回收站的操作,正确的是(　　)。

A. 选定文件后,按 Ctrl+Delete 键

B. 选定文件后,按 Delete 键后,再按 Shift 键

C. 选定文件后,按 Delete 键

D. 选定文件后,按 Shift 键后,再按 Delete 键

14. 要更改显示器的显示属性,可右击桌面空白处,然后在快捷菜单中执行"属性"命令,或者在(　　)中双击"显示"图标。

A. 活动桌面　　B. 控制面板　　C. 任务栏　　D. 打印机

15. 资源管理器中,文件夹图标前有"+"表示此文件夹(　　)。

A. 含有子文件夹　　B. 不含有文件夹

C. 桌面上的应用程序图标　　D. 含有文件

16. 在 Windows XP 中,常通过"我的电脑"和(　　)来浏览系统资源。

A. 公文包　　B. 文件管理器　　C. 资源管理器　　D. 程序管理器

17. 在 Windows XP 的资源管理器中,不能执行(　　)操作。

A. 文件复制　　B. 当前逻辑盘格式化　　C. 创建快捷方式　　D. 软盘格式化

18. 如果想使用拖曳鼠标的方法在同一个磁盘的文件夹中复制文件,则拖曳鼠标时可以按住(　　)键。

A. Shift　　B. Ctrl　　C. Ctrl+Shift　　D. Ctrl+Alt

19. 在 Windows XP 资源管理器中,要查看某一个文件夹的大小、属性以及包括多少文件等信息,可以执行"(　　)"|"属性"菜单命令来进行。

A. 文件　　B. 编辑　　C. 查看　　D. 工具

20. Windows XP 中的剪贴板是(　　)。

A. "画图"的辅助工具

B. 存储图形或数据的物理空间

C. "写字板"的重要工具

D. 各种应用程序之间数据共享和交换的工具

21. 在 Windows XP 中,将整个屏幕的全部信息传送给剪贴板的快捷键是(　　)。

A. Alt+In　　B. Ctrl+Ins　　C. Print Screen　　D. Alt+Esc

22. 当屏幕的指针为沙漏加箭头时,表示 Windows XP 为(　　)。

A. 正在执行一项任务,不可执行其他任务

B. 正在执行打印任务

C. 正在执行一项任务,仍可执行其他任务

D. 没有执行任务

23. 在"资源管理器"中进行文件操作时,为了选择多个不连续的文件,必须首先按住(　　)键。

A. Alt　　B. Ctrl　　C. Shift　　D. 空格

24. 在 Windows 环境下,下列操作中与剪贴板无关的是(　　)

A. 复制　　B. 剪切　　C. 粘贴　　D. 删除

25. 一般情况下，Windows XP 中的“画图”应用程序以(　　)格式存储生成的文件。

A. JPG　　B. BMP　　C. GIF　　D. TIFF

26. 下面关于对话框的叙述不正确的是(　　)。

A. 对话框可以移动　　B. 对话框可以实现人机对话

C. 对话框大小不能改变　　D. 对话框不能移动

27. Windows XP 中的窗口主要分为 3 类，下面(　　)不是 Windows XP 的窗口类型。

A. 应用程序窗口　B. 对话框　　C. 文档窗口　　D. 快捷菜单框

28. 在 Windows XP 的命令菜单中，菜单颜色为灰色表示(　　)。

A. 执行该命令将打开一个级联菜单

B. 该命令正在起作用

C. 该菜单命令当前不可使用

D. 将弹出对话框

29. 在 Windows XP 的命令菜单中，命令后面带省略号(...)表示(　　)。

A. 该命令正在起作用　　B. 选择此命令后将弹出对话框

C. 该命令当前不可选择　　D. 该命令的快捷键

30. 下面有关 Windows 7 的描述中哪项不对(　　)。

A. 任务栏能容纳更多的已打开窗口

B. 桌面更有个性

C. 不能够对通知区域自行定义

D. 能够在不打开文件的情况下预先预览文件内容

二、判断题

1. 文件管理、存储管理和设备管理都是操作系统的功能。(　　)

2. 按 Alt＋Print Screen 键可将整个屏幕复制下来。(　　)

3. Windows XP 是目前最流行的操作系统，它比 Windows 7 功能更先进，界面更美观。(　　)

4. 在同一文件夹中的文件和子文件夹可以同名。(　　)

5. 在 Windows XP 中，每个用户可以有不同的桌面背景。(　　)

6. Windows 回收站中的文件不占有硬盘空间。(　　)

7. Windows 操作系统是多任务多用户的操作系统。(　　)

8. 在 Windows 中，删除桌面的快捷方式，它所指向的项目也同时被删除。(　　)

9. 资源管理器是 Windows 用来管理软、硬件资源的应用程序。(　　)

10. 在 Windows 中，“任务栏”能改变位置也能改变大小。(　　)

11. 在“我的电脑”和资源管理器窗口中，“查看”菜单的项目和功能相同。(　　)

12. 菜单中带下划线的字母是快捷键，按 Alt 键同时按下该字母，即可执行该菜单项。(　　)

第3章 文字处理软件 Word 2003

中文 Word 2003 是 Office 2003 办公软件的重要组件之一，是美国微软公司推出的功能强大的文字处理软件。办公软件是将现代化办公和计算机技术相结合，为实施自动化办公而开发的计算机软件，一般包括文字处理、表格制作、幻灯片制作等功能。

本章重点介绍 Word 2003 在文本处理方面的常用功能。用户可以利用它制作报表、信函、传真、公文、报纸以及书刊等文档，并且可以在文档中插入图形、图片和表格等各种对象，从而编排出图、文、表并茂的文档。与以前的版本相比，Word 2003 功能上更先进、方便、直观，而且增加了一些新的功能，比如全新的阅读版式、文档保护功能等。

3.1 常用办公软件简介

常用的办公软件包括微软公司的 Office 系列、金山公司的 WPS 系列等。

3.1.1 Microsoft Office

Microsoft Office 通常有专业版、标准版、小企业版、学生与教师版及基础版等多个版本。包括 Word、Excel、PowerPoint、Access、FrontPage、Outlook 等组件。统领了世界办公软件的潮流，在世界办公软件市场中，Microsoft Office 软件长期占据霸主地位。

Microsoft Office 提供了便捷的前、后台整合方式，通过支持 XML 将智能、丰富的前台与后端支持系统有序整合，让 Microsoft Office 和独立软件开发商以及系统集成商所提供的应用程序和系统之间顺畅沟通，使企业能获得各自需要的实时数据。

3.1.2 WPS Office

WPS Office 是国内第一个完整的多模块组件式办公组合套件。通常有专业版、开发版、个人版及教师与学生版等。每个版本除了基本的文档与表格等日常办公处理的软件外，还包括了一系列的套装软件。

WPS Office 办公软件真正在 Linux 和 Windows 平台下为用户提供了统一的操作界面与使用感受。它还结合了 IBM 翻译引擎和金山词霸的翻译引擎，让用户阅读和制作英文文档时不再有任何困难，整篇翻译和逐段对照翻译让翻译功能更加实用、有效，独特的内嵌金山词霸设计，使用户在阅读英文文件时更加畅通无阻。

3.2 Word 2003 的基本操作

Word 2003 的基本操作包括对文档的创建和保存、文档视图模式的设置、文档的编辑及格式化、表格处理、图文混排等。

3.2.1 Word 2003 的启动和退出

1. Word 2003 的启动

常用的启动方法如下。

(1) 利用“开始”菜单启动

执行“开始”|“所有程序”|Microsoft Office|Microsoft Office Word 2003 菜单命令。

(2) 利用快捷方式启动

首先在桌面上创建 Word 2003 的快捷方式,然后双击快捷方式图标。

(3) 利用文档打开

双击已创建的 Word 文档,打开指定文档,同时启动 Word 2003。

2. Word 2003 的窗口组成

Word 2003 窗口主要由标题栏、菜单栏、工具栏、文本编辑区、任务窗格及状态栏等组成,如图 3-1 所示。

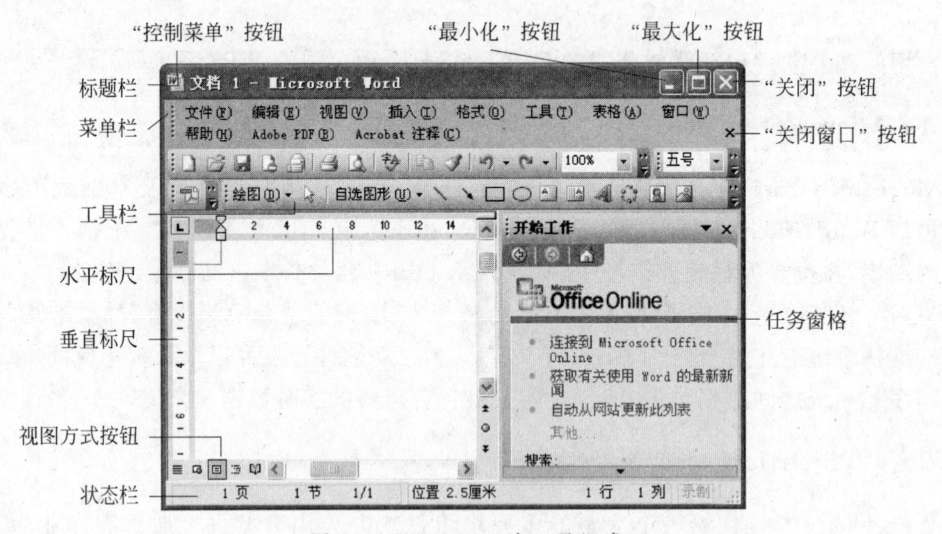

图 3-1 Word 2003 窗口及组成

(1) 标题栏

标题栏位于窗口的最上方,除显示正在编辑的文档标题以外,还包括“控制菜单”按钮及“最小化”按钮、“最大化”按钮和“关闭”按钮。

(2) 菜单栏

Word 2003 的菜单栏由“文件”、“编辑”、“视图”、“插入”、“格式”、“工具”、“表格”、“窗口”、“帮助”等菜单组成。

(3) 工具栏

Word 2003 有多种工具栏，可以通过“视图”|“工具栏”菜单命令项设置窗口中各种工具栏的显示或隐藏。

(4) 标尺

Word 2003 提供了水平标尺和垂直标尺。用户可以利用鼠标拖曳水平和垂直标尺的边界来设置页边距。垂直标尺只有使用页面视图或打印预览时，才会出现在 Word 工作区的最左侧。

(5) 工作区

用于编辑文档内容，鼠标在这个区域里呈“I”形，而且在编辑处有闪烁的“|”标记(插入点)，表示当前输入信息出现的位置。

(6) 滚动条

滚动条位于工作区的右侧和下方，右侧的称为垂直滚动条，下方的称为水平滚动条。当文本的高度或宽度超过了屏幕的高度或宽度时，会出现滚动条。用户可以通过使用垂直或水平滚动条翻看文档中的内容。

(7) 状态栏

状态栏位于窗口的下方，此栏显示插入光标在文档中的当前位置及文档当前状态是插入方式还是改写方式等。

(8) 任务窗格

任务窗格是 Word 2003 的一个重要功能。Word 2003 的任务窗格显示在编辑区的右侧，包括“开始工作”、“帮助”、“新建文档”等任务窗格选项。如果在启动 Word 2003 时没有任务窗格，可以执行“视图”|“任务窗格”菜单命令，打开任务窗格。在默认情况下，第一次启动 Word 2003 时打开的是“开始工作”任务窗格。

在任务窗格中，每个任务都以超链接的形式给出，单击相应的超链接即可执行相应的任务。任务窗格给文档编辑带来了极大的方便，用户可以在任务窗格中快捷地选择所要进行的部分操作，利用它可以简化操作步骤、提高工作效率。

(9) 视图方式按钮

在水平滚动条的左侧有几种常用的视图方式按钮，选择不同的按钮可以切换文档视图显示方式。

3. Word 2003 的退出

Word 2003 退出的常用方法如下。

(1) 单击 Word 2003 窗口标题栏最右侧的“关闭”按钮。

(2) 双击 Word 2003 窗口标题栏最左侧的“控制菜单”按钮。

(3) 执行“文件”|“退出”菜单命令。

3.2.2 文档的创建与保存

创建和保存文档是制作文档过程中的最基本、最重要的步骤。

1. 新建文档

新建文档的常用方法如下。

(1) 启动 Word 2003 新建文档

启动 Word 2003 后,系统会自动新建并打开一个文件名为"文档 1"的空白文档,默认文件的扩展名为 doc。

(2) 利用菜单新建文档

① 在 Word 2003 窗口中执行"文件"|"新建"菜单命令,显示"新建"任务窗格。

② 单击任务窗格中的"空白文档"超链接。

(3) 利用工具栏新建文档

单击"常用"工具栏中的"新建空白文档"按钮,新建一个空白文档。

2. 文档内容的输入

新建空白文档后,用户就可以在插入点位置输入文档内容了。输入文档内容时应注意以下几个问题。

(1) 中英文输入法的切换。

单击"输入法指示器"选择中英文输入法或按 Ctrl+空格(Space)键进行切换。

注意:中文输入法下半角/全角的切换及中英文标点符号的切换。

(2) 符号或特殊字符的输入。

执行"插入"|"符号"菜单命令或执行"插入"|"特殊符号"菜单命令,在弹出的"符号"对话框中选择要插入的字符后,单击"插入"按钮。

(3) 如果输入有错,可按 Delete 键或 BackSpace 键删除插入点右侧或左侧的一个字符。

(4) 按 Insert 键进行插入状态和改写状态的切换。

文档内容输入时通常为插入状态,此时状态栏中的"改写"呈灰色显示。在插入状态下输入文字时,插入点后的文字会自动向后移动。而在改写状态下,新输入的文字会改写插入点后的文字。

(5) 为了排版方便,在各行结尾处不要按 Enter 键进行换行;文本对齐不要用空格键,而用缩进等对齐方式。

3. 保存文档

保存文档是将内存中编辑的文档信息保存在外部存储器中,以便长期保存文档。

(1) 保存新建文档

新建文档使用默认文档名"文档 1"、"文档 2"等,文档编辑完成后需要保存,则可执行"文件"|"保存" 菜单命令,或单击工具栏中的"保存"按钮,将打开"另存为"对话框,如图 3-2 所示。

① 在"保存位置"下拉列表框中选择文档要存放的位置。

② 在"文件名"下拉列表框中输入要保存文档的名称。

③ 在"保存类型"下拉列表框中选择文档要保存的格式,默认为 Word 文档类型。

④ 单击"保存"按钮保存该文档。

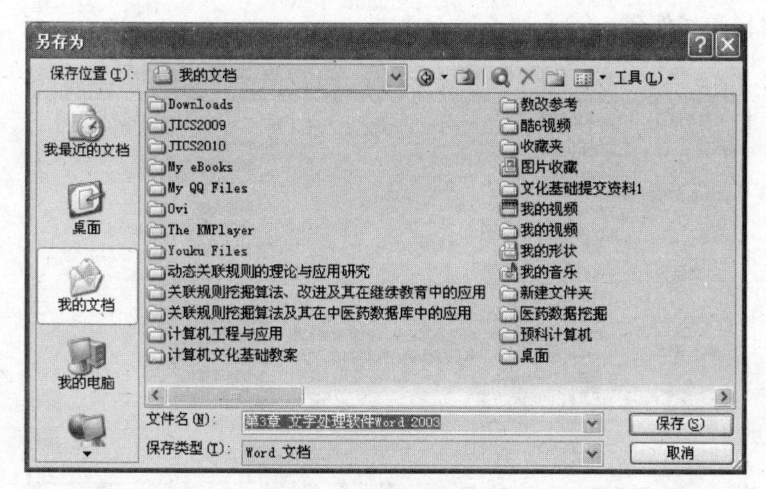

图 3-2 “另存为”对话框

(2) 保存已有文档

如果某文档已经保存过,现在打开编辑后想要重新保存,可以进行以下操作。

① 以原有文件名保存在原有位置

- 执行“文件”|“保存”菜单命令。
- 单击工具栏上的“保存”按钮。
- 按 Ctrl+S 键。

② 另存文件

执行“文件”|“另存为”菜单命令或使用 F12 键,在打开的“另存为”对话框中进行保存设置,方法与保存新建文档相同。

4. 关闭文档

关闭文档的常用方法如下。

(1) 利用“关闭”按钮关闭文档

单击当前窗口的“关闭窗口”按钮或“关闭”按钮。

(2) 利用菜单关闭文档

执行“文件”|“关闭”菜单命令,其作用与当前文档的“关闭窗口”按钮相同;执行“文件”|“退出”菜单命令,则关闭所有打开的文档,退出 Word 2003 应用程序。

若在文档关闭时还未执行“保存”操作,则弹出提示对话框,询问“是否保存对‘文档 1’的更改?”。若单击“是”按钮,则保存对文档的修改;若单击“否”按钮,则不保存;若单击“取消”按钮,则重新返回文档编辑窗口。

5. 打开文档

(1) 打开单个文档

单击“常用”工具栏上的“打开”按钮或执行“文件”|“打开”菜单命令,弹出“打开”对话框,如图 3-3 所示。用户可在“查找范围”下拉列表框中选择要打开文档的位置,然后单击要打开的文件,最后单击“打开”按钮即可。也可以直接在“文件名”文本框中输入要打开的

文档的正确路径和文件名。

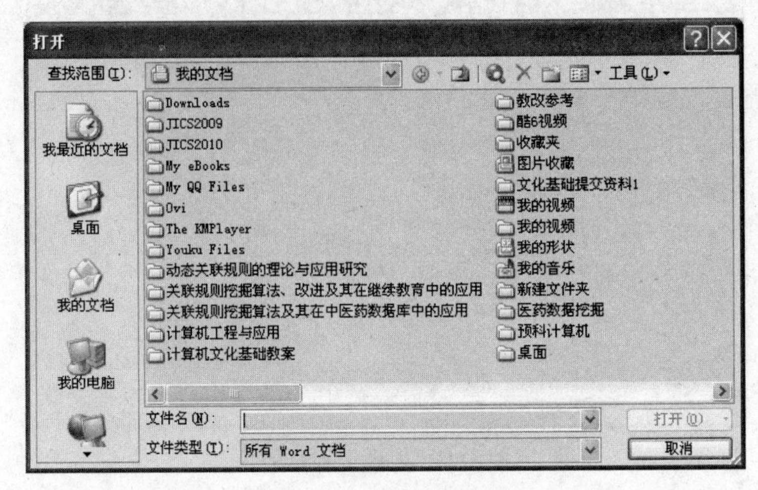

图 3-3 “打开”对话框

(2) 打开多个文档

Word 2003 可以一次同时打开多个文档,具体操作步骤如下。

① 执行“文件”|“打开”菜单命令,弹出“打开”对话框。

② 选定需要打开的多个文档,如图 3-4 所示。

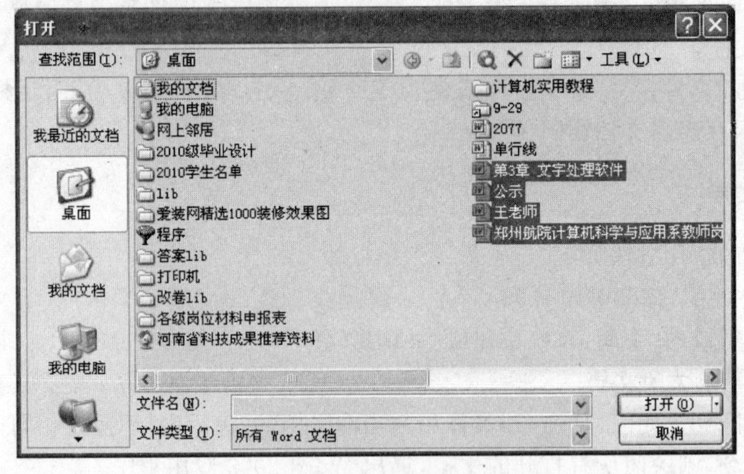

图 3-4 选定需要打开的多个文档

③ 单击“打开”按钮。

虽然 Word 2003 中可以打开多个文档窗口,但是只有一个文档窗口为活动窗口,即当前可操作的窗口。多个文档窗口之间切换的常用方法有 3 种:直接单击显示在任务栏中的文档名进行切换;单击“窗口”菜单中列出的文档名进行切换;使用 Alt+Tab 键或 Alt+Esc 键进行切换。

3.2.3 文档视图方式

为方便文档的查看,Word 提供了多种文档显示的视图方式,主要包括普通视图、页面视图、Web 版式视图、大纲视图、全屏显示、阅读版式、文档结构图和缩略图等视图。用户可以根据不同需要选择合适的视图方式来显示和编辑文档。例如输入文本、编辑和排版时使用普通视图,打印预览时使用页面视图,查看文档结构时使用文档结构图等。

1. 普通视图

普通视图可以完成大多数的文本输入和编辑工作。在普通视图方式中,连续显示正文时,页与页之间用一条虚线表示分页符,节与节之间用双行虚线表示分节符,使文档阅读起来更加连贯。但是普通视图中,看不到页眉和页脚、首字下沉、脚注及分栏的效果。普通视图方式的优点是工作速度较快。

2. Web 版式视图

Web 版式视图专为浏览、编辑 Web 网页而设计。它能够以 Web 浏览器方式显示文档。在 Web 版式视图方式下,可以看到背景和文本,而且图形位置和在 Web 浏览器中的位置一致。

3. 页面视图

页面视图是首次启动 Word 2003 后默认的视图方式,在页面视图方式下,可以看到页边距、图文框、分栏、页眉和页脚的正确位置,可以像在普通视图方式下一样对文档进行编辑和排版。但是页面视图方式下运行速度较慢。页面视图方式的优点是可以取得"所见即所得"的效果。

4. 阅读版式

阅读版式是 Word 2003 新增的视图方式,可以使用该视图对文档进行阅读。在该视图方式中对整篇文档分屏显示,没有页的概念,不会显示页眉和页脚。

对阅读版式的操作可以在"阅读版式"工具栏中进行,单击工具栏上的"增大字体"按钮,可以增大阅读版式的字号;单击"缩小字体"按钮可以减小字号;单击"实际页数"按钮可以在"阅读版式"窗口中以实际的页面显示文档内容,不过这种显示方式使文档中的字体变得很小,不便于阅读。再次单击"实际页数"按钮可以返回逐屏显示的阅读版式;单击"允许多页"按钮则可以在显示单屏和显示多屏之间转换。

5. 大纲视图

大纲视图便于更好地组织文档。在大纲视图中可以折叠文档以便只看一级标题、二级标题、三级标题等,或者展开文档,这样可以更好地查看整个文档。在折叠方式下,当移动标题时,标题下的子标题及正文也将随着移动,这为移动、复制文字和重组文档等带来了方便。

6. 文档结构图

文档结构图是 Word 2003 提供的一个方便显示文档结构的视图方式,通过文档结构图可以在整个文档中快速浏览并追踪特定的文档内容位置。它的用法类似于 Windows 的资源管理器。

在文档结构图视图下，Word 2003 文档窗口分为两部分，左侧显示文档标题结构，可以折叠；右侧显示文档的内容。在左侧文档结构图中单击某个标题，光标会在正文中定位到该标题位置。

7. 缩略图

缩略图也是 Word 2003 新增加的视图方式，它和文档结构图极为类似，只不过在左侧窗格中显示的是文档整页的缩略图，在缩略图的左侧显示的是该页的页码，单击某一缩略图，在右边的工作区中则会显示该页文档的内容。

8. 全屏显示

在全屏视图中，标题栏、菜单栏、工具栏、状态栏以及其他屏幕元素都被隐藏起来，从而使有限的屏幕空间可以更多地显示文档内容。在该视图方式中可以输入和编辑文本，相应操作可以使用快捷键完成。

3.2.4 文档的编辑

文档编辑包括文本的选定和对所选文本进行修改、移动、复制、删除、撤销与恢复、查找与替换、拼写和语法检查等操作。

1. 文本的选定

(1) 利用鼠标拖曳选定

按住鼠标左键并拖过要选定的文本，使其反白显示。

(2) 利用选定区选定

选定区是指文档窗口左侧的空白区域。当鼠标移动到此区域时，鼠标指针变成右向上箭头，此时可以利用鼠标对行和段落进行选定。

单击鼠标左键，选定箭头所指向的一行。

双击鼠标左键，选定箭头所指向的一段。

三击鼠标左键，选定整个文档。

(3) 利用键盘选定

将插入点定位到要选定文本的起始位置，按住 Shift 键，同时再按相应的光标移动键，便可将选定的范围扩展到相应的位置。

按 Shift+↑键，选定上一行。

按 Shift+↓键，选定下一行。

按 Shift+PageUp 键，选定上一屏。

按 Shift+PageDown 键，选定下一屏。

按 Ctrl+A 键，选定整个文档。

(4) 利用鼠标和键盘组合选定

① 选定一句。将光标移动到指向该句的任何位置，按住 Ctrl 键并单击。

② 选定连续区域。将光标移动到要选定文本的起始位置，按住 Shift 键，同时用鼠标单击结束位置。

③ 选定不连续区域。先选定一个区域，然后按住 Ctrl 键，同时再用鼠标选定其他区域。

④ 选定矩形区域。按住 Alt 键，利用鼠标拖曳要选定的矩形区域。

⑤ 选定整个文档。将光标移到文本选定区，按住 Ctrl 键并单击。

2. 文本的编辑

(1) 剪贴板

Microsoft Office 剪贴板可以使用户从任意的 Office 文档或其他程序中收集文字和图形项目，再将其粘贴到任意 Office 文档中，是文本移动或复制中最常用的工具。在 Word 2003 文档窗口中执行"编辑"|"Office 剪贴板"菜单命令，即可在文档窗口的右侧打开"剪贴板"任务窗格，然后使用 Office 应用程序中的"剪切"或"复制"菜单命令向 Office 剪贴板中复制项目。Office 剪贴板中可以保存包括文本、表格、图形等类型的最多 24 个项目。如果超出该数目，则最早的对象将被从剪贴板中删除。

(2) 移动文本

① 使用鼠标。选定要移动的文本，将选定的文本拖曳到插入点位置。

② 使用剪贴板。选定要移动的文本，执行"编辑"|"剪切" 菜单命令，定位插入点到目标位置，再执行"编辑"|"粘贴" 菜单命令。

(3) 复制文本

① 使用鼠标。选定要复制的文本，按住 Ctrl 键，同时拖曳鼠标到目标位置，释放 Ctrl 键和鼠标左键。

② 使用剪贴板。选定要复制的文本，执行"编辑"|"复制" 菜单命令，定位插入点到目标位置，再执行"编辑"|"粘贴" 菜单命令。

(4) 删除文本块

选定要删除的文本块，然后按 Delete 或 Backspace 键。

3. 撤销与恢复

在文档编辑时，Word 2003 将自动记录下每次的操作及内容的变化，如果用户对当前的操作不满意，可以恢复到操作前的状态。

(1) 撤销操作有以下两种方法。

① 单击"常用"工具栏上的撤销按钮或执行"编辑"|"撤销" 菜单命令，可以撤销上一步所做的操作。

② 单击"常用"工具栏上的撤销按钮右边的向下箭头，出现下拉列表，然后在下拉列表中选择要撤销的一次操作或多次操作甚至全部操作。

(2) Word 2003 还可以对上述撤销操作进行恢复。

恢复操作有以下两种方法。

① 单击"常用"工具栏上的恢复按钮或执行"编辑"|"恢复" 菜单命令，可以恢复刚撤销的操作。

② 单击"常用"工具栏上的恢复按钮右边的向下箭头，出现下拉列表，然后在下拉列表中选择要恢复的一次操作或多次操作甚至全部操作。

4. 查找与替换

若要在长文档中查找某个词,仅凭借眼睛逐行查找,费时费力,可能还有遗漏。利用Word 2003 的查找功能,不但可以快速完整地查找,而且还可以把查找到的内容替换成其他文本,或按照用户指定的格式进行查找和替换。

(1) 查找

① 执行"编辑"|"查找" 菜单命令或按 Ctrl+F 快捷键,打开"查找和替换"对话框,如图 3-5 所示。

图 3-5 "查找和替换"对话框

② 选择"查找"选项卡,在"查找内容"下拉列表框中输入要查找的内容。

③ 单击"查找下一处按钮"开始查找。

如果找到了用户指定的内容,Word 2003 会反白显示该内容。在指定范围内查找完毕后,Word 2003 会给出查找的结果信息。

若需要设置更详细的查找匹配条件,可以在"查找与替换"对话框中单击"高级"按钮,得到如图 3-6 所示的对话框。

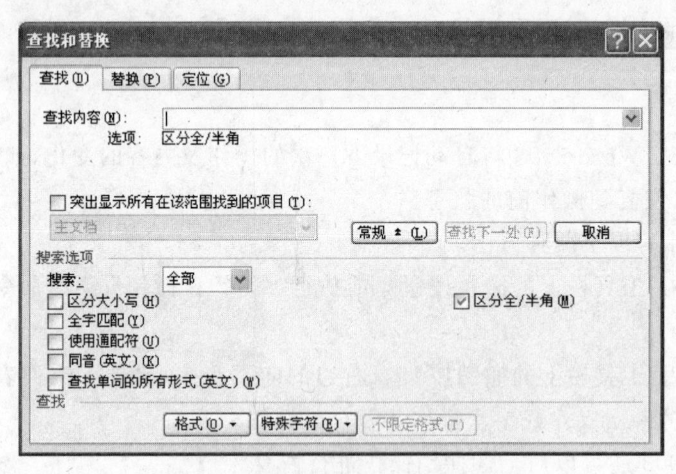

图 3-6 高级"查找和替换"对话框

① "搜索"下拉列表框。用于可以设置搜索范围是"全部"、"向上"还是"向下"。

② "区分大小写"复选框。用于查找内容大小写精确匹配。

③ "全字匹配"复选框。用于匹配整个字符,而不是部分匹配。

④ "使用通配符"复选框。用于在"查找内容"文本框中使用通配符来查找内容。

⑤“同音”复选框。用于查找发音相同的英文单词。

⑥“查找单词的所有形式”复选框。用于查找英文单词的所有形式,如复数、过去时等。

⑦“区分全/半角”复选框。用于查找全角、半角完全匹配的字符。

⑧“格式”按钮。用于打开一个菜单,选择其中的命令可以设置查找对象的格式,如字体、样式等。

⑨“特殊字符”按钮。用于打开一个菜单,执行其中的命令可以设置查找一些特殊字符,如段落标记、制表符、分栏符等。

⑩“不限定格式”按钮。用于取消“查找内容”文本框指定的所有格式。只有用“格式”按钮设置了格式以后,“不限定格式”按钮才变为可选。

(2) 替换

① 执行“编辑”|“替换”菜单命令,打开“查找和替换”对话框,如图 3-7 所示。

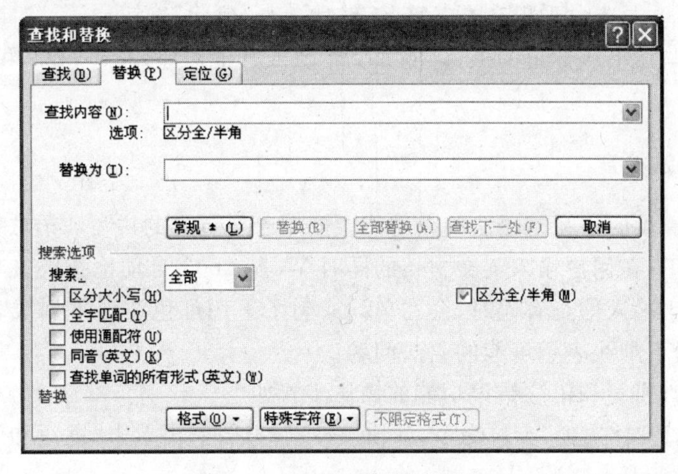

图 3-7 “查找和替换”对话框

② 选择“替换”选项卡,在“查找内容”下拉列表框中输入要查找的内容,在“替换为”下拉列表框中输入要替换的内容。

③ 若单击“替换”按钮,Word 2003 会替换当前查找到的一个内容;若单击“全部替换”按钮,则会将满足条件的内容全部替换;若单击“查找下一处”按钮,将不替换当前找到的内容,而是继续查找下一处满足条件的内容,查找时是否替换由用户选择决定。

注意:查找和替换除了能用于一般文本外,还能查找并替换文本格式。

5. 插入书签与定位

Word 提供了书签功能,主要用于标识和命名文档中的某一位置或选择的对象,以便以后引用或定位。

(1) 添加书签

① 选择要为其指定书签的对象,或单击要插入书签的位置。

② 执行“插入”|“书签”菜单命令打开“书签”对话框。

③ 在“书签名”框中,输入书签名,也可以在下面的列表中选择一个已有的书签名。书签名必须以字母、汉字、中文标点等开头,可以包含数字但中间不能有空格。

④ 单击“添加”按钮完成书签添加。

(2) 显示书签

如果文档中的书签标记没有显示，可执行“工具”|“选项” 菜单命令打开“选项”对话框，选中“视图”选项卡中的“书签”复选框。

(3) 利用书签定位文档

执行“编辑”|“定位” 菜单命令，打开“查找与替换”对话框，选择定位选项卡中的 “定位目标”为“书签”，然后在 “请输入书签名称”下拉列表框中选择正确的书签名称，最后单击“定位”按钮。不管定位之前光标在文档中的什么位置，当定位操作执行以后，光标就会移动到指定的书签处。

(4) 删除书签

① 执行“插入”|“书签” 菜单命令，打开“书签”对话框。

② 在列表中单击选中要删除的书签名，然后单击“删除”按钮。

若要将书签与用书签标记的项目(例如文本块或其他对象)一起删除，可选择该项目，再按 Delete 键。

6. 拼写与语法检查

Word 2003 提供的拼写与语法检查功能主要用于对英文的拼写和语法错误进行校对和检查。默认情况下，在用户输入英文文档的同时 Word 2003 自动检查英文单词的拼写和句子的语法错误。当输入信息有误时，会在单词或句子下用红色波形下划线表示可能的拼写问题，用绿色波形下划线表示可能的语法问题。

设置自动检查拼写和语法错误功能的操作步骤如下。

(1) 执行“工具”|“选项”菜单命令，弹出“选项”对话框，再单击“拼写和语法”选项卡，如图 3-8 所示。

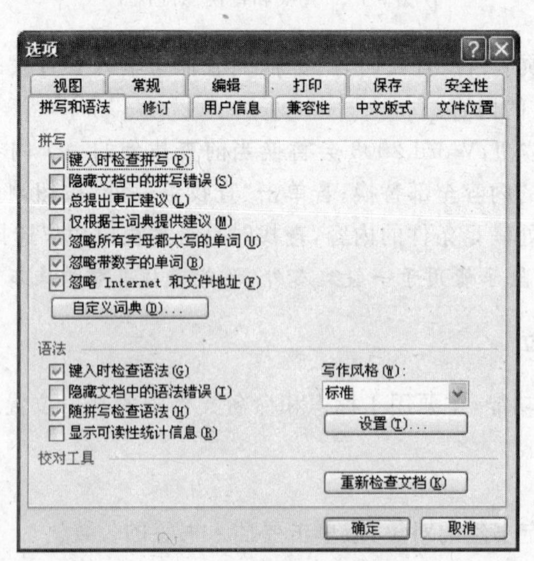

图 3-8 “拼写和语法”选项卡

(2) 选中“键入时检查拼写”复选框，则系统具有自动拼写检查的功能。

(3) 选中"键入时检查语法"复选框,则系统具有自动语法检查的功能。

(4) 单击"确定"按钮。

用户在输入简体中文有误时,也会具有同英文一样标记的下划线。此时,可以执行"工具"|"拼写和语法" 菜单命令,打开"拼写和语法"对话框,查看系统认为输入有误的内容及拼写建议。

3.2.5 文档的格式化

文档的格式化是指对文档外观的一种格式设置,包括字符格式化、段落格式化。用户可以对文档格式进行修改,直到满意为止。

1. 字符格式化

字符格式化是指对字符格式的设置,包括字体、字号、字形、特殊字体的设置等。字符格式的设置可以通过"格式"菜单、"格式"工具栏、"其他格式"工具栏等完成。

(1) "格式"菜单

执行"格式"|"字体" 菜单命令,显示"字体"对话框,如图 3-9 所示。

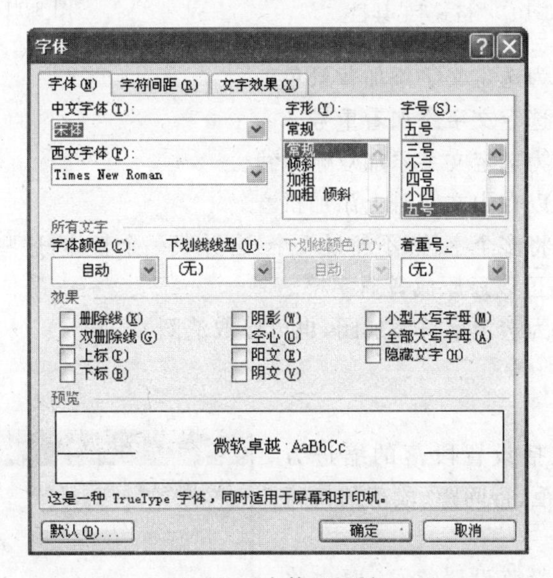

图 3-9 "字体"对话框

① "字体"选项卡。选择"字体"选项卡可以进行字体相关设置。

- 改变字体。在"中文字体"列表框中选择中文字体,在"西文字体"列表框中选择英文字体。
- 改变字形。在"字形"列表框中选择所要改变的字形,如倾斜、加粗等。
- 改变字号。在"字号"列表框中选择字号。字号有两种表示方法,一种是中文字号,例如一号、二号等;另一种是数字字号,例如 8 磅、12 磅等。
- 改变字体颜色。单击"字体颜色"下拉列表框,设置字体颜色。
- 设置下划线。利用"下划线线型"和"下划线颜色"下拉列表框设置下划线。
- 设置着重号。在"着重号"下拉列表框中选择着重号标记。

• 设置其他效果。在“效果”选项组中可以设置删除线、上标、下标等效果。

② “字符间距”选项卡。利用字符间距选项卡可以设置字符的缩放及间距等。

③ “文字效果”选项卡。利用文字效果选项卡可以进行字符的动画效果设置。

(2) “格式”工具栏

“格式”工具栏如图 3-10 所示。

① “样式”下拉列表框。用来设置文档各级标题及正文的格式。

② “字形”选项组。用来设置字符的形状、大小、底纹、边框等特征。

③ “对齐方式”选项组。用来设置字符及段落的对齐特征。

(3) “其他格式”工具栏

“其他格式”工具栏如图 3-11 所示,其功能介绍如下。

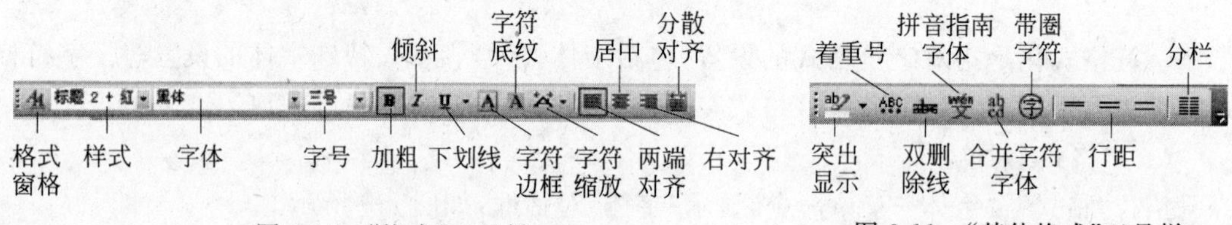

图 3-10 “格式”工具栏　　图 3-11 “其他格式”工具栏

① 突出显示。可为选定文字添加背景色。

② 着重号。可为选定文字添加着重号。

③ 双删除线。可为选定文字添加双删除线。

④ 拼音指南。可以在中文字符上添加拼音。

⑤ 合并字符。可将多个字符(不超过 6 个)合并成一个整体,这些字符被压缩并排列成两行,合并后的字符还可以还原成普通字符。

⑥ 带圈字符。可为选定字符添加圈,也可以取消圈。

2. 段落格式化

段落格式设置包括设置段落的缩进方式、对齐方式、段落间距、行间距、段落的换行与分页等操作。

如果需要对某个段落设置格式,要先将光标定位于该段落中。也可以一次选择多个段落同时进行设置。然后执行“格式”|“段落”菜单命令,打开“段落”对话框,如图 3-12 所示。

(1) 设置对齐方式

选定相应段落后,在“对齐方式”下拉列表框中选择所需要的对齐方式。段落对齐方式包括左对齐、居中、右对齐、两端对齐和分散对齐,Word 2003 默认的对齐方式是两端对齐。段落对齐效果如图 3-13 所示。

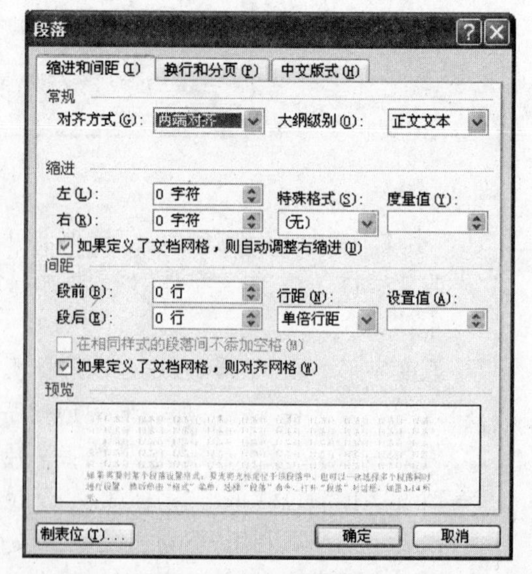

图 3-12 “段落”对话框

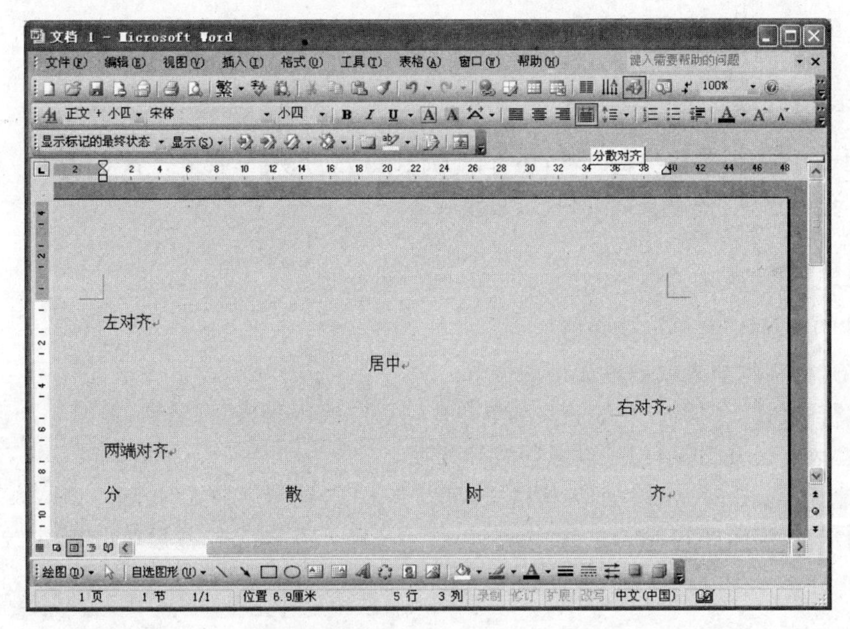

图 3-13 段落对齐效果

(2) 设置段落缩进

段落的缩进是指段落文本的边界和左、右页边距的距离。段落缩进包括左缩进、右缩进、首行缩进和悬挂缩进。有两种设置段落缩进的方法。

① 利用标尺设置缩进。Word 2003 窗口中的水平标尺和缩进标记如图 3-14 所示,操作步骤如下。

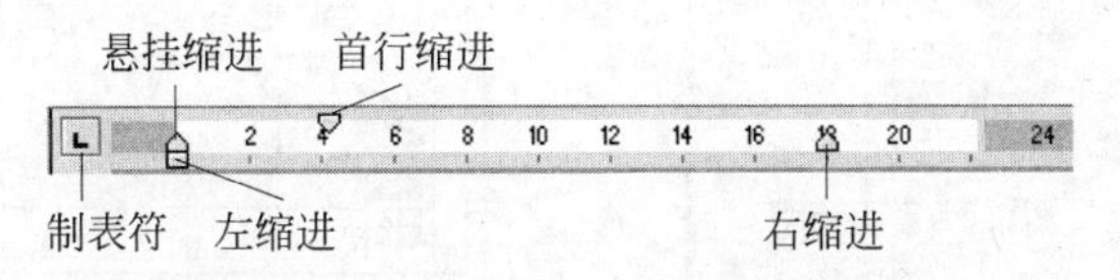

图 3-14 Word 2003 窗口中的水平标尺

- 选定要设置缩进的段落或将光标定位在某个段落中。
- 拖曳相应的缩进标记,在水平标尺上移动到合适的位置。

② 利用"段落"对话框设置缩进。使用标尺只能粗略地缩进段落,如要精确地设置缩进,必须使用"段落"对话框。操作方法仍然是首先选定需要缩进的段落,然后打开"段落"对话框的"缩进和间距"选项卡,再在下拉框中选择缩进类型和缩进值(缩进值的单位可以是"字符"也可以是"厘米"),最后单击"确定"按钮完成段落缩进设置。

(3) 设置段落间距和行间距

段落间距是指两个段落之间的距离。行间距是指段落中行与行之间的距离。Word 2003 默认的行间距是单倍行距。

设置段落间距、行间距的操作步骤如下。

① 选定欲改变间距的文档内容。

② 打开"段落"对话框,选择"缩进和间距"选项卡,如图 3-12 所示。

③ 在赋值框内设置段前、段后和段内行间的距离,可以"行"为单位,也可以"磅"为单位。

④ 单击“确定”按钮完成设置。

3.2.6 表格处理

Word 2003 不但可以编辑文本，还可以方便地建立和编辑表格。表格以行和列的形式组织信息，结构严谨，效果直观，而且信息量较大。

1. 创建表格

(1) 利用“表格”菜单创建表格

① 将光标移到插入或创建表格的位置。

② 执行“表格”|“插入”|“表格” 菜单命令，打开“插入表格”对话框，如图 3-15 所示。

③ 在“表格尺寸”选项组中设置行数和列数。

若想套用 Word 2003 提供的表格格式，可以单击“自动套用格式”按钮，打开“表格自动套用格式”对话框，如图 3-16 所示。从“表格样式”中选择合适的样式，然后单击“确定”按钮。

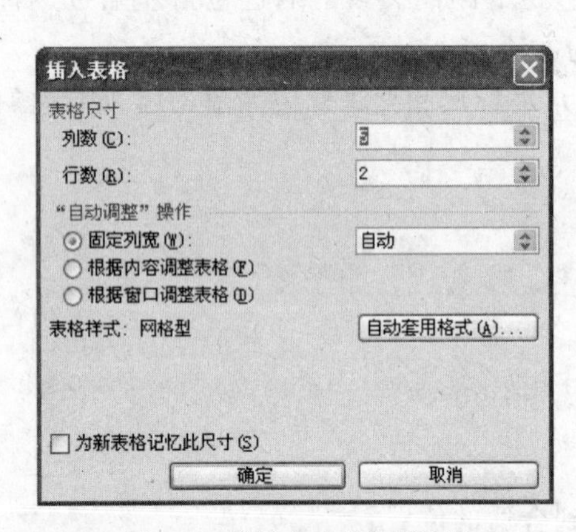

图 3-15 “插入表格”对话框

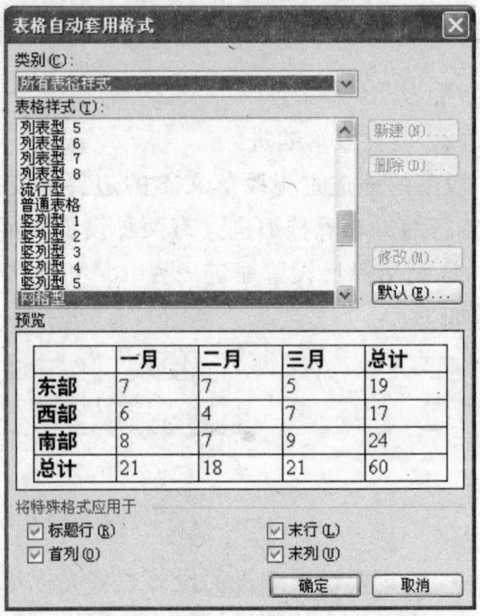

图 3-16 “表格自动套用格式”对话框

④ 单击“确定”按钮，完成设置。

(2) 利用“常用”工具栏快速创建表格

该方法只能插入最多 4 行、5 列的表格。

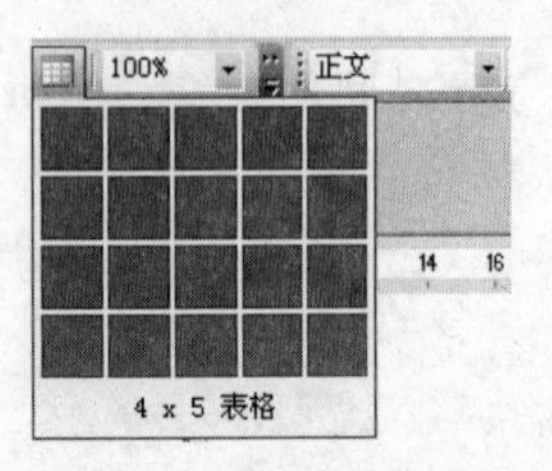

图 3-17 4 行、5 列的网格

① 将光标移到插入或创建表格的位置。

② 单击“常用”工具栏中的“插入表格”按钮，出现 4 行、5 列的网格，如图 3-17 所示。

③ 沿网格的右下方拖曳鼠标，直到表格的行数和列数满足要求为止，松开鼠标即可在当前位置创建一个空表格。

(3) 手工绘制表格

① 将光标移到插入或创建表格的位置。

② 执行"表格"|"绘制表格"菜单命令或单击"常用"工具栏中的"表格和边框"按钮。打开"表格和边框"工具栏，此时光标变为笔形。

③ 拖曳鼠标绘制表格

这种方法效率比较低，一般用于制作较小的表格。

(4) 绘制斜线表头

在制作表格时，经常用到斜线表头，绘制斜线表头的操作步骤如下。

① 选择表格中第一行、第一列的单元格。

② 执行"表格"|"绘制斜线表头"菜单命令，打开"插入斜线表头"对话框，在"表头样式"下拉列表框中选择表头的样式，在"字体大小"下拉列表框中选择表头文字的字号，输入"行标题"和"列标题"，如图 3-18 所示。

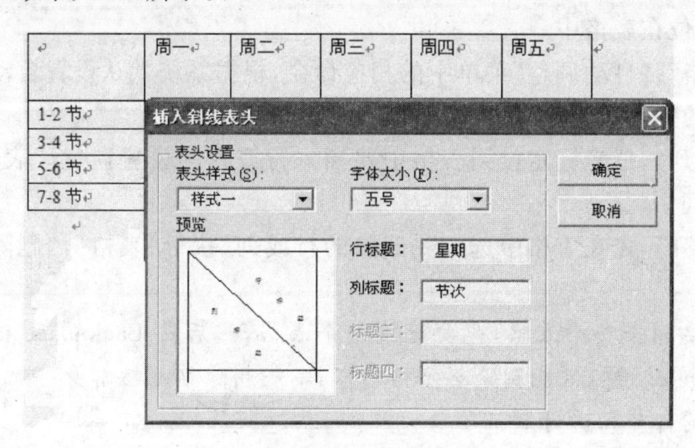

图 3-18　插入斜线表

③ 单击"确定"按钮。

2. 编辑表格

创建好一个表格后，经常需要对表格进行编辑以满足用户的需求，例如行高和列宽的调整、行和列的插入和删除、单元格的合并和拆分等。

(1) 选定表格

① 选定单元格。将鼠标移动到要选定单元格内的左侧边界，鼠标变成右向上的黑箭头时单击。

② 选定一行。将鼠标移动到要选定行的左侧选定区，当鼠标变成右向上箭头形状时单击。

③ 选定一列。将鼠标移动该列的顶部列选定区，当鼠标变成向下的黑色箭头时单击。

④ 选定连续的单元格区域。拖曳鼠标选定连续的单元格即可。此方法也可用于选定单元格、行和列。

⑤ 选定整个表格。鼠标指向表格左上角，当鼠标变成形状时单击。

表格、行、列、单元格的选定也可以通过执行"表格"|"选择"下相应的菜单命令完成。

(2) 调整行高和列宽

调整行高和列宽的方法如下。

① 使用鼠标调整。将光标放在表格的行或列线上，当鼠标变成一个垂直或水平的双向箭头时，拖曳鼠标到所需的位置即可。

② 使用菜单调整。

- 选定表格中要改变行高(列宽)的行(列)。
- 执行“表格”|“表格属性”菜单命令，打开“表格属性”对话框。
- 选择“行”选项卡，在“指定高度”(指定宽度)数值框中输入数值。
- 单击“确定”按钮。

③ 用“自动调整”命令调整

Word 2003 提供了 3 中自动调整表格的方式：根据内容调整表格、根据窗口调整表格、固定列宽。

- 将光标定位在表格中。
- 执行“表格”|“自动调整”菜单中的相应命令，根据系统默认设置自动进行调整。

(3) 行或列的插入和删除

① 插入行和列。把光标定位到表格中要插入行或列的位置，执行“表格”|“插入”菜单中的相应命令即可。

② 删除行和列。先在表格中选定要删除的行或列，执行“表格”|“删除”菜单中的相应命令即可。

注意：如果要删除整个表格，先要选中整个表格，然后按 Backspace 键即可；选中一个单元格，然后按 Delete 键，只能删除单元格内容，不能删除单元格本身。

(4) 单元格的合并和拆分

单元格的合并是把相邻的多个单元格合并为一个单元格。单元格的拆分是把一个单元格拆分多个为单元格。

① 合并单元格。先选定要进行合并的多个单元格，执行“表格”|“合并单元格”菜单命令即可。多个单元格合并为一个单元格时，原来每个单元格中的数据将在合并后的单元格中分行显示。

② 拆分单元格。先选定要进行拆分的单元格，执行“表格”|“拆分单元格”菜单命令，弹出“拆分单元格”对话框。分别在“行数”和“列数”文本框中输入要拆分成的行数和列数，再单击“确定”按钮即可。单元格拆分时，单元格中原来的数据将显示在拆分后的左上角单元格中。

3. 表格的格式化

创建好一个表格后，可以对表格的外观进行美化，以达到理想的效果。

(1) 文字方向

表格中文字的方向和文本中一样有横排和竖排两种。设置文字方向的操作步骤如下。

① 选定要设置文字方向的单元格。

② 执行“格式”|“文字方向”菜单命令，弹出“文字方向-表格单元格”对话框。

③ 在“方向”选项组中选择所需要的文字方向。

④ 单击“确定”按钮。

(2) 单元格对齐方式

Word 2003 提供了 9 种单元格中文本的对齐方式：靠上左对齐、靠上居中、靠上右对齐等。设置单元格对齐方式的操作步骤如下。

① 选定单元格。

② 右击选定的单元格，弹出快捷菜单，执行“单元格对齐方式”菜单下的相应对齐方式即可。

(3) 重复表格标题

当表格很长需要跨页显示时，可以在后续的各页中重复显示表格的标题，方法如下。

首先选定作为表格标题的一行或几行文字，然后执行“表格”|“标题行重复” 菜单命令即可。

注意：重复表格标题功能只能在页面视图中查看到。

(4) 表格边框和底纹

设置表格边框和底纹的操作步骤如下。

① 选定表格。

② 执行“格式”|“边框和底纹”菜单命令，打开“边框和底纹”对话框。

③ 分别在“边框”、“页面边框”和“底纹”选项卡中进行设置。

④ 单击“确定”按钮完成设置。

4. 表格中的数据处理

Word 2003 提供了对表格中的数据进行简单计算和排序的功能。

表格中单元格的列号依次用 A、B、C 等字母表示，行号依次用 1、2、3 等数字表示，用列、行坐标表示单元格，如 A1、B2 等。

(1) 表格中数据的计算

图 3-19 所示是某班的“学生成绩表”，计算每门课程平均分的操作步骤如下。

① 把光标定位在要放置计算结果的 B5 单元格。

② 执行“表格”|“公式”菜单命令，弹出“公式”对话框，如图 3-20 所示。

姓名	英语	数学	计算机	总分
李斌	90	70	98	
李志国	85	76	87	
刘阳	78	91	69	
平均分				

图 3-19 学生成绩表

图 3-20 “公式”对话框

③ 在“粘贴函数”下拉列表框中选择所需的函数，或在“公式”文本框中直接输入函数；为函数指定参数“above”。

④ 单击“确定”按钮，完成设置。

(2) 表格中数据的排序

表格中的数据可以按列进行升序或降序排列。操作步骤如下。

① 选定需要排序的列。

② 执行“表格”|“排序”菜单命令，弹出“排序”对话框。

③ 设置排序的关键字的优先次序、类型、排序方式等。

④ 单击“确定”按钮，完成设置。

5. 创建图表

Word 2003 可以根据表格中的全部或部分数据生成各种统计图，如柱形图、折线图、饼图等。默认生成的是柱形图，操作步骤如下。

选定表格中要生成图表的数据，执行“插入”|“图表”菜单命令，进入 Microsoft Graph 工作环境，并显示一个默认的图表和工作表。

按任意键，生成的图表将会插入到文档中。插入后的柱形图如图 3-21 所示。

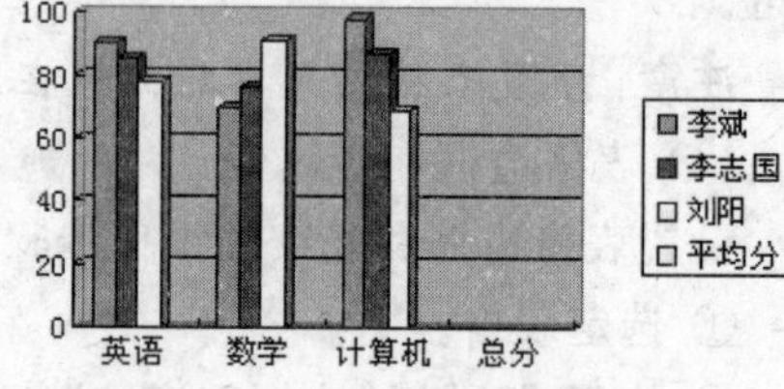

图 3-21 插入后的柱形图

3.2.7 图文混排

Word 文档中可以插入图片对象，使图片与文本编排在一起，进行图文混排。Word 中可使用的图片对象有剪贴画、图片、艺术字、文本框、自选图形等。另外文档中还可以插入并编辑复杂的数学公式。

1. 图片

(1) 插入剪贴画

① 在文档中选定要插入剪贴画的位置。

② 执行“插入”|“图片”|“剪贴画”菜单命令。

③ 在“剪贴画”任务窗格中单击“搜索”按钮，显示计算机中保存的剪贴画，如图 3-22 所示。

图 3-22 “剪贴画”任务窗格

④ 单击所需要的剪贴画，完成插入操作。

插入一张剪贴画后，若不关闭任务窗格，可以继续插入其他剪贴画。

(2) 插入图片文件

若想插入计算机硬盘中保存过的图片文件，操作步骤如下。

① 在文档中选定要插入图片的位置。

② 执行“插入”|“图片”|“来自文件”菜单命令，打开“插入图片”对话框，如图 3-23 所示。

③ 使用“查找范围”下拉列表框或者其他超链接按钮找到需要的图片文件，选中该文件。

④ 单击“插入”按钮，完成操作。

(3) 设置图片格式

图片插入后，为了使图片更好地和文字融在一起，要设置图片的格式。方法如下。

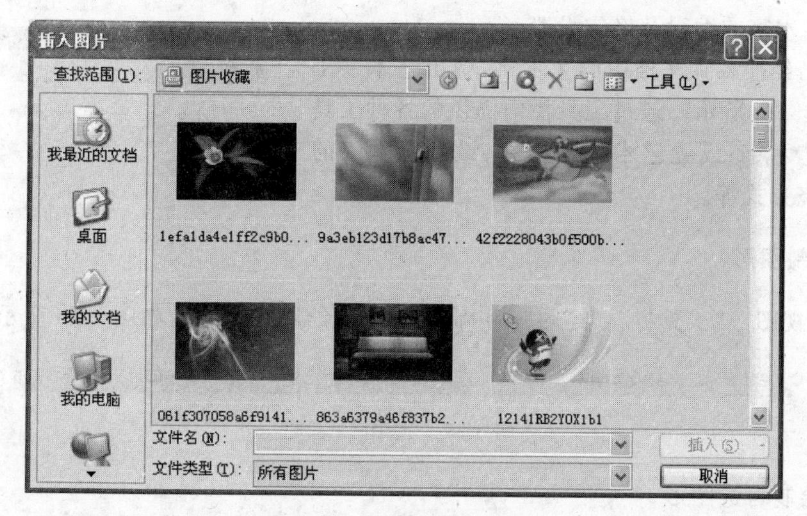

图 3-23 “插入图片”对话框

右击插入的图片，弹出快捷菜单，执行“设置图片格式”菜单命令，打开“设置图片格式”对话框，如图 3-24 所示，对图片的颜色与线条、大小、版式等进行必要的设置。

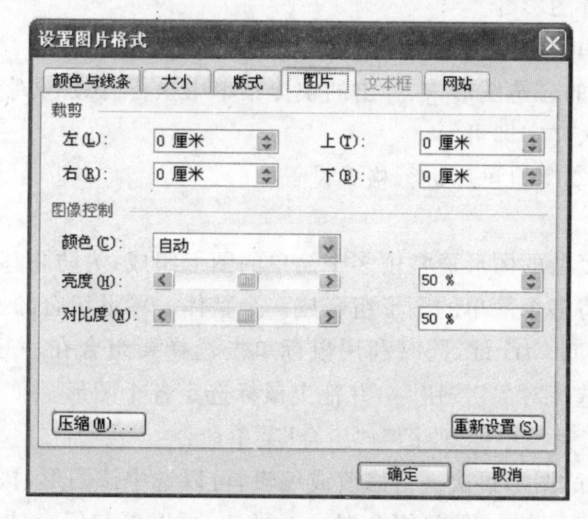

图 3-24 “设置图片格式”对话框

2. 艺术字

(1) 艺术字的插入

在文档中插入“艺术字”的操作步骤如下。

① 定位要插入图片的位置。

② 执行“插入”|“图片”|“艺术字”菜单命令。

③ 在“艺术字库”中选择所需的“艺术字”样式，然后单击“确定”按钮，打开“编辑‘艺术字’文字”对话框。

④ 在对话框中输入文字，并设置合适的字体、字号等。

⑤ 单击“确定”按钮完成艺术字插入。

(2) 艺术字的编辑及格式设置

图 3-25 “艺术字”工具栏

选中已经插入到文档中的艺术字，弹出艺术字工具栏，如图 3-25 所示。通过工具栏中提供的各种工具按钮编辑艺术字、设置艺术字的格式、设置艺术字的形状及环绕方式等。

3. 绘制图形

执行“视图”|“工具栏”|“绘图”菜单命令，打开“绘图”工具栏，如图 3-26 所示。

图 3-26 “绘图”工具栏

(1) 绘制自选图形

① 单击“绘图”工具栏中的“自选图形”按钮，选择菜单中相应的图形类型及形状。

② 在工作区中拖曳鼠标即可绘制出相应的图形。

对绘制的自选图形也可以进行格式设置和编辑等操作，如通过“绘图”工具栏中的按钮对图形进行填充、设置阴影等。

(2) 在自选图形中添加文字

右击要添加文字的自选图形，在弹出的快捷菜单中执行“添加文字”菜单命令，光标将定位到自选图形内，输入文字即可。

在图形中添加的文字也可以进行格式设置。

(3) 图形组合

在文档中，一个复杂的图形通常由多个简单的图形组成，为防止移动时多图形之间相对位置发生变化，需要将多个简单的图形组合成一个整体。图形组合的操作步骤如下。

① 按住 Shift 键或 Ctrl 键，同时利用鼠标单击选择要组合在一起的多个图形，或单击“绘图”工具栏中的“选择对象”按钮，并拖曳鼠标选定各个图形。

② 执行“绘图”工具栏中的“绘图”|“组合”菜单命令。

如果想对组合好的图形再次进行修改或编辑，可以选中该图形，执行“绘图”工具栏中的“绘图”|“取消组合”菜单命令，取消组合即可。另外，可以参与组合的对象除绘制的图形以及自选图形之外，还包括艺术字、剪贴画、文件图片、文本框等。

(4) 图形旋转

在文档中绘制的图形可以进行任意角度的旋转。操作步骤如下。

① 选定要旋转的图形。

② 单击“绘图”工具栏中的 “绘图”按钮，执行“旋转或翻转”|“自由旋转”菜单命令，这时选定图形的句柄变成了 4 个旋转点。

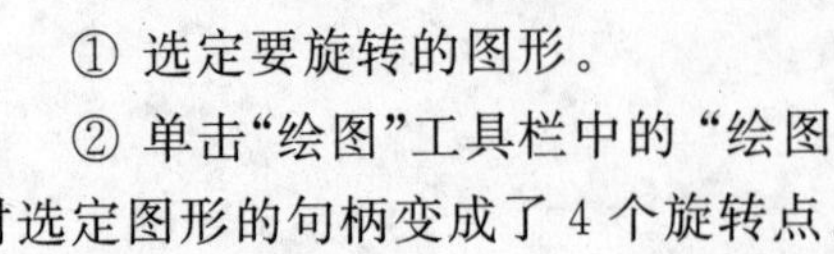

③ 将光标移到某个旋转点并拖曳鼠标到合适的角度即可。

实际上也可以直接使用图形自带的旋转柄进行旋转（当图形被选中时旋转柄才出现，如图 3-27 所示）。

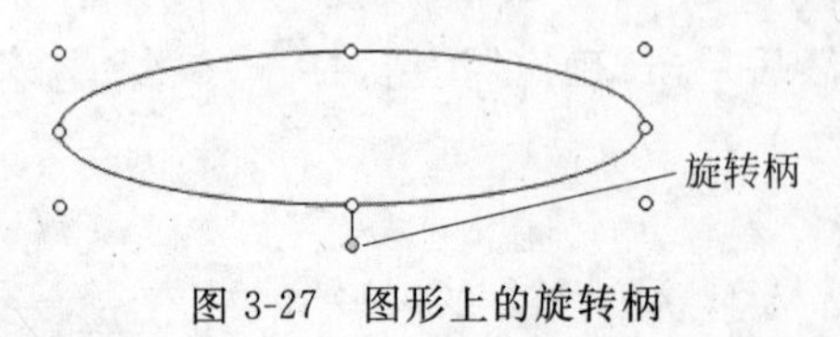

图 3-27 图形上的旋转柄

其他对象,例如剪贴画、艺术字、文本框等,也都可以旋转。

(5) 图形叠放

在文档中有时需要绘制多个位置叠放的图形,操作步骤如下。

① 选定欲设置叠放次序的图形。

② 在图形上右击,弹出快捷菜单,执行"叠放次序"菜单命令。

(6) 设置自选图形格式

右击文档中已经插入的自选图形,在弹出的快捷菜单中执行"设置自选图形格式"菜单命令可以设置该自选图形的填充颜色、线条颜色、大小和版式等。

4. 文本框

文本框是将文字和图片精确定位的有效工具。文档中的任何内容放入文本框以后,可以被拖曳到任意位置,还可以根据需要缩放。

(1) 插入文本框

插入文本框的操作步骤如下。

① 把光标定位到要插入文本框的位置。

② 执行"插入"|"文本框"|"横排"菜单命令或执行"插入"|"文本框"|"竖排"菜单命令,也可以单击"绘图"工具栏上的"横排"或"竖排"按钮,此时会在文档中显示"绘图画布"。

绘图画布表示一个区域,可在该区域上绘制多个形状。因为形状包含在绘图画布内,所以它们可作为一个单元移动和调整大小。

③ 在绘图画布中拖曳鼠标,便插入一个文本框。

插入文本框后,光标自动定位到文本框中,此时,可以根据需要向文本框中输入文字或插入图片等。

(2) 编辑文本框

利用鼠标拖曳可以调整文本框的大小、位置等,也可以利用快捷菜单中"设置文本框格式"命令或"图片"工具栏,对文本框的颜色、线条、大小和环绕方式进行设置,还可以利用"绘图"工具栏设置填充色、三维效果等。

(3) 创建文本框链接

在 Word 文档中可以将建立的多个文本框链接起来。文本框链接后,若受前一个文本框大小的限制,其中内容不能完全显示出来,可以自动显示在下一个文本框中;同样,删除前一个文本框内容时,下一个文本框的内容自动上移。创建超链接文本框的操作步骤如下:

① 在文档中建立多个空文本框。

② 右击选中任意文本框,在弹出快捷菜单中,执行"创建文本框链接"菜单命令,鼠标指针变成直立的杯状。

③ 将鼠标指针移到要链接的文本框中单击即可。

若要断开两个文本框之间的链接,操作步骤如下。

① 将鼠标指针移到要断开链接的文本框上。

② 右击鼠标,在弹出快捷菜单,执行"断开向前链接"菜单命令。

5. 公式编辑

在 Word 中可利用“公式编辑器”插入各种复杂数学公式,具体操作步骤如下。

(1) 把光标定位到要插入公式的位置。

(2) 执行“插入”|“对象”菜单命令,打开“对象”对话框。

(3) 在“对象”对话框的“新建”选项卡中选择“Microsoft 公式 3.0”项。

(4) 单击“确定”按钮,打开“公式”工具栏,如图 3-28 所示。然后就可以利用该工具栏进行公式编辑了。

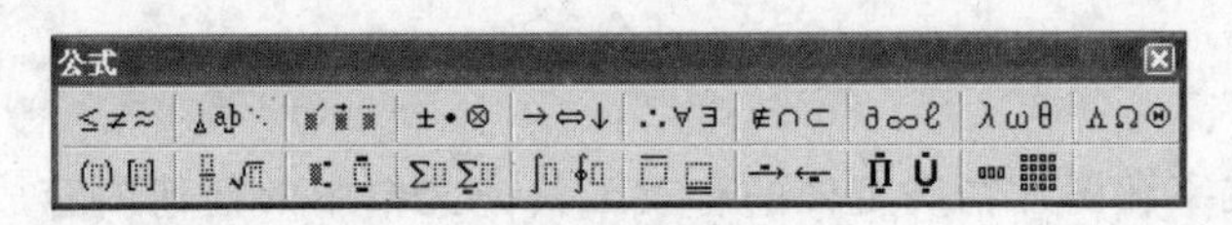

图 3-28 “公式”工具栏

“公式”工具栏有两行组成,第一行按钮及按钮下面的工具面板提供了多种符号,用户可以根据需要在公式中插入各种符号。第二行按钮及按钮下面的工具面板提供了一些复杂的模板和框架,包含根式、求和、积分等,用户可以利用它们编辑复杂的数学公式。在编辑公式的时候,如果希望在两个字符或数字之间加入“空格”可以用 Ctrl+Tab 键;如果希望换行可以用 Enter 键。

输入完公式内容后单击工作区以外的区域可返回到文档编辑环境。若要修改公式,可以双击该公式,弹出“公式”工具栏,进入公式编辑状态,对公式进行修改。

3.2.8 页面设置与打印

建立文档时,Word 2003 以默认的页面格式创建文档,用户可以根据需要设置页面,如纸张大小、页边距等。

1. 页面设置

页面设置是指设置文档的整体布局,包括页边距、纸张大小及页面版式等。执行“文件”|“页面设置”菜单命令,打开“页面设置”对话框,如图 3-29 所示。根据选项卡提示信息进行设置。

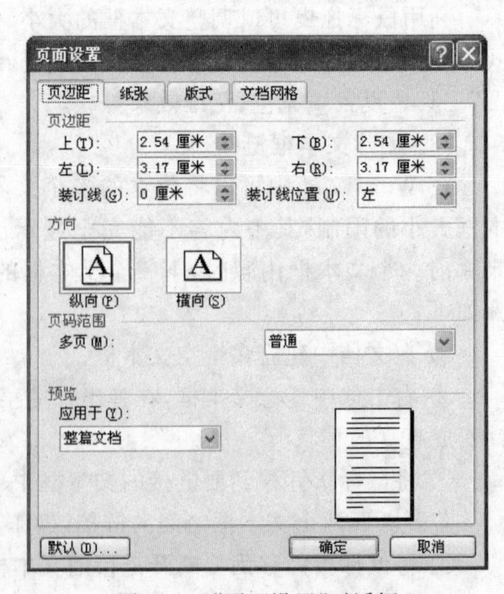

图 3-29 “页面设置”对话框

(1) “页边距”选项卡

页边距是指正文与页面边界之间的距离。在“页边距”区域的“上”、“下”、“左”、“右”数值框中设置正文与纸张顶部、底部、左侧、右侧之间的宽度;在“装订线位置”列表框中设置装订线的位置,在“装订线”数值框中设置装订线与纸张边缘的间距;在“方向”选项组中设置纸张方向。

(2) “纸张”选项卡

“纸张”选项卡主要进行纸张大小的设置。在“纸张大小”选项组中选择使用的纸张类型,如 A4、B5 等。也可以由用户自定义纸张的高度和宽度。

(3) “版式”选项卡

“版式”选项卡主要设置页眉和页脚的显示方式及页面的垂直对齐方式等。

2. 打印

Word 2003 提供了打印预览和打印功能。

(1) 打印预览

通过打印预览,可以浏览打印的效果,以便在打印输出前将文档调整到最佳效果。在 Word 编辑窗口中执行“文件”|“打印预览”菜单命令即可进行打印预览。另外单击“常用”工具栏中的“打印预览”按钮也可以进行打印预览。单击预览窗口上部工具栏中的“关闭”按钮可以关闭预览、恢复到编辑窗口。

(2) 打印文档

在编辑窗口中执行“文件”|“打印”菜单命令,打开“打印”对话框,如图 3-30 所示,各部分的功能介绍如下。

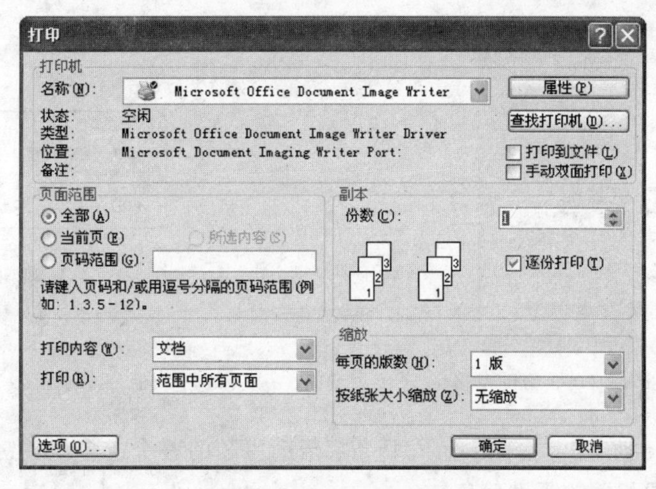

图 3-30 “打印”对话框

① “打印机”栏。用来设置使用的打印机类型。一般使用默认打印机。

② “页面范围”栏。在该栏中可以设置是打印文档的全部、当前页还是输入的页码范围。

③ “打印内容”下拉列表框。用于选择打印的对象是文档还是标记列表等。

④ “打印”下拉列表框。它用于选择是打印文档的“奇数页”、“偶数页”还是“范围中所有页面”。

⑤ “副本”栏。在该栏的“份数”列表框中可以设置打印的份数。

⑥ 单击“选项”按钮,在弹出的对话框中还可以进行更加详细的打印设置。

设置完成以后单击“确定”按钮即开始打印。

有时,文档编辑完成后希望不设置就打印,则可以直接单击“常用”工具栏中的“打印”按钮，直接将整个文档内容打印出来。

3.2.9 帮助

Word 2003 提供了强大的帮助功能。通过帮助菜单，用户可以方便地解决使用中所遇到的各种困难。

1. 利用“Microsoft Office Word 帮助”获得帮助

(1) 执行“帮助”|“Microsoft Office Word 帮助”菜单命令，在窗口右侧弹出 Word 帮助任务窗格，如图 3-31 所示。

(2) 在“搜索”文本框中输入要寻求帮助主题的一个或多个关键词，单击按钮开始搜索，即可获得相关的帮助信息。

(3) 单击任务窗格右上角的“关闭”按钮×，即可关闭帮助窗格。

2. 利用 Office 助手获得帮助

(1) 执行“帮助”|“显示 Office 助手”菜单命令，调出 Office 助手，如图 3-32 所示。

图 3-31 Word 2003 帮助窗格

图 3-32 Office 助手

(2) 在“Office 助手”文本框中输入要寻求帮助主题的一个或多个关键词，然后单击“搜索”按钮，即可获得相关的帮助信息。

(3) 执行“帮助”|“隐藏 Office 助手”菜单命令，退出 Office 助手。

3. 从网上获得帮助

执行“帮助”|Microsoft Office Online 菜单命令，启动 Internet Explorer(简称 IE)，通过网络获得更多的信息和帮助。

3.3 Word 2003 的高级操作

在实际应用中，为了提高文档的表现效果还需要对文档进行一些较复杂的设置，例如项目符号和编号、边框和底纹、分栏、首字下沉、目录制作等。

3.3.1 项目符号和编号

文档中恰当地使用“项目符号”和“编号”可以使文档更加清晰明了。一般情况下,文档中并列关系的内容使用项目符号,顺序关系的内容使用编号。

(1) 添加项目符号

① 选定欲设置项目符号的文本内容。

② 执行“格式”|“项目符号和编号”菜单命令,打开“项目符号和编号”对话框,如图 3-33 所示。

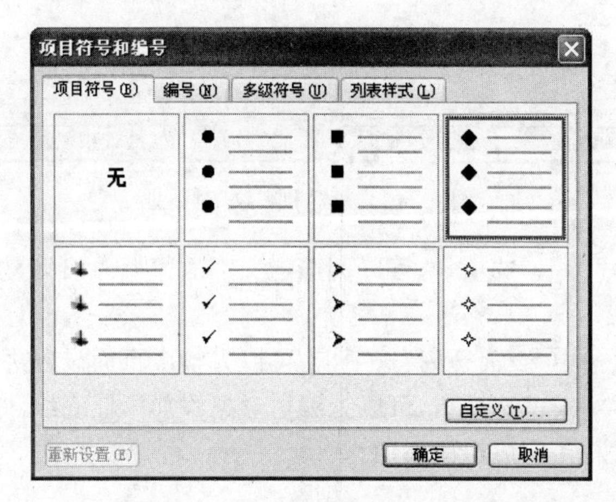

图 3-33 “项目符号和编号”对话框

③ 选择“项目符号”选项卡,选择所需要的项目符号,若对系统提供的符号不满意,可以单击“自定义”按钮,在“自定义项目符号列表”对话框中进行选择。

④ 单击“确定”按钮。

(2) 添加编号

① 选定欲设置编号的文本内容。

② 执行“格式”|“项目符号和编号”菜单命令,打开“项目符号和编号”对话框,如图 3-33 所示。

③ 选择“编号”选项卡,选择所需要的编号。若对系统提供的编号不满意,也可以单击“自定义”按钮,在“自定义编号列表”对话框中进行选择。

④ 单击“确定”按钮。

注意:若对已经设置好编号的列表进行插入或删除操作,Word 将自动调整编号,不必人工干预。

3.3.2 边框和底纹

Word 文档可以为指定内容设置边框和底纹,以达到强调和美化的效果。添加边框和底纹的操作步骤如下。

(1) 选定要添加边框和底纹的文本内容。

(2) 执行“格式”|“边框和底纹”菜单命令,打开“边框和底纹”对话框,如图 3-34 所示。

(3) 可以进行如下设置。

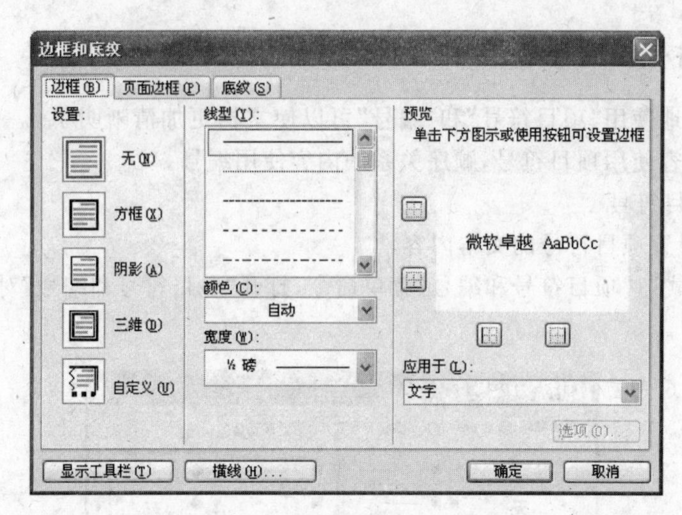

图 3-34 “边框和底纹”对话框

① 加边框。选中“边框”选项卡,可以为选定文本加边框并根据显示效果需要设置边框的线型、颜色、宽度等。

② 加页面边框。选中“页面边框”选项卡,可以为整个页面设置边框。

③ 加底纹。选中“底纹”选项卡,可以为编辑对象添加个性底纹。

(4) 单击“确定”按钮,完成边框添加。

3.3.3 分栏

“分栏”可以编排出类似于报纸页面的多栏版式效果。它可以对整篇文档或部分文档分栏,具体操作步骤如下。

(1) 执行“格式”|“分栏”菜单命令,打开分栏对话框,如图 3-35 所示。

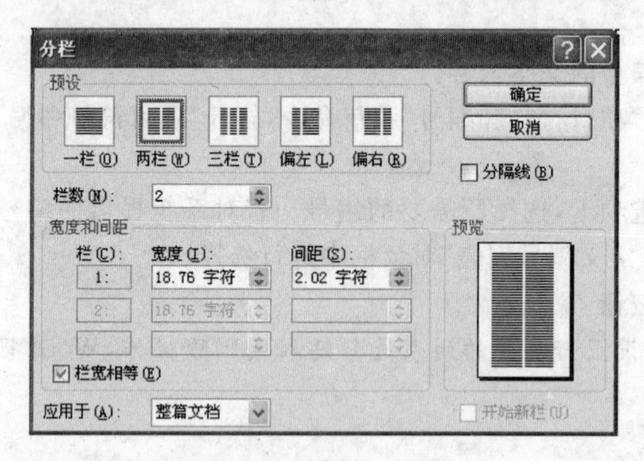

图 3-35 “分栏”对话框

(2) 在“栏数”数值框中指定分栏数。若要求各栏的宽度相等,可以选中“栏宽相等”复选框;若要求各栏的宽度不相等,则要清除“栏宽相等”复选框,然后在“宽度和间距”选项组中设置每栏的宽度和间距;若选定“分隔线”复选框可在各栏之间加入分隔线。

(3) 在“应用于”框内设定分栏对象,比如是对整篇文档分栏还是对所选文字分栏。

(4) 单击“确定”按钮，完成分栏。

3.3.4　首字下沉

“首字下沉”是将文档中某一段的第一个字或几个字放大，以引起注意。首字下沉分为下沉和悬挂两种方式。设置段落首字下沉的操作步骤如下。

(1) 把光标置于欲设置首字下沉的段落。

(2) 执行“格式”|“首字下沉”菜单命令，打开“首字下沉”对话框，如图 3-36 所示。

(3) 在“位置”区域中选择需要下沉的方式；在“字体”下拉列表框中选择字体；在“下沉行数”及“距正文”数值框中设置下沉的行数及与正文的距离。

(4) 单击“确定”按钮。

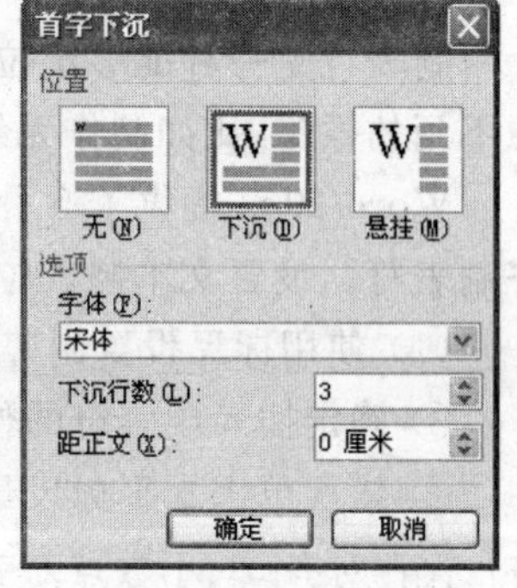

图 3-36　“首字下沉”对话框

3.3.5　水印

在文档中可以对文档的背景设置一些隐约的文字或图案，称为“水印”。Word 文档中的水印有两种情况，一种是文档中每一页都有水印，另一种是文档中只有部分页有水印。

(1) 制作文档中每一页都有的水印效果，具体步骤如下。

① 执行“格式”|“背景”|“水印”菜单命令，弹出“水印”对话框，如图 3-37 所示。

② 选择“无水印”单选框，将不给文档设置水印；选择“图片水印”单选框，然后单击“选择图片”按钮，会将用户选择的图片设置为文档的水印。选择“文字水印”单选框，会将用户输入的文字设置为文档的水印。

③ 单击“确定”按钮，完成设置。

(2) 制作文档中部分页有的水印效果，具体步骤如下。

① 在要设置水印的页面中插入一幅图片。

② 右击插入的图片，执行“设置图片格式”菜单命令或执行“格式”|“图片”菜单命令，弹出“设置图片格式”对话框，如图 3-38 所示。

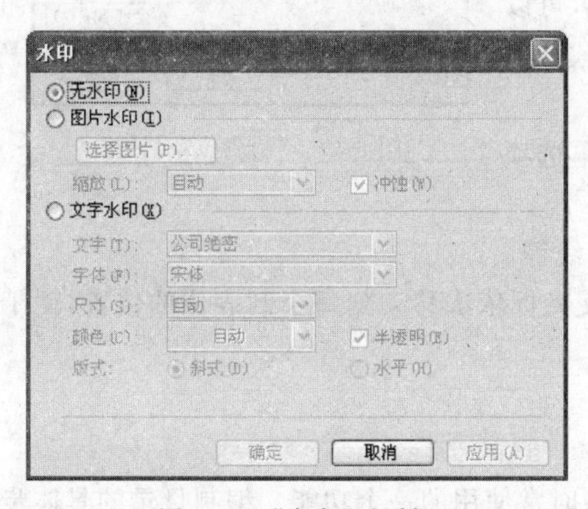

图 3-37　“水印”对话框

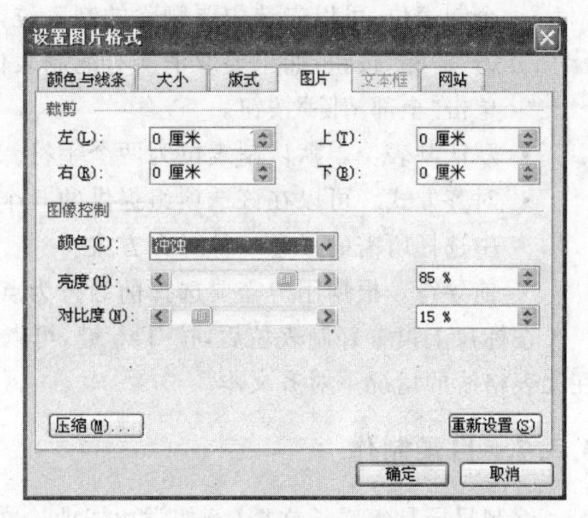

图 3-38　“设置图片格式”对话框

③ 在“图片”选项卡上的“图像控制”选项组中设置“颜色”为“冲蚀”效果；在“大小”选项卡中调整图片大小；在“版式”选项卡中设置图片的环绕方式为“衬于文字下方”。

④ 单击“确定”按钮，完成设置。

3.3.6 制表位

制表位是一种能够定位文本、控制文本对齐方式的工具。灵活使用制表位可以产生意想不到的效果，比如制作无线表格以及手工制作文档目录等。

Word 2003 提供了 5 种制表位类型，包括左对齐、居中对齐、右对齐、小数点对齐和竖对齐制表符。设置文本制表位的常用方法有两种。

(1) 使用标尺设置制表位，具体步骤如下。

① 确定插入制表符的位置。

② 依次单击水平标尺最左端的“制表位对齐方式”按钮，将分别显示左对齐、居中对齐、右对齐、小数点对齐和竖对齐制表符。

③ 当出现所需的制表符后，在标尺上需要设置制表位的地方单击鼠标左键，标尺上将会出现相应类型的制表符。

④ 重复步骤②和③，可以设置更多不同类型的制表符。

若要移动制表位，可将鼠标指针指向水平标尺的制表符，然后用鼠标在水平标尺上拖曳即可；若要删除某个制表位，可将鼠标指针指向水平标尺的制表符，然后用鼠标将其拖出标尺即可。

(2) 使用“制表位”对话框设置制表位。

如果要精确设置制表位的位置或设置带前导符的制表位，则需要执行“格式”|“制表位”菜单命令，具体操作步骤如下。

① 确定插入制表符的位置。

② 执行“格式”|“制表位”菜单命令，打开“制表位”对话框，如图 3-39 所示。

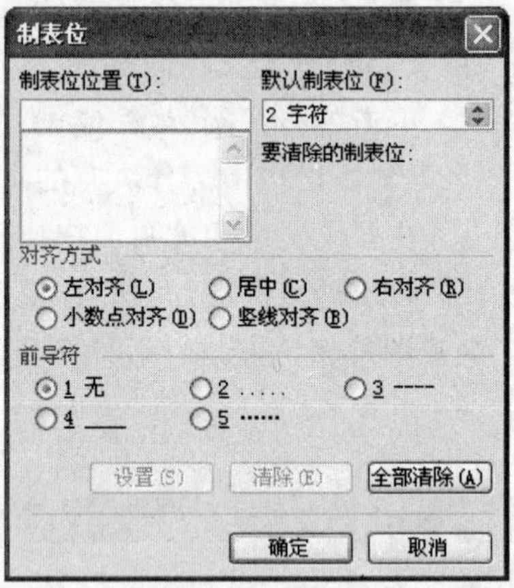

③ 在“制表位”对话框中可以做以下设置。

- 制表位位置。在此文本框中可以设置制表位的位置，然后单击“设置”按钮即可；如果要清除某个制表位，可以先选中要删除的制表位，然后单击“清除”按钮；如果要取消所有的制表位，可以单击“全部清除”按钮。
- 默认制表位。默认制表位为两个字符。
- 对齐方式。可以在该选项组提供的 5 个单选项中选择所需的任意一种对齐方式。
- 前导符。根据用户需要选择前导符为点、线等。

图 3-39 “制表位”对话框

在标尺上设置好制表位后，按 Tab 键，可以使光标依次移动到每个制表位的位置，便于在无表格线的情况下对齐文本。

3.3.7 目录制作

编制目录是编辑长文档(例如学生毕业论文)时常使用的一个功能。编制目录的具体步骤如下。

(1) 选中文档中的各级标题,利用常用工具栏中的“样式”下拉列表框分别为各级标题设置不同的样式,或利用“大纲”工具栏中的“大纲级别”下拉列表框分别为各级标题设置不同的大纲。

(2) 在要插入目录的位置,执行“插入”|“分隔符”菜单命令打开“分隔符”对话框,在“分节符类型”中选择“下一页”。

(3) 重新定位光标到插入目录位置,执行“插入”|“引用”|“索引和目录”菜单命令,打开“索引和目录”对话框,如图 3-40 所示。选择“目录”选项卡。

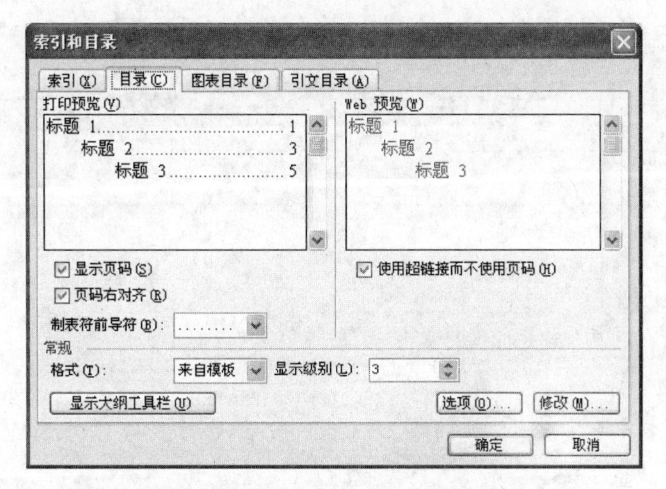

图 3-40 “索引和目录”对话框的“目录”选项卡

(4) 采用系统默认设置,单击“确定”按钮,即可以在当前位置插入目录,如图 3-41 所示。

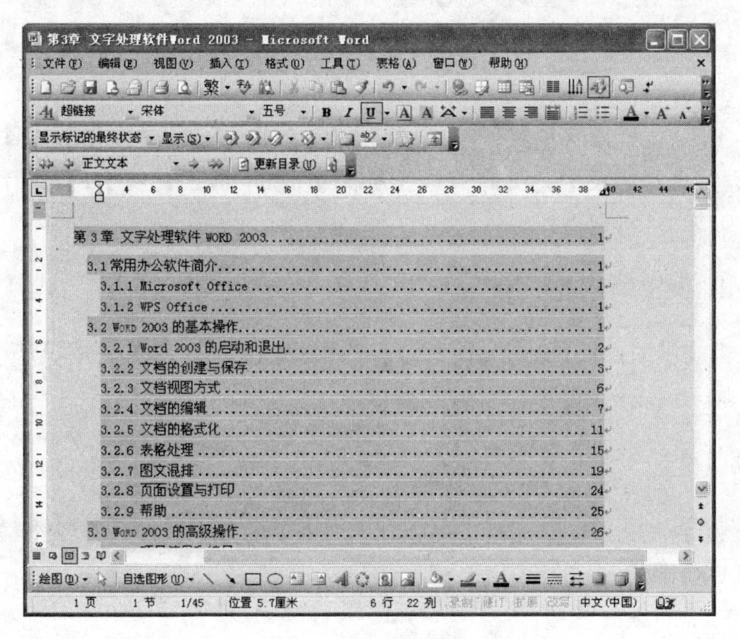

图 3-41 目录实例

(5) 如果在以后的编辑中修改了标题的内容，则需要更新目录。在目录区域右击，执行快捷菜单中的“更新域”菜单命令，则可以更新目录。

3.3.8 页眉和页脚

页眉和页脚是指在文档中每一页的顶部和底部加入字符、图形等信息，内容一般为文件名、标题名、日期、页码、单位等。

创建页眉和页脚的方法是执行“视图”|“页眉和页脚”菜单命令，进入页眉和页脚编辑环境。虚线框表示页眉或页脚的编辑区域，并且显示“页眉/页脚”工具栏，如图 3-42 所示。

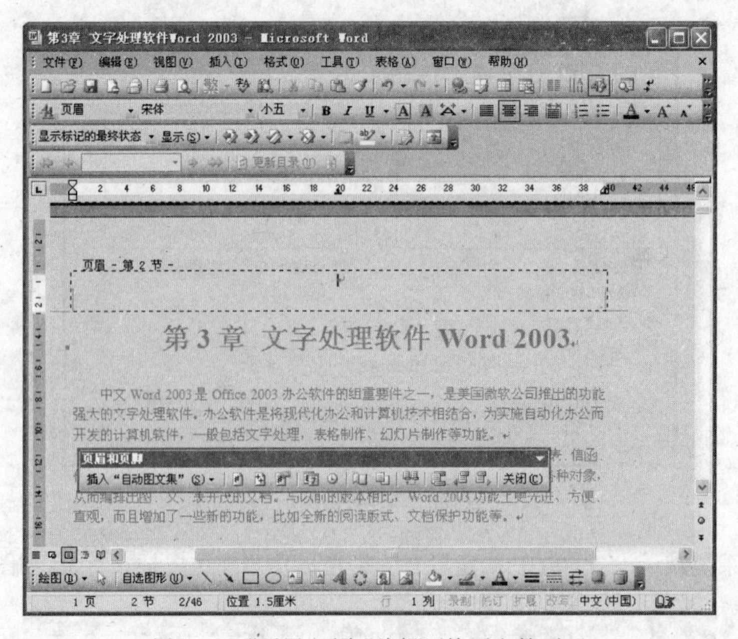

图 3-42 “页眉/页脚”编辑环境下文档页面

页眉创建完成后，若还要创建页脚，单击“页眉/页脚”工具栏上的“在页眉/页脚间切换”按钮，即可进行页脚的设置。页眉页脚设置完毕后，单击工具栏上的“关闭”按钮即可退出页眉页脚编辑环境，回到文档编辑状态。

3.3.9 Word 2003 的网络功能

随着计算机技术的发展，Internet 已经深入到社会生活的各个领域，Word 也在先前版本的基础上增加了许多网络功能。

1. 创建网页

Word 可以创建 HTML 格式的 Web 页，也可以将已有的 Word 文档保存为 Web 页。

(1) 新建 Web 页

① 在 Word 编辑窗口执行“文件”|“新建”菜单命令，显示“新建文档”任务窗格。

② 选择任务窗格中的“网页”选项。打开一个空 Web 页，输入并编辑 Web 页内容。

③ 编辑完成后，执行“文件”|“保存”菜单命令，打开“另存为”对话框。

④ 在“另存为”对话框中设置保存位置、页面标题、文件名等。

⑤ 单击“保存”按钮完成。

(2) 将已有的文档转换为 Web 页

将已有的文档转换为 Web 页的操作步骤如下。

① 打开已有的文档。

② 执行“文件”|“另存为”菜单命令，打开“另存为”对话框，在其中可以设置保存位置、文件名等。

③ 在“另存为”对话框的“保存类型”下拉列表框中设置 Web 页类型。

④ 单击“保存”按钮完成。

2. 超链接

超链接是将文档中的文本、图形、图像等相关的信息连接起来，以带有颜色的下划线方式显示文本。将鼠标移到该处，按住 Ctrl 键再单击即可跳转到与其相关的信息处。在文档中建立超链接的操作步骤如下。

(1) 选定要作为超链接显示的文本或图形。

(2) 执行“插入”|“超链接”菜单命令，显示“插入超链接”对话框，如图 3-43 所示。

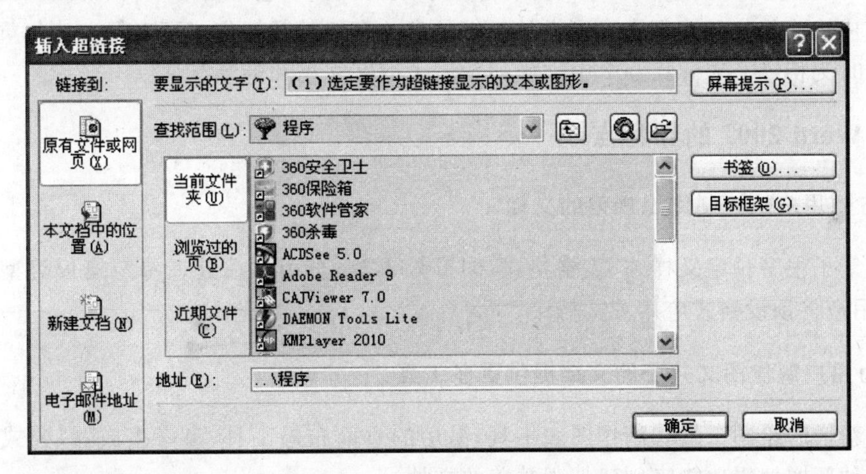

图 3-43 “插入超链接”对话框

(3) 设置链接目标的位置和名称。

(4) 执行“确定”按钮。

3.4 Word 2007 简介

Word 2007 是 Microsoft Office 家族中的一个较新成员，正在被越来越多的用户所接受。本节将对 Word 2007 作一个简单介绍，使读者能对它有一个初步了解。

3.4.1 Word 2007 的窗口

打开 Word 2007，主窗口如图 3-44 所示，其界面与 Word 以前的版本相比发生了很大的变化。它借助 Microsoft Office Fluent,使用户界面可以在需要时显示所需的工具。

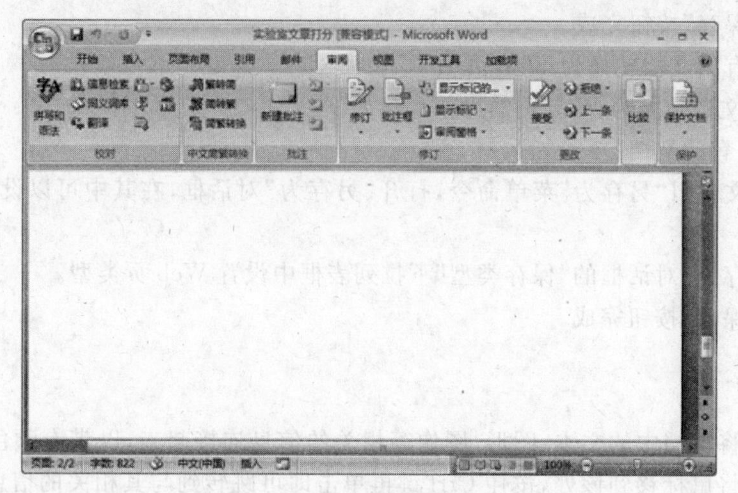

图 3-44 Word 2007 主窗口

Microsoft Office Word 2007 提供了一套完整的工具,供用户在新的界面中创建文档并设置格式之用,从而帮助用户制作出具有专业水准的文档。它丰富的审阅、批注和比较功能有助于用户快速收集和管理来自别人的反馈信息。高级的数据集成可确保文档与重要的业务信息源时刻相连。Word 2007 中文版还新增了博客文档和毛笔字帖。

3.4.2 Word 2007 的新特点

1. 方便用户快速制作出规范的文档

它收集了很多预定义样式、表格格式、图形效果等,当用户在处理特定模板类型的文档时,方便用户将预设格式应用到文档中。

2. 为用户制作图文并茂的文档提供更多工具

通过新增的绘图工具和制作图表工具、易用的页面布局工具、参考生成器、公式生成器及其他多种新增编辑功能来创建外观精美的文档。

3. 能将 Word 文档转换为 PDF 或 XPS

PDF(Portable Document Format,便携式文档格式)是一种版式固定的电子文件格式;XPS(XML paper specification,XML 纸张规范)是一种电子文件格式。这两种文件类型可以保留文档格式并允许文件共享。通过将文档转换为 PDF 或 XPS,可以与其他用户共享文档。

4. 文档保护功能更强

在与其他用户共享文档的最终版本之前,使用"标记为最终版本"命令将文档设置为只读,并告知其他用户该文档的最终版本。此时,输入、编辑以及校对标记等功能都会被禁用,以防查看到该文档的用户不经意地更改该文档。

3.5 Word应用案例

3.5.1 问题与要求

一般的大学生在毕业前都要经过毕业设计和毕业论文撰写的训练。学校对毕业论文格式是有严格要求的。下面以某学校的毕业论文格式要求为例，说明 Word 在毕业论文排版中的应用。

毕业论文排版格式要求：

1. 毕业论文各章节标题格式

第 1 章 ××××(三号黑体，居中对齐)

1.1××××(小三号黑体，左对齐)

1.1.1××××(四号黑体，左对齐)

①××××(用与正文内容同样大小的宋体)

a. ××××(用与正文内容同样大小的宋体)

2. 正文字体与间距

毕业论文正文字体为小四号宋体；字间距设置为标准字间距；行间距设置为固定值 20 磅。

3. 页眉和页脚

页眉内容为“本科毕业论文”，居中，字号为五号，字体宋体，页眉之下有一条下划线；页脚中页码以阿拉伯数字左右加圆点标示，居中，字号为小五，字体为宋体。

4. 页面

毕业论文页面用 A4(210×297mm)标准；页边上边距、下边距、左边距和右边距分别为：25mm、25mm、30mm、25mm；装订线 10mm，居左；页眉 16mm；页脚 15mm。

5. 目录

目录由论文的章、节等的序号、名称和页码组成。

① “目录”二字用二号加黑宋体，居中排列，字间空三格；

② “目录”下空一行排全文的主要标题(共三级)，用四号仿宋体。

3.5.2 排版过程

按照上述要求，对毕业论文的编排步骤如下。

1. 设置毕业论文各级标题的样式

一级标题如“第 1 章”，进行设置如下：在“样式”下拉列表框中选择“标题 1”，字体为：

三号黑体，居中显示。标题下的正文文字设置为小四号宋体。

二级标题如“1.1”，进行设置如下：在“样式”下拉列表框中选择“标题 2”，字体为：小三号黑体，居左显示。标题下的正文文字设置为小四号宋体。

三级标题如“1.1.1”，进行设置如下：在“样式”下拉列表框中选择“标题 3”，字体为：四号黑体，居中显示。标题下的正文文字设置为小四号宋体。

文档中通常只设置三级标题，如果第三级标题下还需要用小标题，其格式设置如下：编号样式为①××××（文档字体为小四号宋体），或者 a. ××××（文档字体为小四号宋体）。

2. 设置字体与间距

执行“格式”|“字体”菜单命令，显示“字体”对话框。在“字体”选项卡中设置字体为小四号、宋体；在“字符间距”选项卡中设置字间距设置为标准字间距。

执行“格式”|“段落”菜单命令，显示“段落”对话框。在“缩进和间距”选项卡中设置“行距”为固定值，“设置值”为 20 磅。

3. 设置页眉和页脚

执行“视图”|“页眉和页脚”菜单命令，进入页眉和页脚编辑环境。显示页眉区域并且定位光标到页眉区，默认页眉之下有一条下划线，如图 3-45 所示。

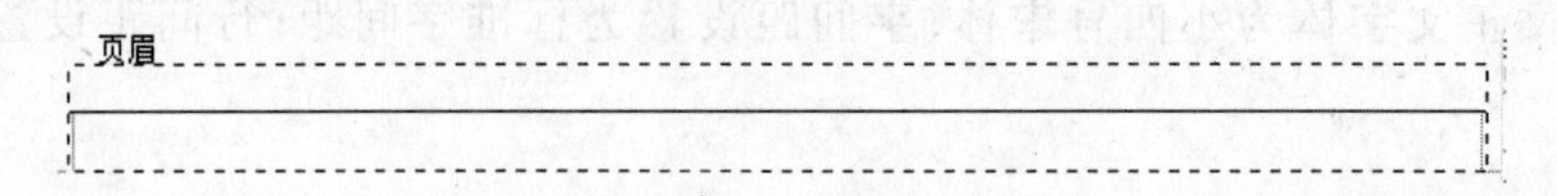

图 3-45　页眉和页脚编辑环境

输入页眉内容：本科毕业论文。利用常用工具栏中的按钮设置页眉字体为 5 号宋体，居中显示。

单击“页眉和页脚”工具栏中的“页眉/页脚切换”按钮切换到页脚区，单击“插入页码”按钮，再单击“设置页码格式”按钮，弹出“页码格式”对话框，如图 3-46 所示，在“数字格式”下拉列表框中选择所需的格式即可。最后利用常用工具栏中的按钮设置页脚字号为小 5 号宋体，居中显示。

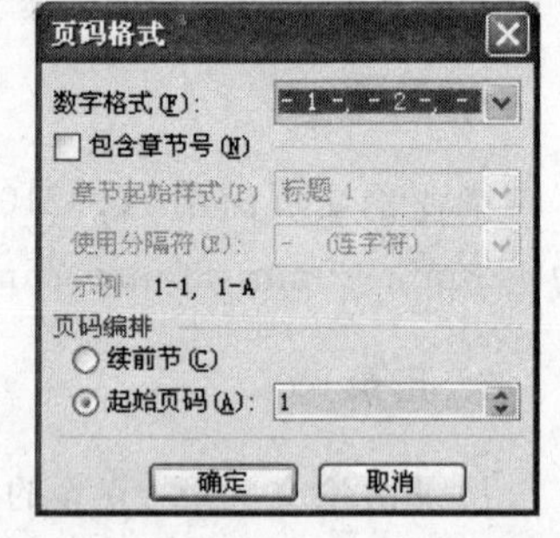

图 3-46　“页码格式”对话框

4. 页面设置

执行“文件”|“页面设置”菜单命令，打开“页面设置”对话框。在“页边距”选项卡中设置论文上、下、左和右页边距分别为 2.5cm、2.5cm、3.0cm、2.5cm，装订线 1.0cm，装订线位置为左侧；在“纸张”选项卡中选择 A4 型纸张；在“版式”选项卡中设置页眉、页脚距边界分别为 1.6cm 和 1.5cm。

5. 设置目录

设置目录的方法参看本书 3.3.7 小节。

习题 3

一、选择题

1. 删除当前输入的错误字符，可直接按（ ）。

   A. Enter 键　B. Esc 键　C. Shift 键　D. BackSpace 键

2. 在 Word 中，“打开”文档的作用是（ ）。

   A. 将指定的文档从内存中读到显示器显示
   B. 为指定的文档打开一个空白窗口
   C. 将指定的文档从外存读入内存并显示
   D. 显示并打印指定文档的内容

3. Word 文档文件的扩展名是（ ）。

   A. .txt　B. .wps　C. .dot　D. .doc

4. 在 Word 中，“剪切”命令的快捷键是（ ）。

   A. Ctrl＋C　B. Ctrl＋X　C. Ctrl＋V　D. Ctrl＋Z

5. 在编辑 Word 文档时，为便于排版，输入文字时应（ ）。

   A. 每行结束输入回车　B. 整篇文档结束输入回车
   C. 每段结束输入回车　D. 每句结束输入回车

6. 在 Word 中，用鼠标拖曳标尺上的首行缩进标志，可以改变（ ）的首行缩进量。

   A. 插入点所在的行　B. 插入点所在的节
   C. 插入点所在的段落　D. 整个文档

7. 在 Word 文档中，选定表格的一列，再执行“编辑”|“剪切”菜单命令，则（ ）。

   A. 将该单元格中的内容清除，表格列数不变
   B. 删除所选列，表格减少一列
   C. 把原表格沿该列分成左右两个表格
   D. 将选字列复制到剪贴板，对表格没有影响

8. 在 Word 的页眉、页脚中，不能设置（ ）。

   A. 字符的字形、字号　B. 边框、底纹
   C. 对齐方式　D. 分栏格式

9. 下拉子菜单命令右边有键名，表示通过（ ）方式可直接执行该命令。

   A. Alt＋键名　B. 输入键名　C. 鼠标单击键名　D. 拖曳

10. Word 同时可打开多个文档窗口，某一时刻活动窗口（ ）。

    A. 有一个　B. 有两个
    C. 有四个　D. 与打开的文档个数相同

11. 在 Word 中，有些不常用的工具组件常常不装入，因此若某菜单命令不可用，则（ ）。

    A. 该菜单命令不显示　B. 该命令前没有“√”标记
    C. 以灰暗的颜色显示该命令　D. 该命令前没有“?”标记

12. 在 Word 的编辑状态，执行“粘贴”菜单命令后(　　)。

A. 将文档中被选择的内容复制到当前插入点处

B. 将文档中被选择的内容移到剪贴板

C. 将剪贴板中的内容移到当前插入点处

D. 将剪贴板中的内容复制到当前插入点处

13. 在 Word 文档中有一段文字共有 5 行，想要把除第一行之外的其余 4 行向右缩进一段距离，应该使用水平标尺上的(　　)滑动按钮。

A. 左缩进　　B. 悬挂缩进　　C. 首行缩进　　D. 右缩进

14. 在 Word 表格中，若当前已选定了某一行，此时按 Delete 键将(　　)。

A. 删除选定的这一行　　B. 删除表格线但不删除内容

C. 删除内容但不删除表格线　　D. Delete 键对表格不起作用

15. Word 具有分栏功能，下列关于分栏设置中正确的是(　　)。

A. 最多可以设 4 栏　　B. 各栏的宽度必须相同

C. 各栏的宽度可以不同　　D. 各栏之间的间距是固定的

16. 在 Word 2003 的编辑状态，设置了标尺，可以同时显示水平标尺和垂直标尺的视图方式是(　　)。

A. 普通方式　　B. 页面方式　　C. 大纲方式　　D. 全屏显示方式

17. 如果 Word 文档中已插入艺术字、剪贴画，要正确地显示它们及其所在位置，应采用(　　)视图。

A. 普通　　B. 主控文档　　C. 页面　　D. 大纲

18. 如果想在 Word 2003 主窗口中显示常用工具按钮，应当使用的菜单是(　　)。

A. “工具”　　B. “视图”　　C. “格式”　　D. “窗口”

19. 想让 Word 文档的每一页的最上方显示相同的内容，在(　　)编辑一次就可实现。

A. 页眉　　B. 页脚　　C. 大纲视图　　D. 打印预览

20. 在 Word 2003 中，当前活动窗口是文档 d1. doc 的窗口，单击该窗口的“最小化”按钮后(　　)。

A. 不显示 d1. doc 文档内容，但 d1. doc 文档并未关闭

B. 该窗口和 d1. doc 文档都被关闭

C. d1. doc 文档未关闭，且继续显示其内容

D. 关闭了 d1. doc 文档但该窗口并未关闭

21. Word 中以下有关拆分表格命令的说法中，正确的是(　　)。

A. 只能把表格拆分为左右两部分

B. 只能把表格拆分为上下部分

C. 可以把表格拆分几列或几行

D. 只能把表格拆分成列

22. Word 中一篇文档有 80 页，准备打印第 8、10、20 至 30 页，正确的页码范围是(　　)。

A. 8,10,20—30　　B. 8 10 20—30

C. 81020—30　　D. 8—10—20,30

23. 在 Word 系统中，下列说法错误的是(　　)。

A. 为保护文档，用户可以设定以只读方式打开文档

B. 打开多个文档窗口时，每个窗口内都有一个插入光标在闪烁

C. 利用 Word 可制作图文并茂的文档

D. 文档输入过程中，可设置每隔 10 分钟自动保存文件

24. 在使用 Word 时，插入光标位置是很重要的，因为文字的增删都将在此处进行。现在要删除一个字，当插入光标在该字的前面时，应该按(　　)键。

A. BackSpace 键　B. Enter 键　C. 空格键　D. 删除键

25. 下列操作中，执行(　　)不能在 Word 文档中插入图片。

A. 执行"插入"|"图片"菜单命令

B. 使用剪切板粘贴其他文件的部分图形或全部图形

C. 执行"插入"|"文件"菜单命令

D. 执行"插入"|"对象"菜单命令

26. 利用 Word 进行文档打印时，"打印"对话框中的"页面范围"下的"当前页"是指(　　)。

A. 当前窗口显示的页　B. 插入光标所在的页

C. 最早打开的页　D. 最后打开的页

27. 下列有关页眉和页脚的叙述中，(　　)是正确的。

A. 页眉与纸张上边的距离不可改变

B. 修改某页的页眉，则文档同一节所有页的页眉都被修改

C. 不能删除已编辑的页眉和页脚中的文字

D. 不能设置页眉或页脚中的字符和段落的格式

28. 在 Word 文档窗口，若将当前编辑的文档改名后存在指定磁盘上，操作方法是(　　)。

A. 关闭文档窗口

B. 执行"文件"|"保存"菜单命令

C. 执行"文件"|"另存为"菜单命令

D. 执行"文件"|"重命名"菜单命令

29. Word 中把 mn 变为 m^n，正确的操作方式是(　　)。

A. 改变 n 的字号

B. 选定 n，然后设置字体格式为上标

C. 改变 m 的字号

D. 无法实现

30. 在 Word 中可以在文档的每页或一页上打印一幅图形作为页面背景，这种特殊的文本效果被称为(　　)。

A. 图形　B. 艺术字　C. 插入艺术字　D. 水印

二、判断题

1. Word 启动后会自动建立一个名为"文档 1"的空文档，等待输入内容。(　　)

2. 在 Word 中，在使用拖曳法复制文本时，一定要按住 Ctrl 键。(　　)

3. Word 中在正文区中单击鼠标可实现对文本的快速选定。（　）
4. 在 Word 中使用“插入”|“符号”菜单命令，可以插入特殊字符和符号。（　）
5. Word 中按住 Alt 键，单击图形，可选定多个图形。（　）
6. Word 中，工具栏上的缩进量按钮只能用于调整段落的左缩进。（　）
7. Word 中，填写表格时对单元格内的内容应按段落的操作方式处理。（　）
8. 在 Word 中，可以对表格中的数据进行求和。（　）
9. 使用“格式刷”工具可以方便地将两段文字的格式设置为一样。（　）
10. Word 中文本框可以插入文本和图片。（　）
11. 在一个 Word 文档中，可以将自己输入的文字制作为水印。（　）
12. 在 Word 中，要先选定内容，然后才能对选定的对象进行相应的操作。（　）
13. 打开一个 Word 文档后，该文档的名字会显示在标题栏中。（　）
14. Word 软件只能编辑文字和表格，不能处理图形。（　）
15. Word 中的表格不具有数据处理功能。（　）
16. Word 2003 可以设置密码防止别人偷看文档的内容。（　）
17. Word 文档正式打印前可进行打印预览，在预览窗口不能直接打印。（　）
18. Word 的屏幕不能同时出现两个文档窗口。（　）
19. Word 2003 中在页面视图方式下，文档的显示效果反映了打印后的真实效果。（　）
20. Word 中，利用图文框和文本框都可以实现对象的随意定位、移动和缩放。（　）

电子表格软件 Excel 2003

Excel 是 Microsoft Office 办公套装软件的重要组成部分，是一个通用的电子表格制作软件。利用该软件，用户不但可以制作各类精美的电子表格，还可以用来组织、计算和分析各种类型的数据，方便地制作复杂的图表和财务统计表。本章基于 Excel 2003 来介绍 Excel 在数据处理方面的常用功能。

4.1 Excel 2003 基本操作

Excel 2003 的基本操作包括工作簿的创建和保存、数据的输入与编辑、工作表的格式化等操作。

4.1.1 Excel 的主窗口

Excel 2003 启动后，其主窗口如图 4-1 所示。

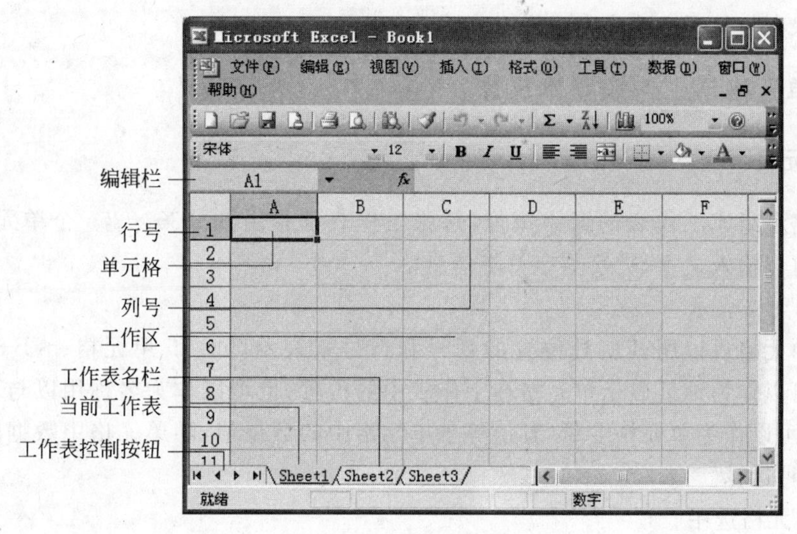

图 4-1 Excel 的主窗口

Excel 的主窗口除了包括和 Word 相似的标题栏、菜单栏、工具栏外，还包括 Excel 特有的编辑栏、工作区、工作表标签和标签滚动按钮等。

(1) 编辑栏。用于输入或编辑单元格或图表中的值或公式。编辑栏中显示了存储于活动单元格中的常量值或公式。

(2) 工作区。用来显示工作表的内容,它是由256列和65 536行构成的一个表格。上边用A～IV表示列号,左边用1～65 536表示行号,行和列交叉的格子是单元格。

(3) 工作表标签和标签滚动按钮。一个Excel文件中可以包含多张工作表,可以用鼠标单击工作表标签或标签滚动按钮,在工作表之间的切换。

4.1.2 工作簿及其操作

Excel创建的文件称为工作簿。工作簿由工作表组成,一个工作簿最多可以包含255个具有相同或不同类型的工作表。新建的工作簿,系统自动命名为Book1,扩展名为.xls。默认情况下,一个新建工作簿包含3张工作表,名字分别为Sheet1、Sheet2、Sheet3。

1. 创建工作簿

新建一个工作簿的常用方法如下。

(1) 启动Excel自动生成一个空白工作簿,名称为Book1。

(2) 单击"常用"工具栏中的"新建"按钮,建立一个空白工作簿。

(3) 执行"文件"|"新建"菜单命令,打开"工作簿"任务窗格,在"建工作簿"任务窗格中选择需要的模板建立一个工作簿。

(4) 按Ctrl+N键,新建一个工作簿。

2. 保存与打开工作簿

保存一个工作簿就是保存一个Excel文件。Excel保存与打开工作簿的方法与Word中文档的保存与打开方法完全一样。

4.1.3 单元格与工作表基本操作

1. 单元格

单元格是组成工作表的最小单位,每张工作表都是由65 536×256个单元格构成的。单元格内可以输入文字、数字与字符等信息。

(1) 单元格表示

每个单元格可以用其所处位置的列号和行号来表示,如A5单元格、$B$7单元格。这种表示可以作为地址表示单元格在工作表中的位置;也可以作为名称用以与其他单元格相区分;还可以作为单元格变量(其值等于单元格中的数据值,随单元格中数据的变化而变化)参与各种运算。

(2) 单元格选中

用鼠标单击一个单元格就选中了一个单元格。被选中的单元格边框线变黑变粗,这时的单元格就是活动单元格。可以在活动单元格中进行输入、修改或删除内容等操作。一张工作表中只有一个活动单元格。

(3) 单元格区域表示

在工作表中，用鼠标在工作表中拖曳所经过的区域，即由相邻单元格构成的矩形区域称为单元格区域。单元格区域的表示形式为“区域左上角单元格地址：区域右下角单元格地址”，如图 4-2 所示的单元格区域可表示为 A1：C4。

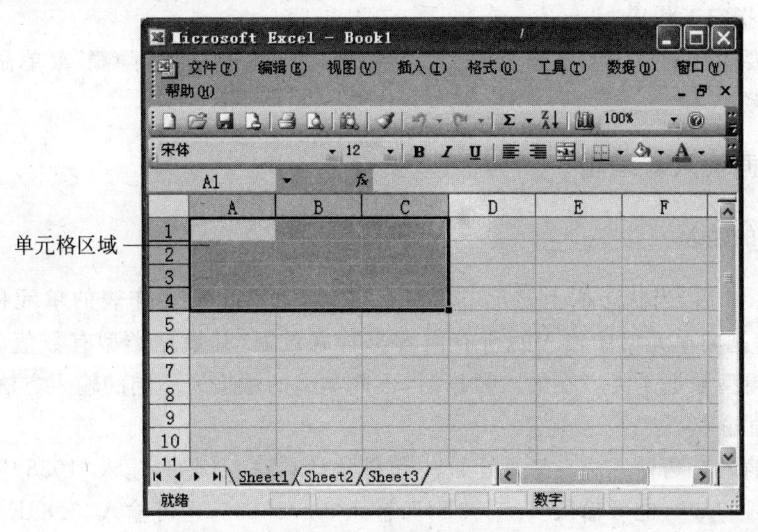

图 4-2　单元格区域

为了区分不同工作表的单元格或单元格区域，可以在单元格表示或单元格区域表示的前面加上工作表名称，中间用叹号(!)连接，例如工作表 Sheet1 的 A1 单元格：Sheet1!A1，工作表 Sheet1 的 A1：C4 单元格区域：Sheet1!A1：C4。

2. 工作表

工作簿中的每一张表称为工作表。工作簿在保存时都会自动将多张工作表一起保存下来，而不是按工作表来分别保存。

(1) 工作表的插入

执行“插入”|“工作表”菜单命令，可在当前工作表前插入一张新的工作表。

(2) 工作表的删除

执行“编辑”|“删除工作表”菜单命令，可将当前工作表删除。

(3) 工作表的重新命名

双击工作表队列中某工作表的标签，输入新的工作表名称；也可以右击某工作表的标签，在其快捷菜单中执行“重命名”命令。

(4) 移动工作表

用鼠标拖曳某工作表标签(标签行上方出现一个小黑三角)到新的位置，松开鼠标，工作表即被移动到新位置。

(5) 复制工作表

选定某一个工作表标签，按下 Ctrl 键并拖曳鼠标到达目标位置，松开鼠标后该位置会出现一个工作表副本。

工作表的移动与复制还可以通过“编辑”|“移动或复制工作表”菜单命令来完成。

(6) 隐藏工作表

① 隐藏所有工作表

在 Excel 窗口中执行“窗口”|“隐藏”菜单命令之后，Excel 会将所有的工作表隐藏起来，而执行“窗口”|“取消隐藏”菜单命令之后，所有的工作表就又显示出来。

② 隐藏指定工作表

选择需要隐藏的单张或多张工作表，执行“格式”|“工作表”|“隐藏”菜单命令，可把指定的工作表隐藏。

4.1.4 数据输入与编辑

1. 数据的输入

启动 Excel 后，当状态栏上显示“就绪”状态时，就可以向工作表的单元格中输入内容了。Excel 中把向单元格中输入的所有内容都看成数据，其数据类型有数值、文本、日期和时间以及逻辑型数据 4 类。在输入数据时，不同类型的数据有不同的输入方法。

(1) 数值输入

数值的输入有两种方法：普通计数法和科学计数法。例如，输入“10389”，在单元格中可直接输入“10389”，也可输入“1.0389E4”；输入“0.00389”，也可输入“3.89E－3”。输入数值时，允许输入分节号，例如可以输入“123,456,789”。数值型数据在单元格中默认的对齐方式为“右对齐”。

输入正数时，前面的“＋”可以省略，输入负数时，前面的“－”不能省略，但可用()表示负数。例如，输入“－89”和输入“(89)”结果相同。

输入纯小数时，可以省略小数点前面的 0，例如，输入“0.9”和输入“.9”结果相同。

输入分数时，要先输入“0”和一个空格。例如输入 1/4，正确的输入是：“0 1/4”，否则 Excel 会把分数作为日期处理，认为输入的是“1 月 4 日”。

(2) 文本输入

文本是指包含了字母、文字以及数字符号等的字符串。文本在单元格中的默认对齐方式是“左对齐”。

在输入数字型字符时，为了不与相应的字符混淆，需要在其前加英文半角单引号(')或输入“＝"数值型字符串"”。例如要输入学号“090906101”，应输入“'090906101”或“＝"090906101"”。

默认情况下，如果输入文本的宽度超过了单元格的宽度且其右侧单元格没有数据时，表面上它会覆盖右侧单元格，实际上它仍是本单元格的内容。

(3) 日期和时间型数据的输入

在某些时候，需要将日期或时间当做参数，例如计算年龄、时间间隔等。Excel 具有对日期、时间的运算能力。Excel 一般将输入的日期型数据右对齐。日期和时间的表现形式有很多种，例如在单元格中输入“5/4”，一般显示为“5 月 4 日”。如果希望显示为“2000/5/4”或“2000 年 5 月 4 日”，则需要重新设置单元格数据格式。

(4) 公式输入

在 Excel 中可以用公式对工作表的数据进行计算，在公式中不仅可以进行基本的数学运算，还可以进行“比较”等关系运算。

公式的输入方法是，单击要输入公式的单元格，然后输入等号(＝)，接着在等号的右边输入公式的内容。例如，在A1单元格中计算6!，输入方法是，单击A1单元格，在编辑栏中输入“＝6＊5＊4＊3＊2＊1”，输入完后按Enter键，A1单元格中就会显示720，即该公式的计算结果。

(5) 使用“自动填充”输入序列

当输入有规律的数据或特殊的文本时，可以采用“自动填充”的方式提高输入的效率。例如，要建立如表4-1所示的成绩表，其中A列是连续的学生学号，在Excel中快速的输入方法如下：

表4-1　成绩表

	A	B	C	D	E
1	学号	姓名	平时	卷面	总分
2	0906101	张杰	90	77	78
3	0906102	陈超	90	78	79
4	0906103	程好	95	84	85
5	0906104	崔露	90	76	77
6	0906105	邓梅	95	84	85
7	0906106	段伟	90	78	79
8	0906107	樊雪	95	87	88
9	0906108	顾凯	95	82	83

① 在单元格A2中输入“'0906101”。

② 选中A2单元格，把鼠标指针移动到A2单元格右下角的黑色小方块(即填充柄，如图4-3所示)上，待其变成黑色十字形时按下鼠标左键。

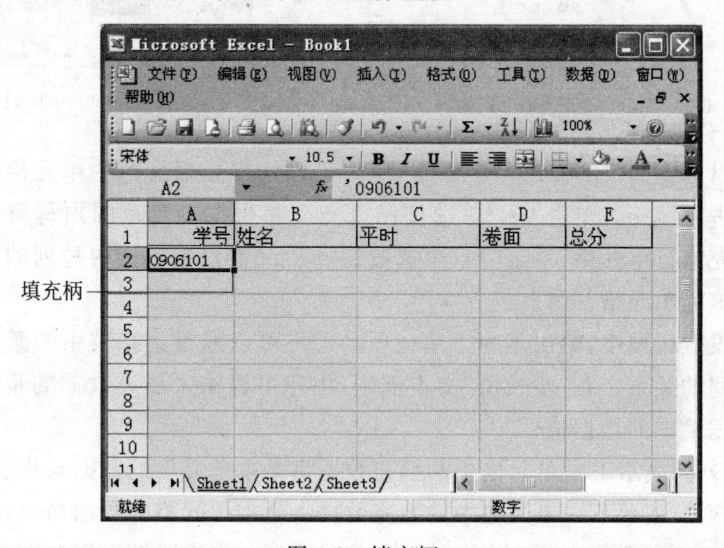

图4-3　填充柄

③ 向下拖曳鼠标，在拖曳的过程中会发现 A3～A9 单元格中依次填入了所有数据。使用“填充柄”只能在一行或一列上连续单元格区域进行填充。

通过自动填充，可以在鼠标拖过的单元格区域内完成首单元格内容的复制，或产生有序（递增或递减）的序列。如果活动单元格内的数据是数值型的，当按住 Ctrl 键拖曳“填充柄”时可以产生一个数值序列；如果不按 Ctrl 键拖曳“填充柄”，则只进行数据的复制。对于字符型数据和日期型数据，进行复制和填充序列的操作方法与对数值型数据的操作方法恰恰相反，读者可以自行验证一下。

不管是什么类型数据的哪种自动填充操作，当拖曳鼠标到达终点时，在终止单元格的右下角都会打开一个“自动填充选项”列表，单击列表上的“自动填充选项”按钮▼，打开下拉菜单，如图 4-4 所示。通过这个下拉菜单可以对填充方式重新选择确定。

（6）使用“编辑”菜单填充序列

首先选定单元格，在单元格内输入初始值，按编辑栏中的“输入”按钮✓。然后选择输入初始值的单元格为活动单元格，执行“编辑”|“填充”|“序列”菜单命令，打开“序列”对话框，如图 4-5 所示。

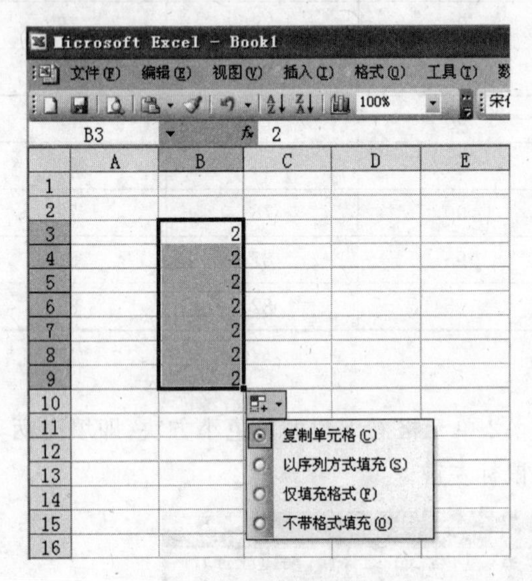

图 4-4 “自动填充选项”列表

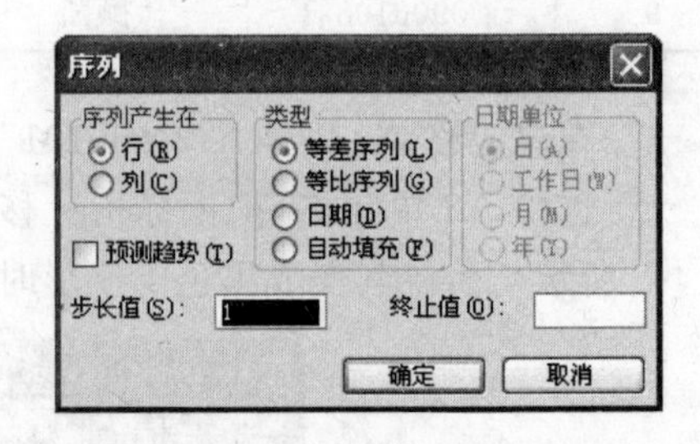

图 4-5 “序列”对话框

在“序列”对话框的“序列产生在”框中，用户可以选择是根据选中单元格范围中的哪一个格中的数据进行填充。单击“行”单选按钮，Excel 将根据选定范围内每行的第一个单元格中的数据填充该行单元格；单击“列”单选按钮，Excel 将根据范围内每列的第一个单元格中的数据填充该列单元格。

在“类型”设置区域中，给出了 4 个单选项。用户可以通过选择其中的某个单选项来规定填充数据之间的关系。在“步长值”文本框中，用户可以输入填充数据的步长。“终止值”决定了填充数据最末的数据值。

① 等差序列。表示下一单元格中的填充数据将是本单元格的数据与步长值之和。

② 等比序列。表示下一单元格中的填充数据将是本单元格的数据与步长值之积。

③ 日期。表示所有填充单元格中的数据都是日期。选定日期后用户还需选择“日期单

位”选择框中的各项。

④ 自动填充。选择该项与拖曳填充柄的填充效果相同。在“步长值”框中输入的数值以及任何“日期单位”选项将被忽略，它将以选定范围内现有的数据为基础填充空白区域。

2. 数据的编辑

表格中的数据输入后，还需要对表格中的数据进行校对、计算与修改，即数据编辑。

(1) 工作表中区域的选择

在 Excel 的操作中，首先要选定操作的对象，然后才能对其进行操作。对象有单元格、行、列及单元格区域等。选定与释放对象的方法如下。

① 用鼠标单击任意一个单元格，选定该单元格。

② 从指定单元格开始拖曳鼠标至另一单元格，就选定了以这两个单元格为对角的区域。

③ 当所选区域较大时，可先单击一个起始单元格，然后将鼠标移动到另一单元格，按住 Shift 键再单击该单元格。

④ 单击行号标志或列号标志，可以选定一行或一列。

⑤ 在行号标志或列号标志上拖曳鼠标可连续选定若干行或列。

⑥ 单击工作表左上角按钮选定整个工作表。

⑦ 选择一个区域后，按下 Ctrl 键选择第二及以后区域，可选定多个区域。

⑧ 在所选区域外的任何空白处单击鼠标可释放被选定的区域。

(2) 单元格数据的编辑

对单元格数据编辑修改的最简单方法是选定该单元格后，输入新数据，原来的数据就会被替换，这种操作是对整个单元格数据的更改。如果只需要修改单元格中数据的一部分，可以采用以下方法之一。

① 双击单元格。此时单元格内出现一个闪动的光标，移动光标到所需位置，即可对单元格中的数据进行修改。

② 通过编辑栏进行修改。单击选定需要修改的单元格，再单击编辑栏。编辑栏中出现闪动的光标，此时可以对单元格数据进行修改。

③ 按 F2 键。此时编辑修改在当前单元格内进行，光标位于单元格数据的尾部。

不论使用何种方法，修改数据时可以用 Delete 键删除插入点右边的字符，用 BackSpace 键删除插入点左边的字符，然后再输入新内容。

(3) 单元格数据的移动、复制与清除

使用电子表格整理数据时，经常要对单元格中的数据进行移动、复制与清除操作。

① 剪切和复制。

- 选定要移动的单元格或单元格区域。
- 执行“编辑”|“剪切”命令或“编辑”|“复制”菜单命令。
- 选定目的单元格或单元格区域。
- 执行“编辑”|“粘贴”菜单命令，就可以完成剪切和复制操作。

与 Word 类似，也可以选定单元格后，用鼠标拖曳完成移动操作，按住 Ctrl 键的同时用鼠标拖曳完成复制操作。

② 清除单元格。

- 选定将要清除的单元格。
- 执行“编辑”|“清除”菜单命令。
- 在如图 4-6 所示的菜单中，根据需要从“全部”、“格式”、“内容”、“批注”4 个选项中选择合适的菜单项，完成清除操作。清除内容时也可以在选定单元格后直接按 Delete 键。

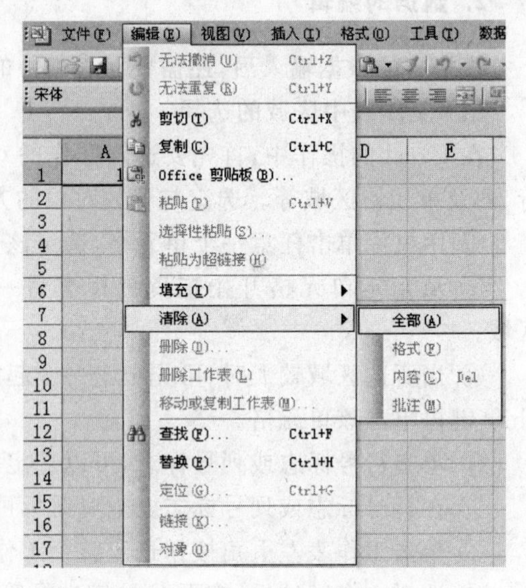

图 4-6 “编辑”|“清除”菜单

(4) 单元格中数据的查找与替换

在一张工作表中，有时候需要找出指定的一些数据，如果用人工来查找是一件很繁琐的事，若执行“编辑”|“查找”菜单命令或执行“编辑”|“替换”菜单命令就可以快速、准确地完成操作。

① 定位。定位是根据单元格的某种属性来查找单元格的操作。执行“编辑”|“定位”菜单命令，打开“定位”对话框，在“引用位置”一栏中输入要定位的单元格地址，单击“确定”按钮，则输入的单元格被指定为当前单元格。如果在“定位”对话框中单击“定位条件”，打开“定位条件”对话框，选择单元格的“属性”，就可以定位到所有符合这种属性的单元格。

② 查找。查找是根据指定的内容，寻找单元格或区域的一种快速方法。具体操作如下。

- 选定要查找数据的区域。若没有选定操作区域，则在整个工作表中查找。
- 执行“编辑”|“查找”菜单命令，屏幕上显示“查找和替换”对话框如图 4-7 所示。

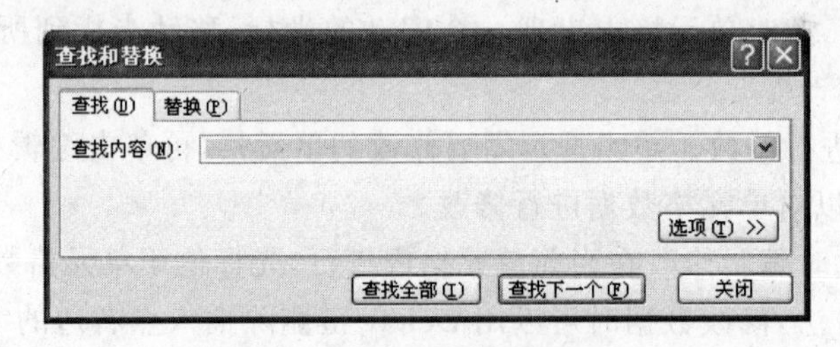

图 4-7 “查找和替换”对话框

在“查找和替换”对话框中，输入查找内容。单击“选项”按钮，在“范围”下拉列表中选择“工作簿”或“工作表”。在“搜索”下拉列表框中选择按“行”或按“列”。在“查找范围”下拉列表框中从“公式”、“值”或“批注”中选择一项。其他操作与 Word 中的操作相同。

③ 替换。替换操作与 Word 中的操作相似。

(5) 单元格的插入与删除

可以在工作表中插入一个单元格，也可以插入若干行(列)。插入后工作表中原有数据要自动调整。同样，也能删除多余的行、列或单元格，删除后工作表的后继数据要自动填补。下面介绍对单元格的插入和删除操作，对行和列的操作与此相似。

① 插入。选择要插入的单元格的位置，执行“插入”|“单元格”菜单命令，打开“插入”对话框，如图 4-8 所示。在“插入”对话框中选择插入新的单元格后原来活动单元格的位置，单击“确定”按钮，则新插入的单元格成为活动单元格。

② 删除。选定要删除的区域，然后执行“编辑”|“删除”菜单命令，或右击，在弹出的快捷菜单中执行“删除”菜单命令，弹出“删除”对话框，如图 4-9 所示，根据需要选择相应选项。当删除一个单元格时，同时删除了单元格的内容。

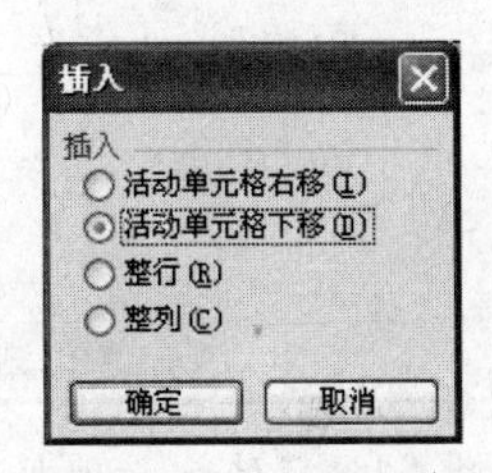

图 4-8 “插入”对话框

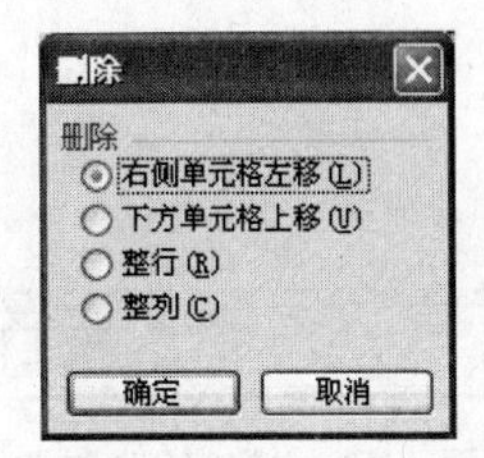

图 4-9 “删除”对话框

4.1.5 工作表的格式化

当数据输入和编辑完毕后，还需要对工作表的格式进行设置，如数据类型、数据对齐方式、字体颜色与大小、边框图案等，以便提高视觉效果。

1. 单元格格式设置

(1) 数字类型设置

Excel 中的每一个单元格中的数字都有自己的格式类型，如常规、数值、货币、日期、时间等。一个单元格在没有输入数据时默认为“常规”类型，当输入数据后，该单元格格式自动变为与所输入数据相吻合的格式类型。对于“日期”、“时间”和“特殊”的格式可遵照不同的区域进行设置。具体操作步骤如下：

① 选择要设置格式的单元格。

② 执行“格式”|“单元格”菜单命令，或右击，在弹出的快捷菜单中执行“设置单元格格式”菜单命令，弹出“单元格格式”对话框，选择“数字”选项卡，如图 4-10 所示。

③ 在“分类”框中，选择“日期”、“时间”或“特殊”选项。

④ 在“类型”框中，选择所需的数字格式。

⑤ 单击“确定”按钮。

(2) 对齐方式设置

输入到单元格中的数据，在默认的情况下，数值和日期自动为“右对齐”，文字自动为“左对齐”。当数据输入以后，还可以对单元格数据的对齐方式重新设置，如图 4-11 所示。

① 文本对齐方式

在文本对齐方式设置栏中可以设置文本的“水平对齐”和“垂直对齐”方式。

② 文本控制

“自动换行”复选框可以设置单元格中内容是否自动换行。也可以按 Alt＋Enter 键进行换行。

注意：单元格中的数据将自动换行以适应列宽。更改列宽时，数据换行也会相应自动调整。

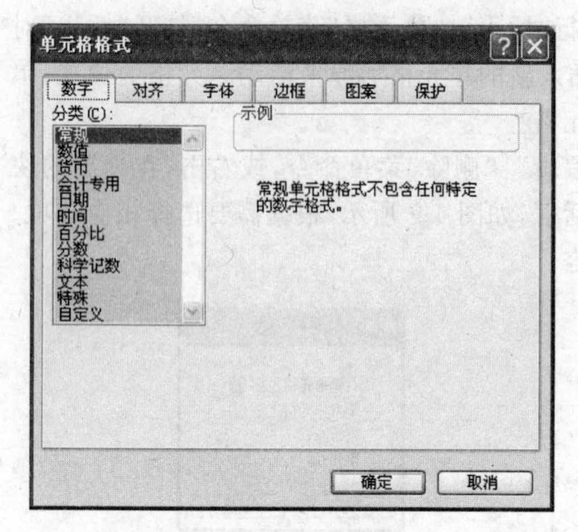

图 4-10 “数字”选项卡

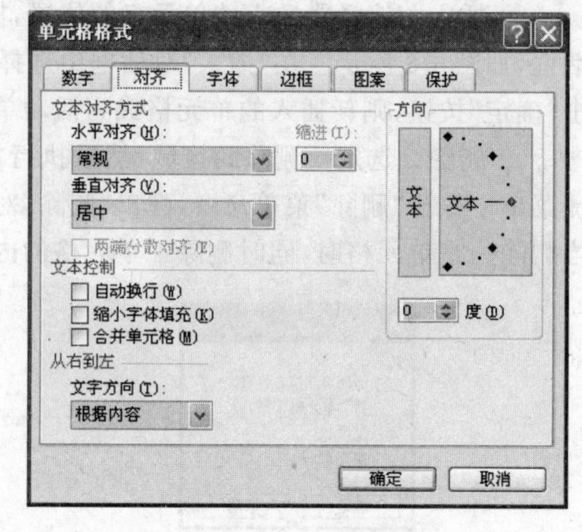

图 4-11 “对齐”选项卡

“合并单元格”复选框可以设置相邻的多个单元格是否合并为一个单元格。

注意：如果要合并的区域内有多个数据，则合并后只保留区域左上角单元格中的数据。

(3) 字体格式设置

在表格中，通过字体、颜色、大小的变化，可以使表格条理清晰，界面美观。Excel 中提供了多种字体和字形，还允许在单元格或单元区域内设置字体颜色。其设置方法与 Word 中字体的格式设置相似。

2. 行和列格式设置

(1) 行高与列宽的调整

在工作表上操作时，为了满足设计要求，可以随时调整行高与列宽，其步骤如下。

① 用鼠标选择要调整行或列的行号或列号，选定整行或列。

② 将鼠标定位于表格线下(右)边线上(此时鼠标光标形状变为十字形)。

③ 向下(右)拖曳鼠标，增加行高(列宽)；向上(左)拖曳鼠标，则减少行高(列宽)。另外，双击列号边界处，Excel 能自动将左边列宽调至与其中数据适应的宽度。

(2) 行与列的隐藏

如果需要将某些行或列中的数据隐藏起来不显示，其步骤如下。

① 用鼠标选择要调整行或列的行号或列号，选定整行或列。

② 执行“格式”|“行”|“隐藏”菜单命令或执行“格式”|“列”|“隐藏”菜单命令即可。

3. 工作表格式设置

一个电子表格，加上一个美观的边框和图案，会使表格更具表现力。

(1) 边框设置

Excel 启动后，窗口中显示的是一个网格状的大表，但是这种网格线是不能打印输出的。如果用户想要在打印时显示表格线，或者设置一些个性的表格线，就必须进行单元格边框设置。可以按以下步骤执行。

① 选定需要加边框的单元格或区域。

② 执行“格式”|“单元格”菜单命令，屏幕显示“单元格格式”对话框，选择“边框”选项卡，如图 4-12 所示。

③ 在“线条”选择框中，选择合适的线条形状和线条颜色。

④ 在“边框”选择框中，根据需要为单元格设置不同的边框线。

⑤ 在“预置”选择框中，根据需要为单元格设置相同的边框线。

(2) 图案设置

打开“单元格格式”对话框的“图案”选项卡设置单元格背景图案。

(3) 条件格式设置

图 4-12 “单元格格式”对话框的“边框”选项卡

有时需要把一个电子表格中符合不同条件的单元格呈现不同的格式，从而突出它们的特征。操作步骤如下。

① 选择单元格区域，即按条件查找的数据范围。

② 执行“格式”|“条件格式”菜单命令，弹出“条件格式”对话框，如图 4-13 所示。

图 4-13 “条件格式”对话框

③ 在条件 1 框中设置一个单元格数值满足的条件，通过“格式”按钮，打开“单元格格式”对话框，为满足这个条件的单元格设定一种格式。

④ 单击“确定”按钮，完成条件格式的设置。

结果被选定的单元格区域内，所有符合条件的单元格变成所设置的格式，而不符合条件的单元格保留原来格式不变。

如果还需要把选定区域中满足另外条件的单元格设置为另一种格式，可以单击“添加”按钮，在“条件 1”下面添加一个“条件 2”区域，如图 4-14 所示。然后，再按照与设置“条件 1”相同的方法设置“条件 2”即可。

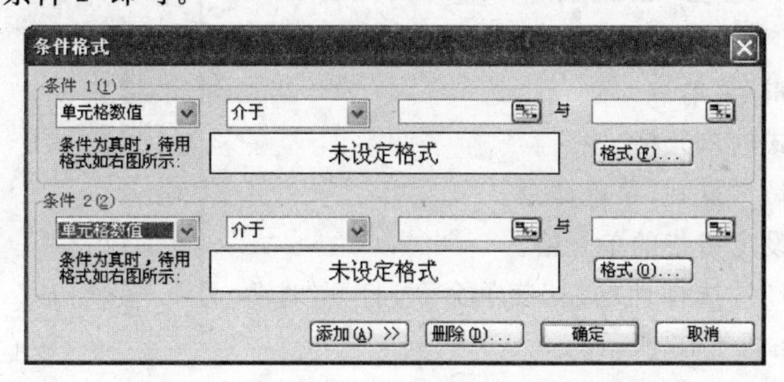

图 4-14 根据多个条件设置多个格式

4.1.6 单元格和工作表格式的快速设置

Excel 中也可以使用格式刷、样式和模板等快速地对单元格和工作表进行格式化。

1. 自动套用格式

Excel 提供了一些漂亮的工作表格式方案，这些格式方案是数字、对齐、字体、边框、图案等格式的组合，经过简单操作就可以把这些格式一次应用到所选单元格区域中。具体步骤如下。

(1) 选择需要套用格式的单元格区域。

(2) 执行“格式”|“自动套用格式”菜单命令，打开“自动套用格式”对话框，如图 4-15 所示。

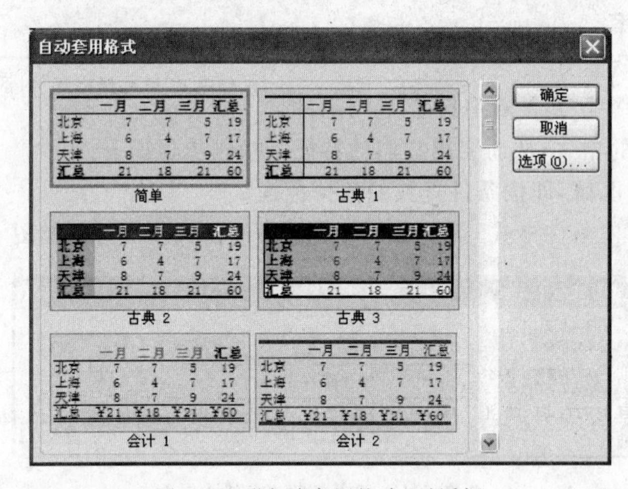

图 4-15 “自动套用格式”对话框

(3) 在给出的表格格式方案中选择一种合适的，单击“确定”按钮即可。

2. 复制格式

每个单元格都包含数据内容与单元格格式两部分。对单元格内容进行复制时，单元的格式也自动被复制，也可以仅将格式复制给某单元格，使该单元格与原单元格具有相同的格式。

(1) 使用格式刷复制

使用工具栏中的“格式刷”按钮，可以快速地进行单元格格式的复制。这里“格式刷”工具的使用方法与 Word 中一样。

(2) 使用“编辑”菜单

① 选中带格式的单元格。

② 执行“编辑”|“复制”菜单命令。

③ 选定需要设定格式的单元格。

④ 执行“编辑”|“选择性粘贴”菜单命令，打开“选择性粘贴”对话框，如图 4-16 所示。

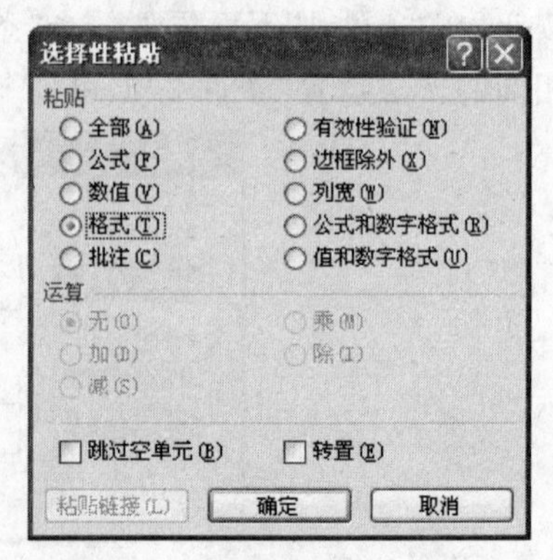

图 4-16 “选择性粘贴”对话框

⑤ 在“选择性粘贴”对话框中单击“粘贴”栏中的“格

式”单选按钮，单击“确定”按钮。

注意：既然一个单元格中的格式与内容是互相独立的，所以不但可以把一个单元格的内容与格式分开复制，也可以把一个单元格的内容与格式分开删除。

3. 使用样式

首先选择应用样式的单元格区域，然后执行“格式”|“样式”菜单命令，打开“样式”对话框；在对话框中的“样式名”栏中选择将要应用的样式名称，单击“确定”按钮，即可把“样式包括”的各种格式应用到所选的单元格区域中。

当然，如果对 Excel 提供的样式不满意，可以使用“样式”对话框中的“修改”按钮建立一个符合自己要求的样式，然后调用。

4. 使用模板

在“新建”工作簿的时候，如果选择了使用“本机上的模板”来创建，就会弹出“模板”对话框。在对话框中列出了 Excel 提供的各种电子表格模板——“电子方案表格”，从中选择一个合适的即可。

4.2 Excel 公式及函数

4.2.1 公式创建

Excel 的公式是以等号开头，使用运算符将各种数据、函数、单元格地址连接起来，用于对工作表中的数据进行计算或文本进行比较操作的表达式。

1. 运算符

在 Excel 中运算用到的运算符有算术运算符、比较运算符、连接运算符、引用运算符。各种运算符的优先级及意义见表 4-2。

表 4-2 运算符优先级

运算符（优先级从高到低）	说明	运算符（优先级从高到低）	说明
:	区域运算符	^	乘方
,	交叉运算符	* /	乘、除法
空格	联合运算符	+ -	加、减法
-	负号	&	连接字符串
%	百分号	= < > <= >= <>	比较运算符

如果在公式中包含了多个相同优先级的运算符，则将按照从左到右的顺序进行计算，若要更改运算的次序，可以使用括号将需要优先运算的部分括起来。

2. 输入公式

输入公式时，可以在单元格中进行，也可以在编辑栏中进行。其操作步骤如下。

(1) 选择要编辑公式的单元格。

(2) 在编辑栏或单元格中输入等号(=)。

(3) 在编辑栏或单元格中输入用于计算的参数及运算符。参数可以是常数、变量(单元格引用、区域引用)或函数。

(4) 按 Enter 键或单击编辑栏旁的“输入”按钮确认公式编辑完成,Excel 自动计算并将计算结果显示在单元格中。

默认情况下,单元格显示的是公式运算结果。可以使用 Ctrl+~ 键使单元格在显示公式与显示公式结果之间进行切换;也可以执行“工具”|“选项”菜单命令,打开“选项”对话框,在“视图”选项卡中选中“公式”项使单元格显示公式。

4.2.2 单元格引用

公式中利用单元格或单元格区域名称代替其中数据的方式称为单元格引用。通过引用,可以在公式中使用工作表不同区域中的数据,或者在多个公式中使用同一个单元格的数据,还可以引用同一个工作簿中不同工作表上的单元格数据和其他工作簿中的单元格数据。单元格引用分为相对引用、绝对引用和混合引用。

1. 相对引用

若公式中要引用某个位置单元格或单元格区域中的数据,直接在公式中输入该位置单元格或单元格区域的名称,这种方式称为相对引用。

例如,在 B1 单元格公式中引用 A 列和 1 行交叉处的单元格,在 B1 单元格中直接输入“=A1”,如图 4-17(a)所示,然后单击“输入”按钮,则 B1 单元格就引用了 A1 单元格的数据,如图 4-17(b)所示。

注意:虽然 B1 单元格中显示的是字符“学号”,但由于编辑 B1 时是以等号(=)开始的,所以 B1 的内容是公式,而“学号”只是公式运算的结果。

在公式中相对引用某单元格或单元格区域数据时,如果公式所在单元格的位置发生改变,引用也随之改变。例如,如果将单元格 B1 中的公式(对 A1 引用)复制到单元格 B2,公式将自动从 B1=A1 调整到 B2=A2,如图 4-18 所示。

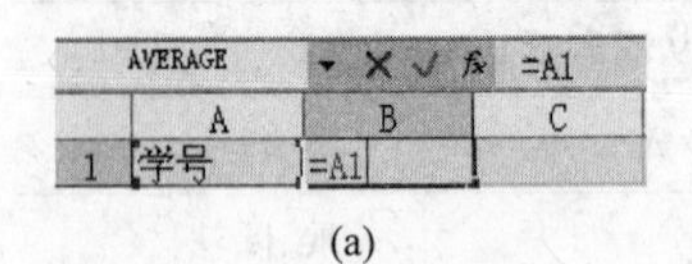

(a)

B1 =A1

	A	B	C
1	学号	学号	

(b)

图 4-17 单元格公式中的引用

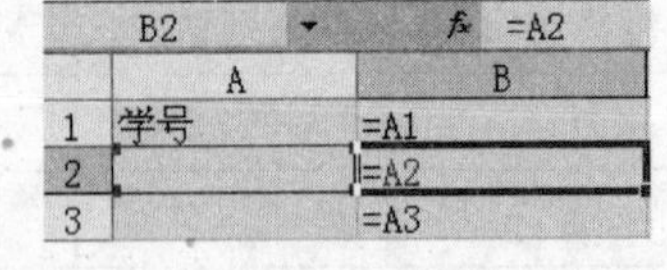

图 4-18 复制的公式具有相对引用

2. 绝对引用

如果希望公式中总是引用某个固定位置单元格或单元格区域中的数据,则需要在公式引用的单元格或单元格区域名称的行号和列号之前分别添加“$”符号,这种方式称为绝对引用。

例如,B1 单元格公式中总是要引用 A 列和 1 行交叉处的单元格,在 B1 单元格中输入“=$A$1”。

在公式中绝对引用单元格或单元格区域数据时,如果公式所在单元格的位置改变,绝对引用保持不变,也就是单元格内容不发生变化。例如,如果将单元格 B1 中的绝对引用公式复制到单元格 B2，则在两个单元格中公式是一样，都是“＝$A$1”，如图 4-19 所示。

3. 混合引用

混合引用是指公式引用中单元格名称具有绝对列和相对行，或绝对行和相对列，形如 $A1、$B1 等或 A$1、B$1 等形式。如果公式所在单元格的位置改变，则相对引用改变，而绝对引用不变。例如，假设 B1 是对 A1 的一个混合引用，即“B1＝A$1”，如果将 B1 单元格复制到 C2 单元格，则 C2 的引用形式为“C2＝B$1”(如图 4-20 所示)，即列是相对的发生了变化，行是绝对的，因而不发生变化。

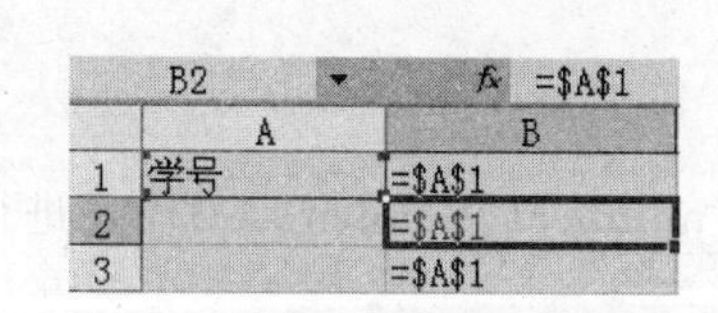

图 4-19　复制的公式具有绝对引用

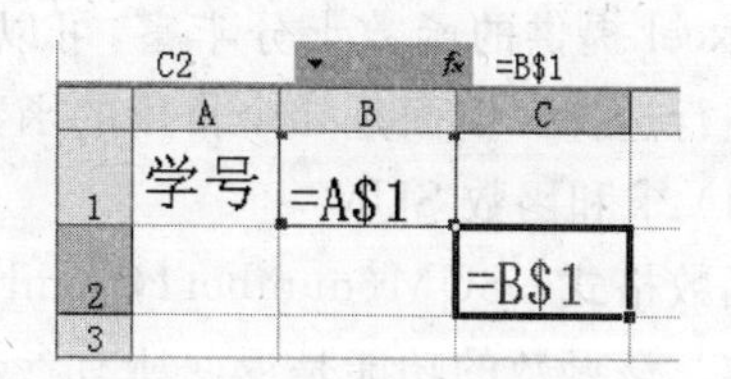

图 4-20　复制的公式具有混合引用

4.2.3　函数及其调用

1. 函数的结构

函数与公式既有区别又有联系。公式是由用户自行设计的对工作表数据进行计算和处理的算式，而函数是一些预定义的公式，可以直接用来进行数值运算。公式内可以含有函数。

函数结构如图 4-21 所示，包含 3 个部分：等号(＝)、函数名称和参数。应用时关键是要正确设置参数。

等号　函数名　参数

=AVERAGE(B2:B5, B8)

参数用括号括起来　多参数间用逗号隔开

图 4-21　函数结构图

2. 函数调用

函数是 Excel 处理数据的一种重要手段，功能十分强大。

为了便于数据计算和处理，Excel 提供了大量的函数，如财务函数、日期与时间函数、数学与三角函数、统计函数、查找与引用函数、数据库函数、文本函数、逻辑函数、信息函数等。熟练使用各种函数可以大大提高数据处理的效率。

可以执行“插入”|“函数”菜单命令，或使用编辑栏中的“插入函数”按钮 f_x，打开“插入函数”对话框，如图 4-22 所示。通过该对话框查找和调用需要的函数。

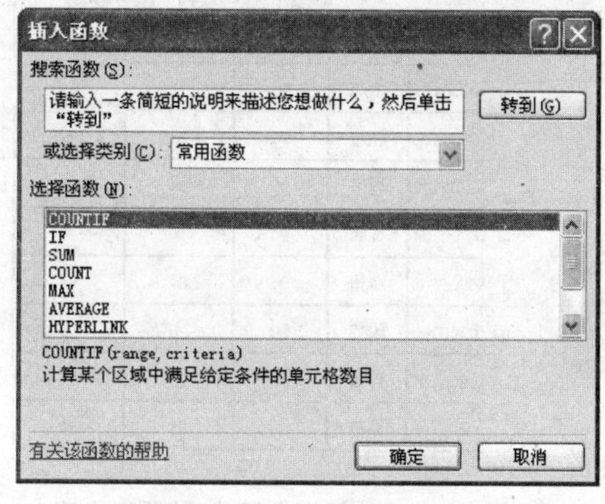

图 4-22　“插入函数”对话框

调用函数的一般步骤如下。

(1) 单击要输入函数值的单元格。

(2) 打开“插入函数”对话框。

(3) 从“选择函数”列表中选择所需要的函数。

注意：如果从当前列表中找不到需要的函数，则可通过“或选择类别”选择一个新的函数类别进行查找。

(4) 单击“确定”按钮，打开“函数参数”对话框。

(5) 根据“函数参数”对话框中的提示信息，在相应框中输入函数参数。函数参数可以是常数、变量(单元格引用或区域引用)或函数。

(6) 单击“确定”按钮，完成函数的调用。

3. 常用函数介绍

Excel 提供的函数十分丰富，可以满足多种场合的应用。学习时可以结合自己的实际需要进行选择。下面是几个常用的函数。

(1) 求和函数 SUM

函数格式：SUM(number1，number2，…)。其中，number1，number2，…代表进行求和的参数。该函数的功能是返回所有参数的和。

(2) 求平均值函数 AVERAGE

函数格式：AVERAGE (number1，number2，…)。其中，number1，number2，…代表求平均的参数。该函数的功能是返回所有参数的算术平均值。

(3) 求最大值函数 MAX

函数格式：MAX (number1，number2，…)。其中，number1，number2，…代表求最大值的参数。该函数的功能是返回所有参数中的最大值。

(4) 求最小值函数 MIN

函数格式：MIN (number1，number2，…)。其中，number1，number2，…代表求最小值的参数。该函数的功能是返回所有参数中的最小值。

(5) 统计函数 COUNT

函数格式：COUNT(number1，number2，…)。其中，number1，number2，…代表参与统计的参数。该函数的功能是求各参数中数值参数和包含数值的单元格个数。参数类型不限。

(6) IF 函数

函数格式：IF(Logical_test，value_if_true，value_if_false)。其中，Logical_test 是一个判断条件，value_if_true 是条件为真时的值，value_if_false 是条件为假时的值。该函数的功能是判断一个条件是否满足，如果满足则返回一个值，否则返回另一个值。

4.2.4 公式与函数的应用

(1) 某高校“计算机应用基础”课程的最终成绩是由学生的平时成绩和卷面成绩组成，其中平时成绩占 10%，卷面成绩占 90%。要求应用 Excel 快速计算出学生的最终成绩，如图 4-23 所示。

E2 fx =C2*$C$10+D2*$D$10

	A	B	C	D	E
1	学号	姓名	平时成绩	卷面成绩	最终成绩
2	0906101	张杰	90	77	78
3	0906102	陈超	90	78	79
4	0906103	程好	95	84	85
5	0906104	崔露	90	76	77
6	0906105	邓梅	95	84	85
7	0906106	段伟	90	78	79
8	0906107	樊雪	95	87	88
9	0906108	顾凯	95	82	83
10			10%	90%	

图 4-23 “计算机应用基础”课程成绩表

操作过程：首先在 E2 单元格中创建一个计算学生“最终成绩”的公式，即输入“＝C2 ＊ $C $10

＋D2＊＄D＄10”，本公式是对单元格的一个混合引用。然后使用“自动填充”功能把 E2 中的公式依次填充到 E3 到 E9 单元格。这样得到了每位同学的“最终成绩”。

这里建立公式时不是使用单元格中的数值进行运算，而是引用了单元格的地址。如果仅仅计算张杰同学一个人的成绩，使用这种引用的意义不大，但是如果要计算很多位同学的成绩则使用引用与不使用引用的效果就截然不同了。正是有了这种引用，才有后来使用“自动填充”的快速计算。

(2) 利用 Excel 对某班级学生各科成绩进行汇总和平均处理，如图 4-24(a)和图 4-24(b)所示。

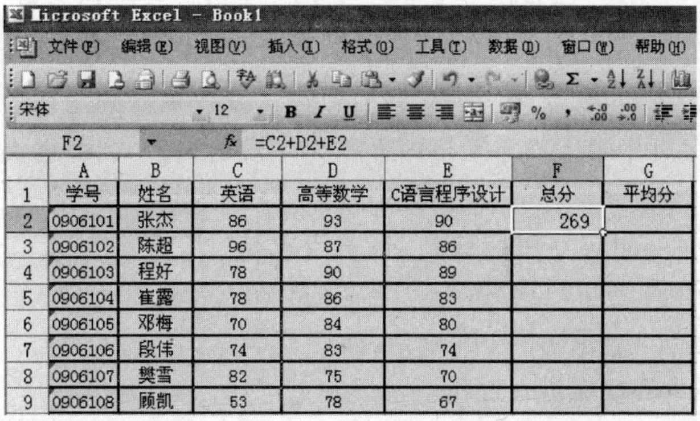

(a)

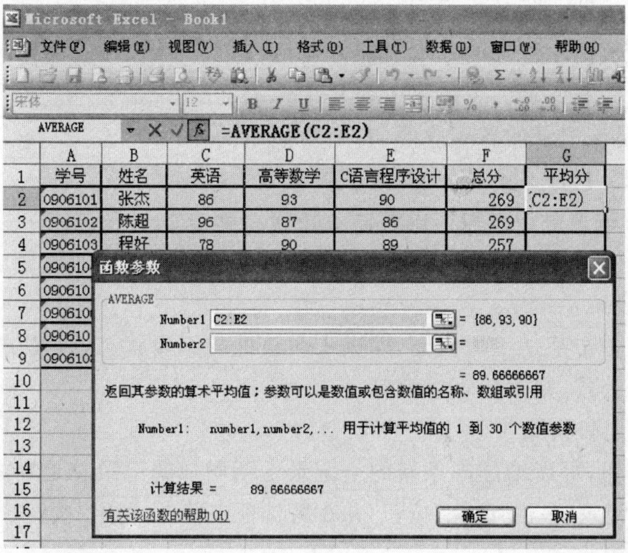

(b)

图 4-24　学生各科成绩汇总和平均处理

① 在 F2 单元格中输入公式“＝C2＋D2＋E2”计算张杰的总分，然后利用“自动填充”功能得到其他人的总分。

② 在 G2 单元格中利用函数的调用，调用 AVERAGE 函数，计算张杰的平均分，然后利用“自动填充”功能得到其他同学的平均分。

4.3 Excel 2003 数据管理

Excel 电子表格不仅具有简单的数据计算处理能力，还具有一些数据库管理的功能，可以对数据进行排序、筛选、分类汇总等操作。在 Excel 中，不需要特别命名就可以把一张工作表作为数据库来处理。

4.3.1 数据的基本管理

1. 数据列表

数据列表又称数据清单，是包含列标题的一组连续数据行的工作表。工作表的每一个列称为一个字段。每列中最上面单元格内容称为字段名，每一列数据类型都相同。每一行为一个记录。

一个数据清单中不能有空白行或列；数据清单与其他数据（表标题除外）之间，至少留出一个空白行和空白列。执行“数据”|“记录单”菜单命令，如图 4-25 所示，就能对工作表中的数据进行操作。

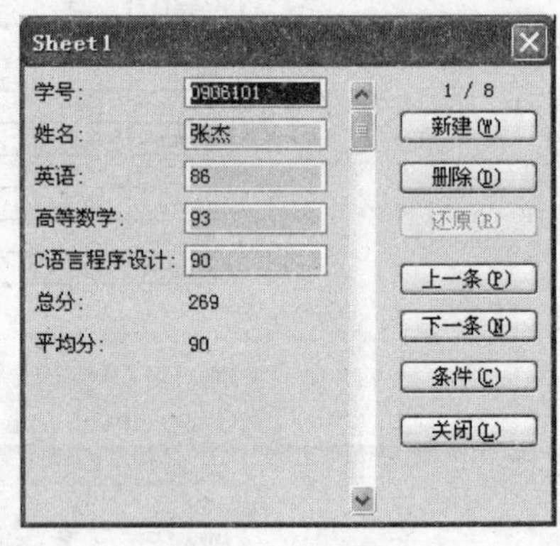

图 4-25 记录单

2. 记录的增加、删除、修改和查找

对记录操作是数据库管理的基本功能。对话框中显示了工作表的第一条记录。左边第一列是工作表的字段名称，第二列是该记录的各字段值，右上角显示的是记录序号（图 4-25 中的 1/8，表示共有 8 条记录，这是第 1 条记录），右边是对记录操作的各命令按钮。单击“上一条”或“下一条”按钮，可对上一条或下一条记录进行操作，也可以使用记录单中的滚动条来快速改变当前记录。

(1) 记录的修改

在当前记录中单击某一字段值框，即进入对该框的编辑状态，对其中的值进行修改。如果记录中某一项是公式，则不能直接编辑。

(2) 记录的增加和删除

单击“新建”按钮，可以增加一条新的空记录。新增加的记录总是存放在表的最后。

找到要删除的记录，单击“删除”按钮，并在警告框中单击“确定”按钮，即可删除当前记录。

(3) 记录的查找

单击“条件”按钮，记录单中的各输入框都变成了空框（其中公式也出现了编辑框）。在任一个输入框中给出一个条件并按 Enter 键，Excel 会查找满足该条件的第一条记录，并将该记录单的内容显示出来。若有多个满足条件的记录，可单击“上一条”或“下一条”按钮查看其他记录。

在查找过程中，条件表达式可以使用＞、＜、＝、＜＝、＞＝、＜＞等运算符号。

例如，查找数学成绩大于 85 分的记录，单击“条件”按钮后，在数学所对应的框中输入“＞85”，单击“上一条”或“下一条”按钮就可完成此操作。

条件设立后不会自动撤除，需要再次按“条件”按钮，然后按“删除”按钮删除条件，恢复到正常状态。

4.3.2 数据排序

在使用 Excel 进行数据处理的应用中，常常用到数据的排序。排序的方法有两种。

1. 使用工具栏对数据排序

“常用”工具栏设有两个排序工具，一个是“升序”，另一个是“降序”。使用的方法是：先单击表格中的某一字段，然后单击“升序”按钮或“降序”按钮，Excel 会将整个表格按该列的升序或降序重新排列。

例如，将图 4-24 所示表格中的数据按总分的降序排列的步骤是，先单击“总分”列的任一单元格，然后单击“常用”工具栏的“降序”按钮，排序结果如图 4-26 所示。

2. 使用菜单命令对数据排序

当需要根据多个列的值进行排序时，可以执行“数据”|“排序”菜单命令，打开排序对话框进行排序。操作步骤如下。

首先执行“数据”|“排序”菜单命令，打开“排序”对话框，如图 4-27 所示；然后在“排序”对话框内设置排序的主要关键字、次要关键字和第三关键字，并分别设置“递增”或“递减”；最后按“确定”按钮完成排序操作。

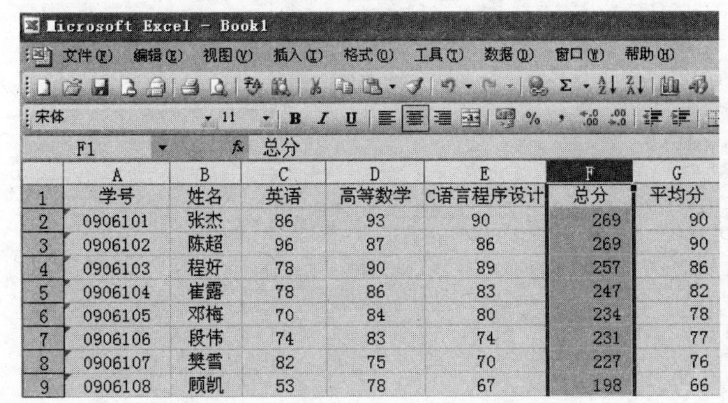

	A	B	C	D	E	F	G
1	学号	姓名	英语	高等数学	C语言程序设计	总分	平均分
2	0906101	张杰	86	93	90	269	90
3	0906102	陈超	96	87	86	269	90
4	0906103	程妤	78	90	89	257	86
5	0906104	崔露	78	86	83	247	82
6	0906105	邓梅	70	84	80	234	78
7	0906106	段伟	74	83	74	231	77
8	0906107	樊雪	82	75	70	227	76
9	0906108	顾凯	53	78	67	198	66

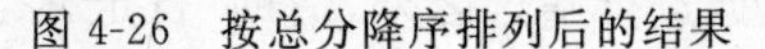

图 4-26　按总分降序排列后的结果

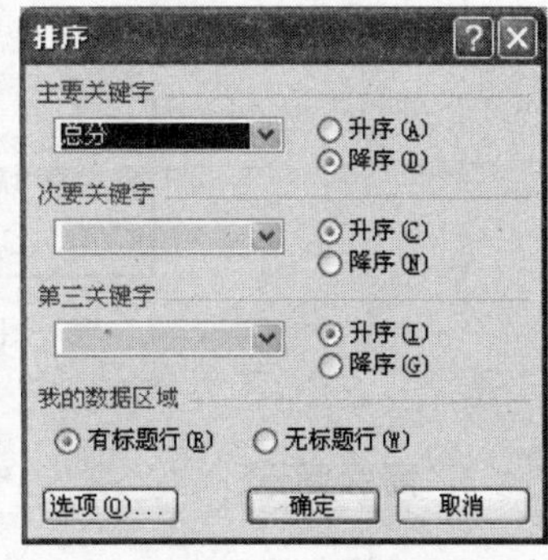

图 4-27　“排序”对话框

4.3.3 数据筛选

数据筛选就是将满足指定查询条件的数据记录筛选并显示出来，而把不满足条件的数据记录隐藏起来。

1. 自动筛选

筛选出图 4-26 所示的工作表中英语和高等数学成绩都“大于等于 80 分”的同学。

操作如下。

(1) 执行“数据”|“筛选”|“自动筛选”菜单命令,系统将在每个列标题旁边增加了筛选条件下拉按钮,如图 4-28 所示。

	A	B	C	D	E	F	G
1	学号	姓名	英语	高等数学	C语言程序设	总分	平均分
2	0906101	张杰	86	93	90	269	90
3	0906102	陈超	96	87	86	269	90
4	0906103	程好	78	90	89	257	86
5	0906104	崔露	78	86	83	247	82
6	0906105	邓梅	70	84	80	234	78
7	0906106	段伟	74	83	74	231	77
8	0906107	樊雪	82	75	70	227	76
9	0906108	顾凯	53	78	67	198	66

图 4-28　自动筛选的下拉按钮

(2) 在所需字段的下拉列表中选择指定的范围或“值”。

打开“英语”下拉列表后选择“自定义”命令,打开“自定义自动筛选方式”对话框,在其中的条件栏内选择“大于或等于”和“80”,如图 4-29 所示,单击“确定”按钮。同样,选择“高等数学”下拉列表进行设置,最后单击“确定”按钮即可得结果。

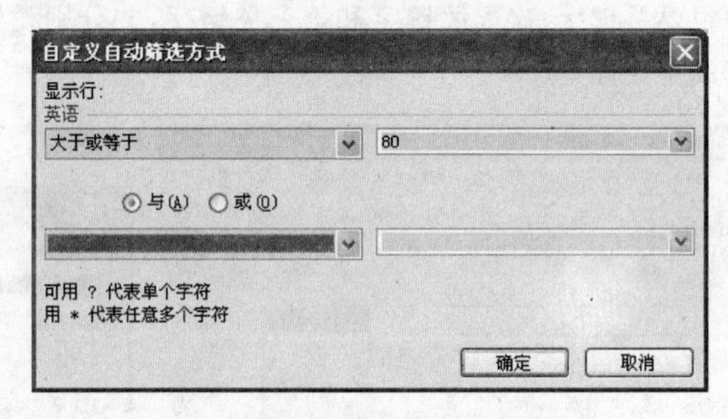

图 4-29　“自定义自动筛选方式”对话框

2. 高级筛选

自动筛选除了可以对满足单个条件的数据进行筛选之外,借助“自定义”命令也可以实现满足多个条件的筛选,但是多个条件对应的各个字段之间的逻辑关系必须是“与”关系。若要实现“或”关系的多条件筛选,就只有使用高级筛选才能完成了。

(1) 多个筛选条件是“与”关系

对图 4-26 所示表中的数据,使用“高级筛选”筛选出英语和高等数学成绩都“大于等于 80 分”的同学,操作步骤如下。

① 设置条件区域。高级筛选首先要设置条件区域。条件区域中的变量必须与工作表中的字段名相同,条件区域和数据区域之间至少要有一个空白行的间隔。在 C11:D12 区域中输入筛选条件,并且多个条件的值输入在同一行上,如图 4-30 所示。

② 单击数据清单中的任一单元格,执行“数据”|“筛选”|“高级筛选”菜单命令,在弹

Microsoft Excel - Book1

文件(F) 编辑(E) 视图(V) 插入(I) 格式(O) 工具(T) 数据(D) 窗口(W) 帮助(H)

Criteria　f_x 英语

	A	B	C	D	E	F	G
1	学号	姓名	英语	高等数学	C语言程序设计	总分	平均分
2	0906101	张杰	86	93	90	269	90
3	0906102	陈超	96	87	86	269	90
4	0906103	程妤	78	90	89	257	86
5	0906104	崔露	78	86	83	247	82
6	0906105	邓梅	70	84	80	234	78
7	0906106	段伟	74	83	74	231	77
8	0906107	樊雪	82	75	70	227	76
9	0906108	顾凯	53	78	67	198	66
10							
11			英语	高等数学			
12			>=80	>=80			

条件区

图 4-30　设置条件区域-多个条件是“与”关系

出的“高级筛选”对话框中“拾取”数据区域和条件区域，如图 4-31 所示，单击“确定”按钮即可。

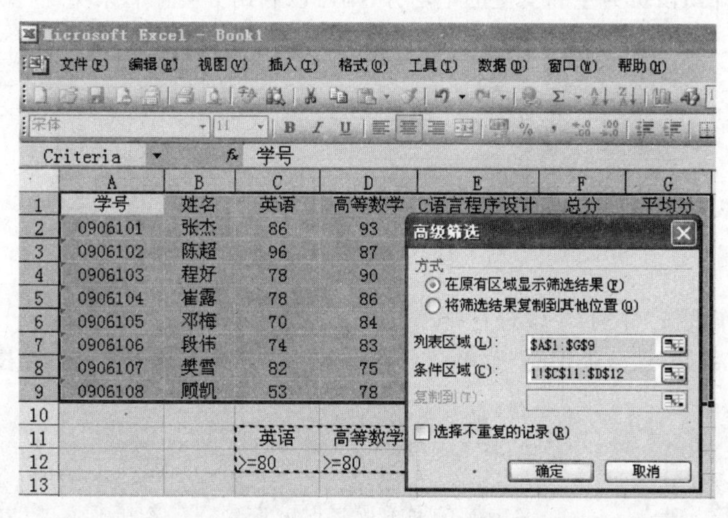

图 4-31　“高级筛选”对话框

(2) 多个筛选条件是“或”关系

对图 4-26 中的数据清单，使用“高级筛选”筛选出英语成绩“大于等于 80 分”或高等数学成绩“大于等于 80 分”的同学。

这次设置条件区时需要把多个条件值输入到不同的行上，条件区域的设置如图 4-32 所示。然后采用与前面相同的方法进行高级筛选即可。

4.3.4　分类汇总

分类汇总是将工作表数据按照指定的字段(称为关键字段)进行分类，并按不同的类别进行数据汇总(求和、求平均、求最大值、求最小值、计数等)。分类汇总之前需要先把数据清单按照将要汇总的关键字进行排序。

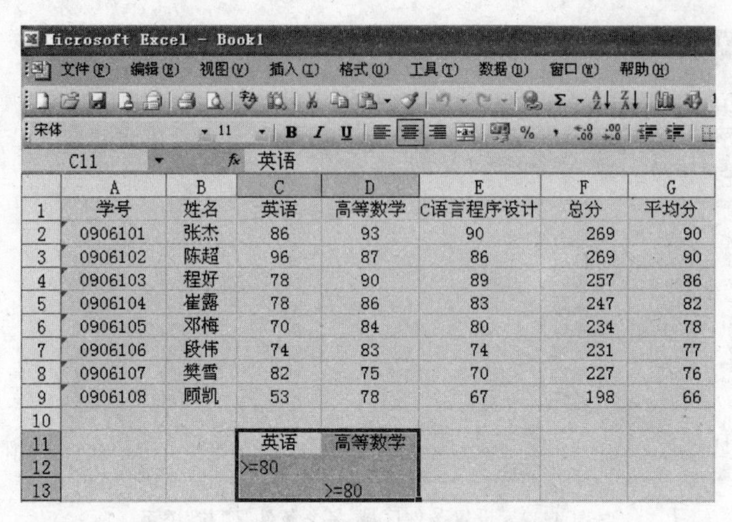

图 4-32　设置条件区域-多个条件是“或”关系

图 4-33 所示的表格是在前面的班级成绩统计表的基础上插入了一个“性别”字段。如果要求分别统计出该班男生和女生的平均分，则可以利用分类汇总来实现，操作步骤如下。

学号	姓名	性别	英语	高等数学	C语言程序设计	总分	平均分
0906101	张杰	男	86	93	90	269	90
0906102	陈超	男	96	87	86	269	90
0906103	程妤	女	78	90	89	257	86
0906104	崔露	女	78	86	83	247	82
0906105	邓梅	女	70	84	80	234	78
0906106	段伟	男	74	83	74	231	77
0906107	樊雪	女	82	75	70	227	76
0906108	顾凯	男	53	78	67	198	66

图 4-33　某班级成绩统计表

(1) 将工作表按“性别”字段进行排序。

(2) 执行“数据”|“分类汇总”菜单命令，屏幕显示“分类汇总”对话框，如图 4-34 所示。

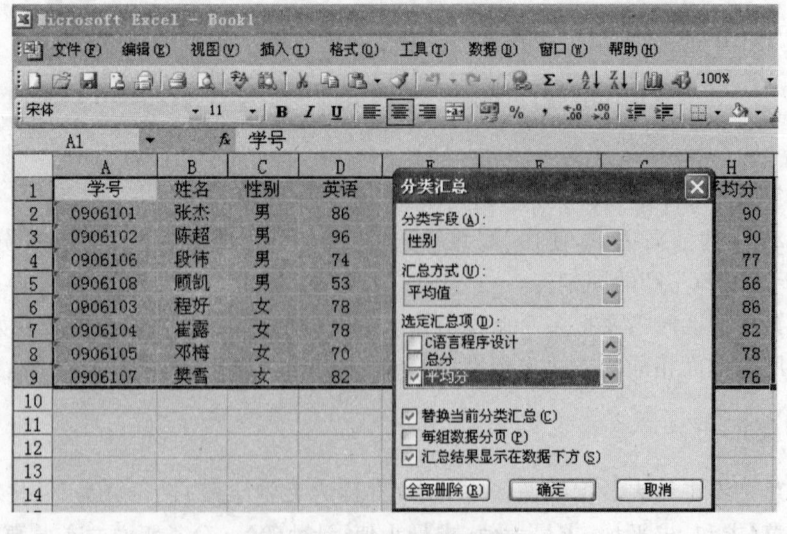

图 4-34　“分类汇总”对话框

(3) 在“分类字段”下拉列表框中，选择字段名称“性别”。

(4) 在“汇总方式”下拉列表框中，选择汇总方式“平均值”。

(5) 在“选定汇总项”列表中，选择“平均分”。

(6) 选择“汇总结果显示在数据下方”复选框。

(7) 单击“确定”按钮后即将汇总结果显示在数据下方，如图 4-35 所示。

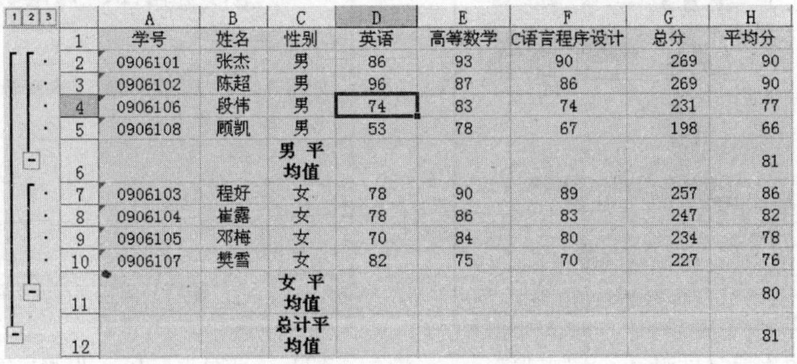

1 2 3	A	B	C	D	E	F	G	H
1	学号	姓名	性别	英语	高等数学	C语言程序设计	总分	平均分
2	0906101	张杰	男	86	93	90	269	90
3	0906102	陈超	男	96	87	86	269	90
4	0906106	段伟	男	74	83	74	231	77
5	0906108	顾凯	男	53	78	67	198	66
6			男平均值					81
7	0906103	程妤	女	78	90	89	257	86
8	0906104	崔露	女	78	86	83	247	82
9	0906105	邓梅	女	70	84	80	234	78
10	0906107	樊雪	女	82	75	70	227	76
11			女平均值					80
12			总计平均值					81

图 4-35　汇总结果

在图 4-35 中，工作表列号左侧显示的数字按钮“1”、“2”、“3”称为分级显示按钮，单击它们，可以按层次分级显示工作表中分类汇总的数据。数字按钮下面的“减号”按钮称为“隐藏/显示明细数据”按钮。

如果要取消分类汇总，只需要在“分类汇总”对话框中单击“全部删除”。

4.4　Excel 2003 图表功能

图表是工作表数据的图形显示。图表使数据关系体现得更加形象、直观。通过向工作表中添加图表，可以提高工作表数据的可视性。当工作表上的数据发生变化时，图形也会相应地改变。在 Excel 中可以建立柱形图、条形图、折线图、饼图等多种类型的图表。

4.4.1　创建图表

利用“常用”工具栏中的 “图表向导 ”按钮可以快速地创建一个图表。下面用一个例子说明图表的创建过程。

根据图 4-26 所示的成绩统计表数据绘制出柱形图，可以通过下列步骤完成。

(1) 执行“插入”|“图表”命令，或单击“常用”工具栏中的“图表向导”按钮，在所弹出的对话框“图表向导-4 步骤之 1-图表类型”中，如图 4-36 所示，选择“标准类型”选项卡，在“图表类型”框中选择图表的类型，如柱形图，在“子图表类型”选择框中选择子图表的类型，单击“下一步”按钮继续。

(2) 在弹出的“图表向导-4 步骤之 2-图表数据源”对话框中，选择“数据区域”选项卡，分别设置数据区域的范围和系列产生在“行”或“列”，如图 4-37 所示。然后单击“下一步”按钮继续。

(3) 在“图表向导-4 步骤之 3-图表选项”对话框(如图 4-38 所示)中，选择“标题”选项卡，并输入“图表标题”、“分类(X)轴”和“分类(Y)轴”的名称，单击“下一步”按钮。

图 4-36　图表向导-4 步骤之 1-图表类型

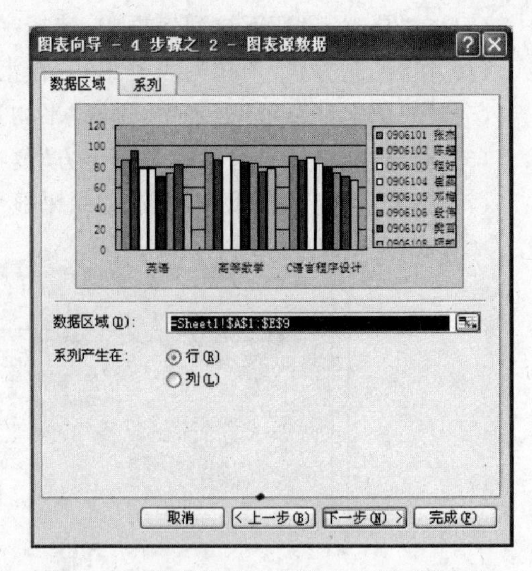

图 4-37　图表向导-4 步骤之 2-图表数据源

图 4-38　图表向导-4 步骤之 3-图表选项

(4) 在如图 4-39 所示“图表向导-4 步骤之 4-图表位置”对话框中，选择“作为其中的对象插入”，单击“完成”按钮即可。

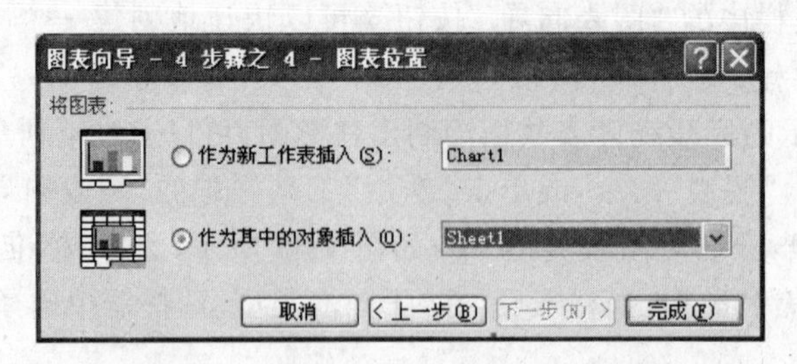

图 4-39　图表向导-4 步骤之 4-图表位置

以上 4 步完成后，相应的图表被嵌入在数据工作表中，如图 4-40 所示。

如果第 4 步选择了“作为新工作表插入”，则会自动在工作簿中添加一张新的工作表，利用该工作表放置新建的图表。

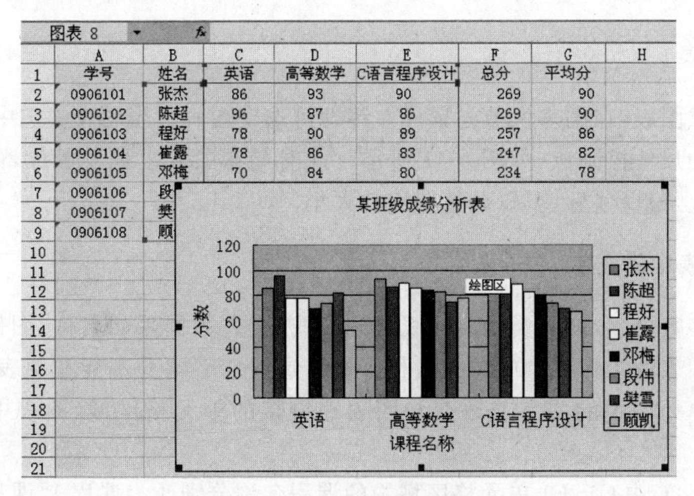

学号	姓名	英语	高等数学	C语言程序设计	总分	平均分
0906101	张杰	86	93	90	269	90
0906102	陈超	96	87	86	269	90
0906103	程好	78	90	89	257	86
0906104	崔露	78	86	83	247	82
0906105	邓梅	70	84	80	234	78
0906106	段					
0906107	樊					
0906108	顾					

图 4-40　成绩分析图表

4.4.2　图表的组成

Excel 图表通常由图表区、绘图区、数值轴、分类轴、图例、图表标题组成，如图 4-41 所示。

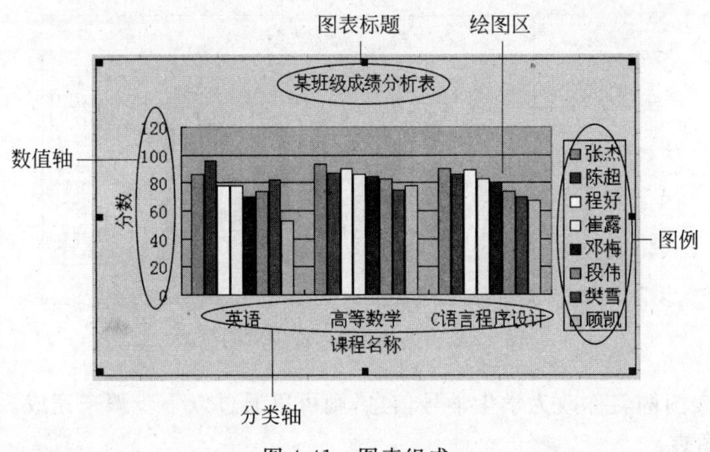

图 4-41　图表组成

（1）“图表区”包含整个图表及其全部元素。

（2）“绘图区”是指通过坐标轴界定的区域，包含所有数据系列、分类名、刻度线标志和坐标轴标题。

（3）“坐标轴”是指界定图表绘图区的线条，用做度量的参考框架。数值轴为垂直坐标轴并包含数据；分类轴为水平坐标轴并包含分类。

（4）“图例”是一个方框，用于表示图表中的数据系列或分类指定的图案或颜色。

（5）“图表标题”是指图表的名称。

4.4.3　编辑图表

创建好图表后，可以根据需要对创建的图表进行编辑，即调整图表的大小和位置，添加和修改图表标题，修改图表类型，设置坐标轴和网格线，以及设置三维格式和背景墙等。

1. 选定图表

对于嵌入式图表,在图表区单击鼠标左键即可选定图表。当图表被选中后,图表周围会出现 8 个黑色的尺寸控制点,如图 4-41 所示。此时如在图表上拖曳鼠标,可以移动图表的位置,在控制点上拖曳鼠标,可以调整图表的大小。

2. 编辑图表中的文字

图表中大多数文字,如分类轴刻度线和刻度线标志、数据系列名称、图例文字和数据标志等与创建该图表的工作表中的单元格相链接。这些文字本身不能在图表中直接修改,通过修改工作表单元格中的文字或改变与图表相链接的单元格区域,图表中的文字会自动更改。

例如将图 4-26 中 C1:E1 单元格区域中的课程名称分别改为课程 1、课程 2 和课程 3,图表将变为如图 4-42 所示。

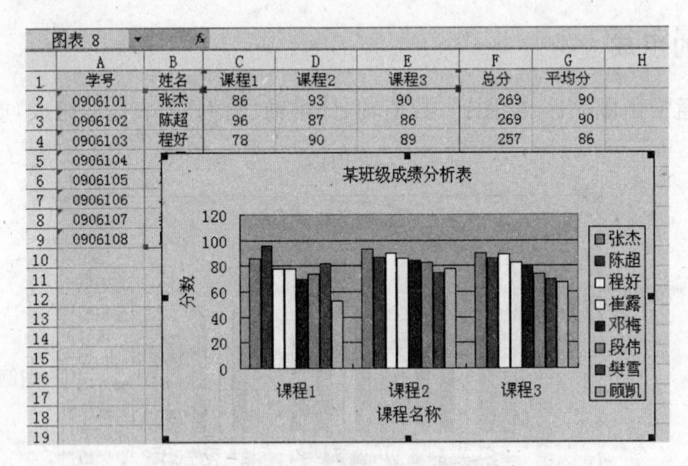

图 4-42　改变课程名称以后的图表

若想将图表图例名称改为学生学号信息,则可以通过以下步骤来完成。

(1) 选中图表。

(2) 执行"图表"|"源数据"菜单命令,打开"源数据"对话框,选中系列选项卡。

(3) 依次选中"系列"框中的每个名称,然后修改"名称"框中链接的单元格位置,例如把"=Sheet1!$B$2"修改为"=Sheet1!$A$2",则图例中"张杰"改为了"0909101",如图 4-43 所示。

3. 在图表中增加/删除数据系列

(1) 向嵌入式图表中增加数据序列的方法主要有以下 3 种。

① 选定要增加的数据序列(应该与原来的数据序列类型相同),执行"编辑"|"复制"菜单命令,然后单击图表,执行"编辑"|"粘贴"菜单命令。

② 选定要增加的数据序列(应该与原来的数据序列类型相同),用鼠标直接拖到嵌入式图表中。

③ 打开"源数据"对话框,选择"系列"选项卡,单击"添加"按钮来增加数据系列。

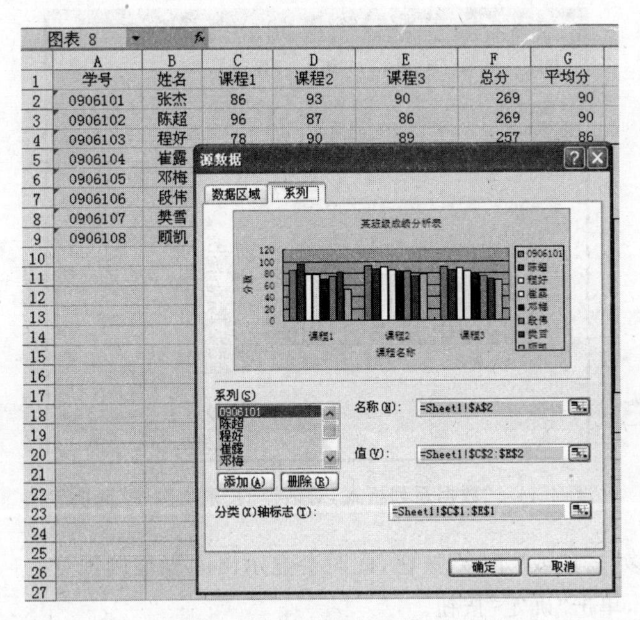

图 4-43　改变图例链接区域后的图表

(2) 在图表中删除数据系列有两种方法。

① 在图表上直接右击要删除的数据序列，弹出快捷菜单，执行“清除”菜单命令，就删除了指定数据序列。

② 打开“源数据”对话框，选择“系列”选项卡，单击“删除”按钮来删除数据系列。

4. 在图表中加入或修改标题

建立好图表后，可以加入标题或修改标题。加入标题的操作如下。

(1) 右击图表区，弹出快捷菜单，执行“图表选项”菜单命令，打开“图表选项”对话框。

(2) 在图表标题和坐标轴标题名称输入框中输入所需的内容。

当图表上有标题时，若要修改标题，单击选定标题后直接对原内容进行编辑即可。

5. 在图表中加入网格线

在“图表选项”对话框中选择“网格线”选项卡可以在图表中加入网格线。

6. 图例

在“图表选项”对话框中选择“图例”选项卡，可以进行显示或隐藏图例以及为图例定位等操作。

7. 调整图表中的数据系列顺序

(1) 选定图表某一数据系列，该数据系列上显示控点。

(2) 右击该数据系列，弹出快捷菜单，执行“数据系列格式”菜单命令，在显示的“数据系列格式”对话框，如图 4-44 所示，选择“系列次序”选项卡。

(3) 在“系列次序”选项框中，选择要调整的系列名称。

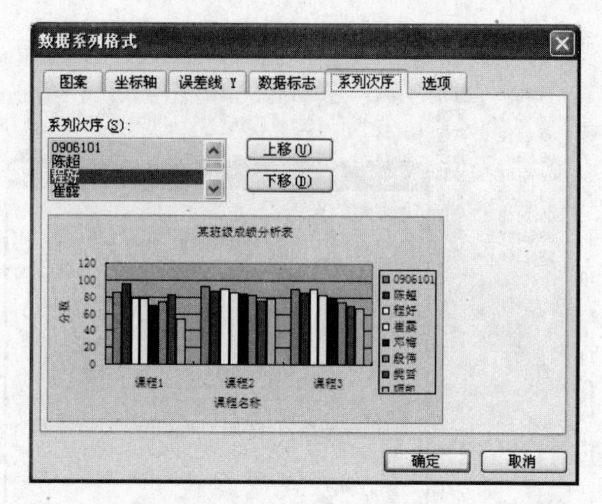

图 4-44 “数据系列格式”对话框的“系列次序”选项卡

(4) 单击“上移”按钮或“下移”按钮，此时会显示出图表范例预览。

(5) 选择好后，单击“确定”按钮。

4.4.4 图表的格式化

图表标题、坐标轴标题、图例文字等的格式化，都可以按下面的类似步骤处理。

(1) 单击图表区。

(2) 单击要定义的文字对象。

(3) 单击“图表”工具栏上的“格式”按钮，或者右击图表区，弹出快捷菜单，执行“格式”命令，或者直接双击该对象，打开相应的“格式”对话框。

(4) 根据对话框的提示进行设置，设置结束后单击“确定”按钮。

另外，直接双击图标中的某一个对象也可以打开相应的“格式”对话框，进行格式设置。

如图 4-45 所示是“图表区格式化”对话框。在该对话框中单击“图案”选项卡，利用“边框”选项组可以设置图表区外框线的格式，在“区域”选项组中可以选择图表的背景颜色和图案；单击“字体”选项卡，可以设置图表区中字符的格式。

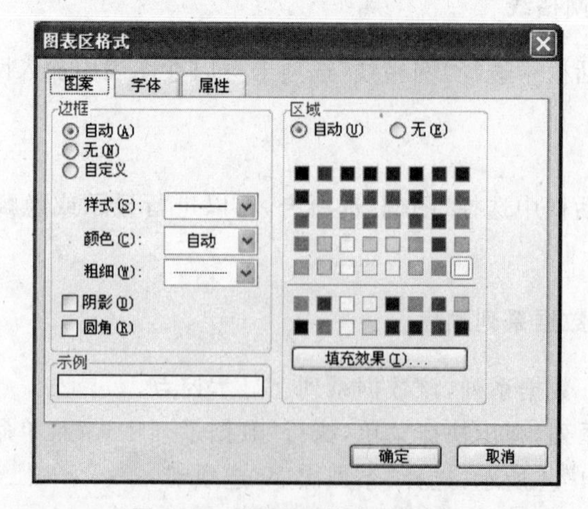

图 4-45 “图表区格式”对话框

4.5　Excel 2003 的电子表格打印

建立工作表并对其进行相应的编辑后，还可以将工作表打印到纸张上。在打印输出之前首先要进行页面设置。

4.5.1　页面设置

页面设置是打印操作中的重要环节。执行“文件”|“页面设置”菜单命令，打开“页面设置”对话框，如图 4-46 所示。

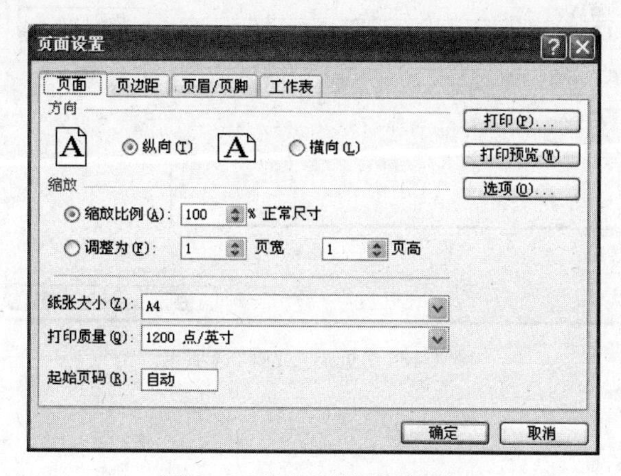

图 4-46　“页面设置”对话框

1. “页面”选项卡

在“页面”选项卡中可以设置打印方向、缩放比例、纸张大小等时。

2. 页边距的设置

选择“页面设置”中的“页边距”选项卡，如图 4-47 所示。设置上下左右页边距的大小、页眉页脚与页边距的距离以及表格内容的居中方式。

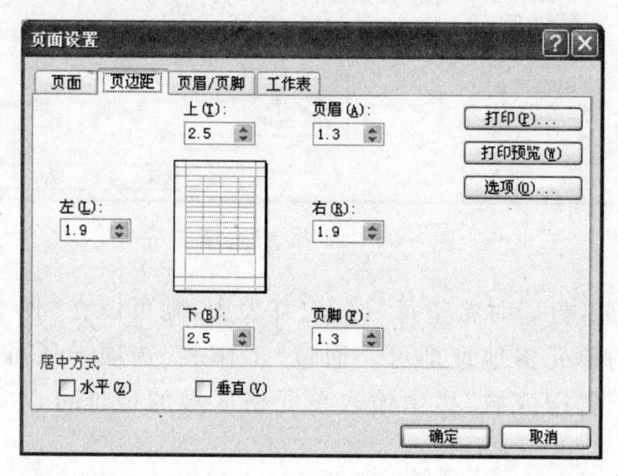

图 4-47　“页边距”选项卡

3. 页眉页脚的设置

选择“页面设置”中的“页眉/页脚”选项卡，如图 4-48 所示。在“页眉”和“页脚”的下拉列表框中选择预先设计好的页眉和页脚。如果要自己定义页眉、页脚，则可单击“自定义页眉”和“自定义页脚”按钮进行设置。

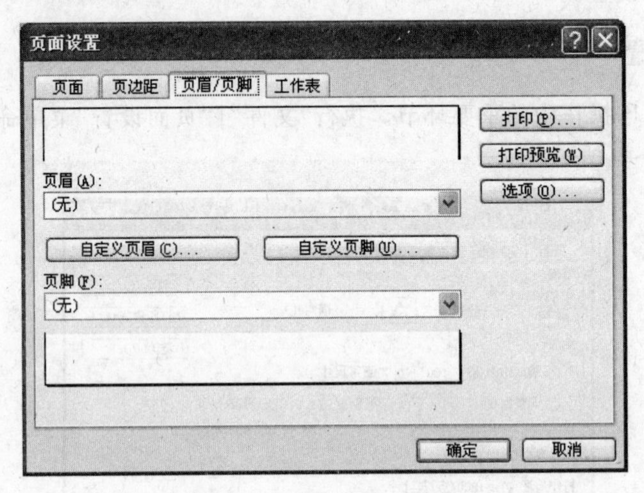

图 4-48 “页眉/页脚”选项卡

4. 工作表的设置

选择“页面设置”中的“工作表”选项卡，如图 4-49 所示。

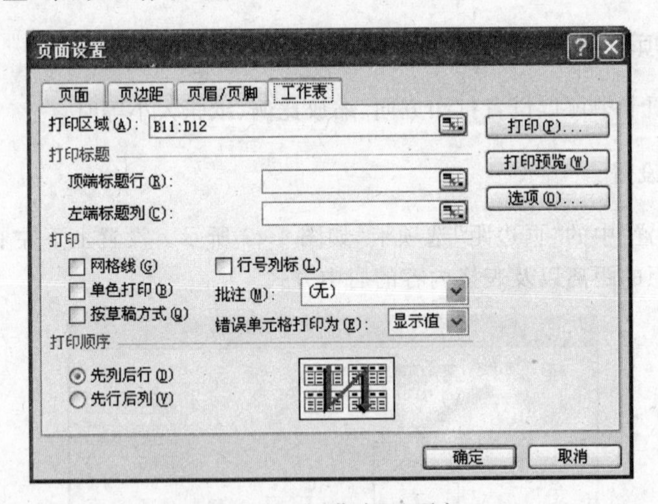

图 4-49 “工作表”选项卡

如果工作表有多页，打印时希望每一页均有表头，则可以在“顶端标题行”或“左端标题行”栏中输入表头的单元格地址即可。通过“工作表”选项卡还可以设置打印网格线、行列标号等。通过在“打印区域”栏中输入单元格区域的地址可以实现只打印指定区域的功效。

在实际应用中，用户会经常遇到要求只打印工作表的一部分的问题。要解决这类问题，除了可以采用上面介绍的设置“工作表”选项卡中的“打印区域”的方法之外，还有两种值得推荐的方法。

(1) 设置打印区域

操作方法是，首先在工作表中选定需要打印的区域，然后“文件”|“打印区域”|“设置打印区域”菜单命令。

如果需要打印多个不连续的区域，可使用 Ctrl 键与鼠标的配合来选定这些不连续的区域，然后再“设置打印区域”，最后进行打印即可。不过被选定的区域将被分别打印在不同的页上。如要将这些区域打印在同一页上，可以先将中间间隔的区域用隐藏行列的办法隐藏起来，然后打印。

(2) 强制分页

打印表格时，Excel 会自动根据设置的纸张大小、边框等自动为工作表分页。为了只打印工作表当中的一部分，或者把一页工作表打印成多页，可以人为强制分页。

强制分页的操作很简单，首先选定计划分页的单元格，然后执行“插入”|“分页符”命令即可。插入分页符后，工作表上就会出现分页线。分页线按水平方向和垂直方向进行，以粗体虚线的方式显示。一个分页符一般可把工作表分成 4 页。

如果想要删除分页符或分页线，执行“插入”|“删除分页符”菜单命令。

4.5.2 打印输出

页面设置完毕后就可以打印输出了。如果想在打印之前首先看一下打印效果，可以使用 Excel 提供的打印预览功能。预览的方法是执行“文件”|“打印预览”命令，打开“打印内容”对话框；然后在其中对“打印机”、“打印范围”、“打印内容”、“份数”等进行设置，最后单击“确定”按钮，即可自动完成工作表的打印输出了。

4.6 Excel 2007 简介

Excel 2007 是 Microsoft Office 2007 办公系列软件的组成部分，是微软公司推出的一款较新的电子表格处理软件。其主要功能包括处理各种电子表格(尤其是大数据量的表格)、图表功能和数据库管理功能，特点是组织管理方便、统计计算容易并且用户界面友好。本节重点介绍一下 Excel 2007 的新特点。

4.6.1 Excel 2007 的窗口

启动 Excel 2007，得到如图 4-50 所示的主窗口。

Excel 2007 的新增功能主要有面向结果的用户界面、更多行和列以及其他新限制、Office 主题和 Excel 样式、丰富的条件格式、轻松编写公式、新的 OLAP 公式和多维数据集函数、Excel 表格的增强功能、共享的图表、易于使用的数据透视表、快速连接到外部数据、新的文件格式 、更佳的打印体验、共享工作的新方法、快速访问更多模板等。

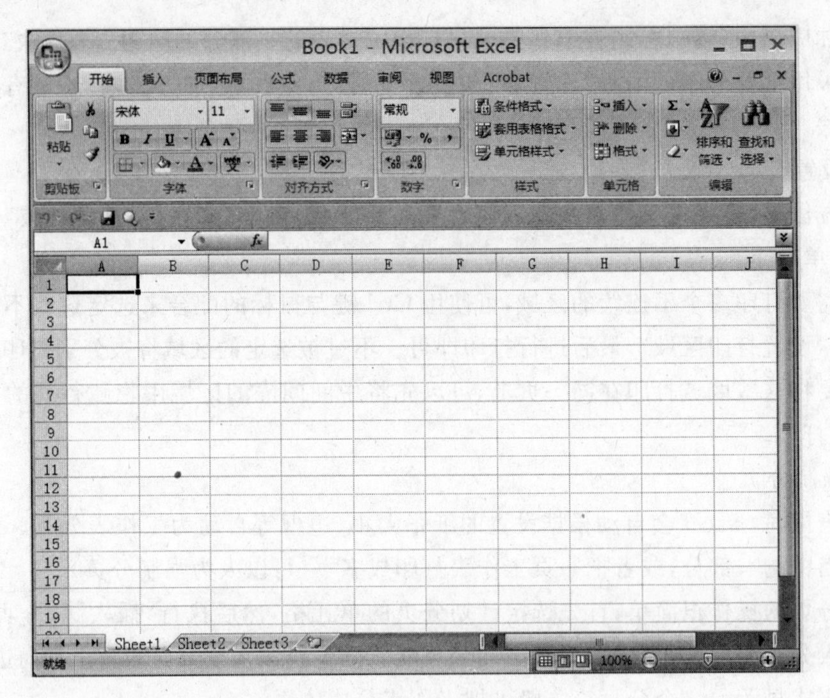

图 4-50 Excel 2007 主窗口

4.6.2 Excel 2007 的特点

1. 新的文件格式

Excel 2007 中工作簿的默认格式是基于 Excel 2007 XML 的文件格式，其扩展名为 .xlsx，这种文件格式便于与外部数据源结合，减小了文件的大小并改进了数据恢复功能。

2. 更多行、颜色支持

Excel 2007 工作表中最多有 1 048 576 行和 16 384 列，还支持最多 1600 万种颜色。

3. Office 主题和 Excel 样式

在 Excel 2007 中，可以通过应用主题和使用特定样式在工作表中快速设置数据格式。主题是一组预定义的颜色、字体、线条和填充效果，可应用于整个工作簿或特定项目，如图表或表格，可以与其他 Office 2007 组件共享；样式是基于主题的预定义格式，可应用它来更改 Excel 表格、图表和数据透视表等的外观。

4. 轻松编写公式

在 Excel 2007 中，编辑栏会自动调整以容纳长而复杂的公式，从而防止公式覆盖工作表中的其他数据，输入函数时可以使用函数记忆式输入等，使用户编写公式更加轻松。

5. 改进的排序和筛选功能

在 Excel 2007 中，用户可以使用增强了的筛选和排序功能，快速排列工作表数据以找出所需的信息。例如，可以按颜色和 3 个以上(最多 64 个)关键字来对数据排序，可以按颜色或日期筛选数据，在“自动筛选”下拉列表框中显示 1 万多项。

6. 新的图表外观

在 Excel 2007 中，可以使用新的图表工具轻松地创建具有专业水准外观的图表，新的图表外观包含很多特殊效果，如三维、透明及柔和阴影等。

7. 更好的打印功能

在 Excel 2007 中除了“普通”视图和“分页预览”视图外，还提供了“页面”视图。用户可以使用该视图来创建工作表，同时关注打印格式的显示效果。在新的用户界面中，还可以轻松地访问“页面布局”选项卡上所有页面设置选项，以便快速指定选项(如页面方向)。查看每页上要打印的内容也很方便，这有助于避免多次打印尝试和在打印输出中出现截断的数据。

4.7 Excel 应用案例

4.7.1 问题与要求

建立如图 4-51 所示某公司产品销售表，综合应用公式与函数、数据排序、数据筛选和分类汇总等功能进行数据分析和处理。

	A	B	C	D	E	F	G
1	销售时间	客户名称	商品型号	销售区域	销售量（件）	单价（元）	销售额（万元）
2	2010年1月	长沙	GT300	华中	3000	200	
3	2010年2月	上海	GT300	华东	2500	200	
4	2010年3月	北京	GT300	华北	4500	200	
5	2010年4月	沈阳	GT300	华北	4000	200	
6	2010年5月	广州	GT300	华南	3000	200	
7	2010年6月	广州	GT300	华南	2500	200	
8	2010年7月	长沙	GT400	华中	3000	300	
9	2010年8月	上海	GT400	华东	3000	300	
10	2010年9月	广州	GT400	华南	2500	300	
11	2010年10月	北京	GT400	华北	3500	300	
12	2010年11月	上海	GT400	华东	4500	300	
13	2010年12月	北京	GT400	华北	4500	300	

图 4-51　某公司销售统计表

(1) 利用公式“销售额＝销售量 * 单价”计算出每个月的销售额。

(2) 按照销售额从高到低排序，发现变化规律。

(3) 筛选出销售量大于等于 3000 件或销售额在 90 万元及以上的销售记录。

(4) 分别统计在不同销售区域中的销售量。

4.7.2 数据处理过程

首先利用 Excel 创建如图所示工作表。

(1) 利用公式及单元格的相对引用，在 G2 单元格中输入公式“＝E2 * F2/10000”，按 Enter 键确定，计算出 2010 年 1 月的销售额。然后利用“填充柄”自动填充得到每个月的销售额，如图 4-52 所示。

G2　=E2*F2/10000

	A	B	C	D	E	F	G
1	销售时间	客户名称	商品型号	销售区域	销售量（件）	单价（元）	销售额（万元）
2	2010年1月	长沙	GT300	华中	3000	200	60
3	2010年2月	上海	GT300	华东	2500	200	50
4	2010年3月	北京	GT300	华北	4500	200	90
5	2010年4月	沈阳	GT300	华北	4000	200	80
6	2010年5月	广州	GT300	华南	3000	200	60
7	2010年6月	广州	GT300	华南	2500	200	50
8	2010年7月	长沙	GT400	华中	3000	300	90
9	2010年8月	上海	GT400	华东	3000	300	90
10	2010年9月	广州	GT400	华南	2500	300	75
11	2010年10月	北京	GT400	华北	3500	300	105
12	2010年11月	上海	GT400	华东	4500	300	135
13	2010年12月	北京	GT400	华北	4500	300	135

图 4-52　计算出每月的销售额

(2) 选择“销售额”列，单击常用工具栏中的“降序排序”按钮，按照销售额从高到低对所有记录进行排序。

(3) 设置筛选条件如图 4-53 所示，利用高级筛选功能完成筛选。

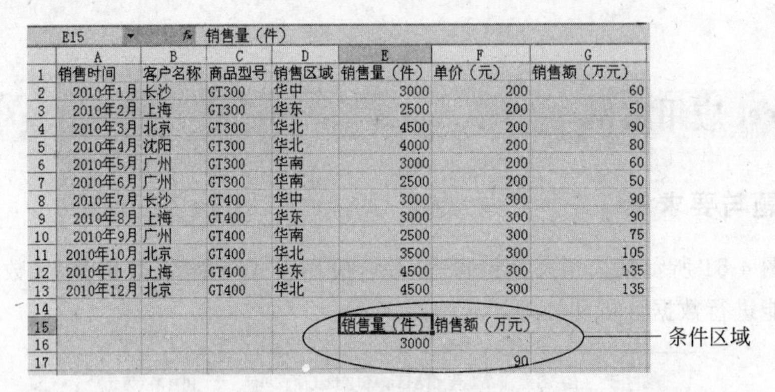

E15　销售量（件）

	A	B	C	D	E	F	G
1	销售时间	客户名称	商品型号	销售区域	销售量（件）	单价（元）	销售额（万元）
2	2010年1月	长沙	GT300	华中	3000	200	60
3	2010年2月	上海	GT300	华东	2500	200	50
4	2010年3月	北京	GT300	华北	4500	200	90
5	2010年4月	沈阳	GT300	华北	4000	200	80
6	2010年5月	广州	GT300	华南	3000	200	60
7	2010年6月	广州	GT300	华南	2500	200	50
8	2010年7月	长沙	GT400	华中	3000	300	90
9	2010年8月	上海	GT400	华东	3000	300	90
10	2010年9月	广州	GT400	华南	2500	300	75
11	2010年10月	北京	GT400	华北	3500	300	105
12	2010年11月	上海	GT400	华东	4500	300	135
13	2010年12月	北京	GT400	华北	4500	300	135
14							
15					销售量（件）	销售额（万元）	
16					3000		
17						90	

图 4-53　设置高级筛选条件

(4) 首先按照“销售区域”字段的“升序”进行排序(升序或降序均可)。然后把光标定位在数据区中的任一单元格，执行“数据”|“分类汇总”菜单命令，打开“分类汇总”对话框，设置“分类字段”为“销售区域”，“汇总方式”为“求和”，“选定汇总项”列表框中选择“销售量(件)”，分别选择“替换当前分类汇总”和“汇总结果显示在数据下方”，如图 4-54 所示。单击“确定”按钮，即可得到结果。

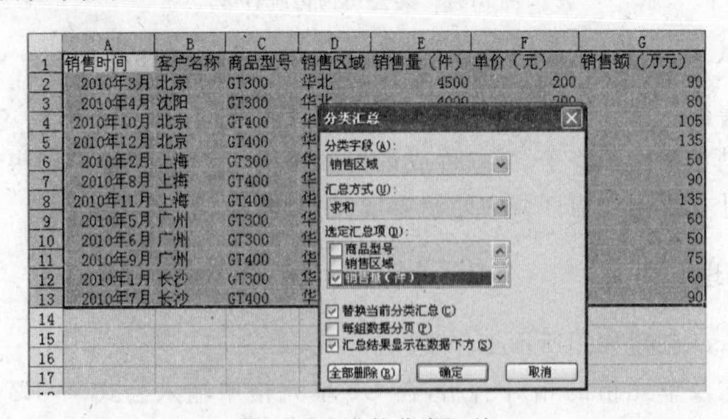

	A	B	C	D	E	F	G
1	销售时间	客户名称	商品型号	销售区域	销售量（件）	单价（元）	销售额（万元）
2	2010年3月	北京	GT300	华北	4500	200	90
3	2010年4月	沈阳	GT300	华北	4000	200	80
4	2010年10月	北京	GT400	华			105
5	2010年12月	北京	GT400	华			135
6	2010年2月	上海	GT300	华			50
7	2010年8月	上海	GT400	华			90
8	2010年11月	上海	GT400	华			135
9	2010年5月	广州	GT300	华			60
10	2010年6月	广州	GT300	华			50
11	2010年9月	广州	GT400	华			75
12	2010年1月	长沙	GT300	华			60
13	2010年7月	长沙	GT400	华			90

图 4-54　进行分类汇总

习题 4

一、填空题

1. 电子表格的行与列交叉形成的格子称为________。

2. 系统默认一个工作簿包含________张工作表，一个工作簿内最多可以有________张工作表。

3. 一个单元格的地址为 A2，则 A 表示________，2 表示________。

4. ________是指正在使用的单元格。

5. 单击工作表左上角的行、列交汇处，则________被选中。

6. 在工作表中输入的数据分为常量和________，比如函数、公式等就属于后者。

7. 在使用 Excel 编辑框进行数据编辑时，编辑框上通常会显示 3 个工具按钮，则 ✕ 为________，✓ 为________，fx 为________。

二、选择题

1. Excel 工作簿中既有工作表又有图表，当执行"文件"|"保存"菜单命令时，(　　)。
   A. 只保存工作表文件
   B. 只保存图表文件
   C. 分成两个文件来保存
   D. 一般将工作表和图表作为一个文件来保存

2. 下列关于 Excel 的叙述中，正确的是(　　)。
   A. Excel 不能运行应用程序
   B. 工作簿的第一个工作表名称都约定为 book1
   C. 图表上的数据可以修改
   D. 一个工作簿最多只能有 3 个工作表

3. 如果某个单元格中的公式为"＝$D2"，这里的 $D2 属于(　　)引用。
   A. 绝对　　　B. 相对
   C. 列绝对行相对的混合　　　D. 列相对行绝对的混合

4. 在 Excel 中，如果要在同一行或同一列的连续单元格中使用相同的计算公式，可以先在第一单元格中输入公式，然后用鼠标拖曳单元格的(　　)来实现公式复制。
   A. 列标　　B. 行标　　C. 填充柄　　D. 框

5. 在 Excel 中，为单元格区域设置边框的正确操作是(　　)，最后单击"确定"按钮。
   A. 执行"工具"|"选项"菜单命令，选择"视图"选项卡，在"显示"列表中选择所需要的格式类型
   B. 执行"格式"|"单元格"菜单命令，在对话框中选择"边框"选项卡，在该选项卡中选择所需的项
   C. 选定要设置边框的单元格区域，执行"工具"|"选项"菜单命令，在对话框中选择"视图"选项卡，在"显示"列表中选择所需要的格式类型

D. 选定要设置边框的单元格区域，执行“格式”|“单元格”菜单命令，在对话框中选择“边框”选项卡，在该标签中选择所需的项

6. 在 Excel 中输入数据时，不能结束单元格数据输入的操作是(　　)。

A. 按 Shift 键　　B. 按 Tab 键　　C. 按 Enter 键　　D. 单击其他单元格

7. 在 Excel 工作表中已输入数据如图 4-55 所示，并且 D1 中输入公式 $A$1*C1，如果将 D1 单元格的公式复制到 D2 单元格中，则 D2 单元格的值为(　　)。

A. ####　　B. 0.4　　C. 0.1　　D. 0.2

D1　　=$A$1*C1

	A	B	C	D
1	1	10	10%	0.1
2	2	20	20%	
3				

图 4-55　输入的数据

8. 在数据表(有“应发工资”字段)中查找“应发工资>5000”的记录，其有效方法是(　　)。

A. 在“录单”对话框中单击“条件”按钮，在“应发工资”栏中输入“>5000”，再单击“下一条”按钮

B. 在“记录单”对话框中连续单击“下一条”按钮

C. 执行“编辑”|“查找”菜单命令

D. 依次查看各记录“应发工资”的字段

9. 在 Excel 操作中，如果单元格中出现“#DIV/O!”的信息，这表示(　　)。

A. 公式中出现被零除的现象　　B. 单元格引用无效

C. 没有可用数值　　D. 结果太长，单元格容纳不下

10. 在 Excel 操作中，若要在工作表中选择不连续的区域时，应当按住(　　)键再单击需要选择的单元格。

A. Alt　　B. Tab　　C. Shift　　D. Ctrl

11. 在 Excel 操作中，假设在 B5 单元格中存有一个公式 SUM(B2:B4)，将其复制到 D5 后，公式将变成(　　)。

A. SUM(B2:B4)　　B. SUM(B2:D4)

C. SUM(D2:D4)　　D. SUM(D2:B4)

12. 在 Excel 中进行“复制”操作时，(　　)。

A. 不能把一个区域的格式复制到另一工作簿或工作表

B. 可以把一个区域的格式复制到另一个工作簿，但不能复制到另一张工作表

C. 可以把一个区域的格式复制到另一工作簿或工作表

D. 可以把一个区域的格式复制到另一张工作表，但不能复制到另一个工作簿

13. 在 Excel 操作中，图表工作表的默认名称是(　　)。

A. 图表 1　　B. Graph1　　C. Chart1　　D. Sheet1

14. 在 Excel 操作中，假设 A1、B1、C1、D1 单元分别为 2、3、7、3，则 SUM(A1:C1)/D1 的值为(　　)。

A. 15　　B. 18　　C. 3　　D. 4

15. 改变单元格背景颜色的快速操作是(　　),再在调色板单击要使用的颜色。

A. 单击常用工具栏上的“字体颜色”调色板

B. 单击常用工具栏上的“填充色”调色板

C. 选定该单元格,单击常用工具栏上的“字体颜色”调色板

D. 选定该单元格,单击常用工具栏上的“填充色”调色板

16. 在 Excel 中,执行“编辑”|“清除”菜单命令,不能实现(　　)。

A. 清除单元格数据的格式　　B. 清除单元格的批注

C. 清除单元格中的数据　　D. 移去单元格

17. Excel 2003 中按 Ctrl+V 键的目的是(　　)。

A. 剪切　　B. 复制　　C. 粘贴　　D. 移动单元格

18. 在 Excel 的分类汇总中,必须要先对分类汇总的字段进行(　　)操作。

A. 选定　　B. 排序　　C. 筛选　　D. 激活

19. 下列有关页眉和页脚的叙述中,正确的是(　　)。

A. 页眉与纸张上边的距离不可改变

B. 修改某页的页眉,则文档同一节所有页的页眉都被修改

C. 不能删除已编辑的页眉和页脚中的文字

D. 不能设置页眉或页脚中的字符和段落的格式

20. Excel 是 Microsoft Office 组件之一,它的主要作用是(　　)。

A. 处理数据　　B. 创建数据库应用软件

C. 处理文字　　D. 演示文稿

21. Excel 中每一列使用字母 A～Z 表示,说明最多有(　　)列。

A. 26　　B. 256　　C. 10　　D. 52

22. Excel 中执行“编辑”|“删除工作表”菜单命令,一次可以删除(　　)张工作表。

A. 1　　B. 2　　C. 3　　D. 不确定

23. Excel 中打印工作表时,“页面设置”对话框中的“工作表”选项卡中的打印顺序有(　　)操作。

A. 先行后列　　B. 先列后行　　C. 先上后下　　D. A 和 B

24. 在 Excel 的一个工作簿中要选中多个不相邻的工作表,可以按住(　　)键单击工作表标签。

A. Ctrl　　B. Shift　　C. Tab　　D. Alt

25. Excel 工作簿的单元格,可以输入(　　)。

A. 字符　　B. 汉字　　C. 数字　　D. 以上都可以

26. Excel 中,输入函数有两种方法:一种是直接输入,一种是(　　)操作。

A. 间接输入法　　B. 查表法　　C. 插入函数法　　D. 公式法

27. Excel 中清除和删除的意义是(　　)。

A. 清除是指对选定的单元格内的内容作清除,单元格依然存在;而删除则是将选定的单元格和单元格内的所有内容一并删除

B. 删除是指对选定的单元格内的内容作清除,单元格依然存在;而清除则是将选定的单元格和单元格内的内容一并删除

C. 清除是指对选定的单元格内的内容作清除，单元格的数据格式和批注可以保持不变；而删除则是将单元格和单元格数据格式和附注一并删除

D. 完全一样

28. Excel 页面设置过程中，如何选定部分区域内容（　）。

A. 单击页面设置对话框中的工作表标签，单击打印预览中的红色箭头，然后用鼠标选定区域，按 Enter 键

B. 直接用鼠标在界面上拖曳

C. 单击“页面设置”对话框中的“工作表”标签，单击“打印预览”中的红色箭头，然后用鼠标选定区域

D. 以上都不正确

29. 在 Excel 的单元格中输入学号“009”，下列正确的操作是（　）。

A. "009"　　B. '009　　C. 009　　D. '009'

30. 在 Excel 数据表中存放着一个成绩单，如果只想看看成绩为 80～90 的同学，可以使用（　）操作。

A. 自动填充　　B. 数据筛选　　C. 数据排序　　D. 查找

演示文稿软件 PowerPoint 2003

PowerPoint 2003 是微软公司推出的 Office 2003 办公自动化软件的核心组件之一，是一个专门用于制作演示文稿的软件。PowerPoint 2003 制作的演示文稿内容丰富，可以包含文档、图表、视频、声音等多种对象，生动形象表现力强，并达到最佳的现场演示效果。演示文稿广泛用于各种会议、产品展示、学校教学以及电视节目制作等。本章将重点介绍演示文稿创建、幻灯片编辑、幻灯片格式化、幻灯片动画设置、演示文稿播放等演示文稿制作基本方法。

5.1 PowerPoint 2003 的基本操作

5.1.1 PowerPoint 的启动、保存和退出

1. 启动 PowerPoint 2003

安装完 PowerPoint 2003 后，它的名字会自动添加到“开始”菜单中，PowerPoint 2003 的快捷图标也会在桌面上显示(若安装时选择了“在桌面上创建快捷方式”)，可以利用它们启动 PowerPoint 2003。在 Windows XP 环境中，常用的启动方式有两种。

(1) 执行“开始”|“所有程序”|Microsoft Office|PowerPoint 2003 菜单命令。

(2) 直接双击桌面或单击快速启动栏的 PowerPoint 2003 快捷方式启动。

2. 保存演示文稿

保存文稿一般包括两种情况：一种是对创建好的新文稿进行第一次保存，另一种是对已经保存过的文稿进行修改后再次保存。

初次保存演示文稿的操作步骤。

(1) 执行“文件”|“保存”菜单命令，或者单击工具栏的“保存”按钮，打开“另存为”对话框。

(2) 在“保存位置”下拉列表中选择文稿存放的驱动器和文件夹。

(3) 在“文件名”文本框中输入文件名，注意，文件名不能超过 255 个字符。

(4) 在“保存类型”下拉列表框中选择文件类型。常用的保存类型如表 5-1 所示。

(5) 单击“保存”按钮。

表 5-1　常用保存类型

保存类型	扩展名	用　　途
演示文稿	.ppt	典型的 Microsoft PowerPoint 演示文稿，系统默认的保存类型
演示文稿设计模板	.pot	将演示文稿保存为模板，以便将来制作相同风格的其他演示文稿
PowerPoint 放映	.pps	可以脱离 PowerPoint 系统，在任意计算机中播放演示文稿
大纲/RTF 文件	.rtf	将演示文稿保存为大纲或 rtf 文件，在文字编辑软件能打开

3. 退出 PowerPoint 2003

当完成了演示文稿编辑后，需要存盘退出。退出 PowerPoint 2003 与退出其他应用程序的方法一样，可选择以下方法之一。

(1) 单击“关闭”按钮。

(2) 执行“文件”|“退出”菜单命令。

(3) 按 Alt+F4 键。

(4) 双击窗口控制按钮。

注意：如果在退出前没对演示文稿进行保存，则在执行“文件”|“退出”命令之后，PowerPoint 2003 会出现警告对话框，提示是否保存。

① 单击“是”按钮，对修改后的演示文稿进行保存，然后退出。

② 单击“否”按钮，不保存修改直接退出。本次对文稿的修改将丢失，回到演示文稿上次保存时的状态。

③ 单击“取消”按钮，则取消退出，返回到 PowerPoint 2003 工作窗口。

5.1.2　PowerPoint 2003 的窗口组成

启动 PowerPoint 2003 后，系统会自动新建一个空白演示文稿，如图 5-1 所示。像其他的应用程序窗口一样，PowerPoint 2003 的窗口也由标题栏、菜单栏、工具栏、工作区、任务窗格等几个部分构成。PowerPoint 2003 与以前的版本相比较新增了“任务窗格”，使其在窗口中进行相关操作更加方便。

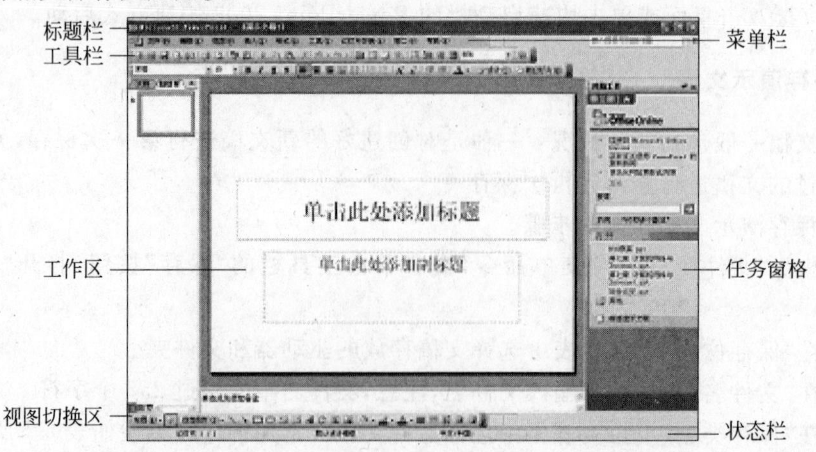

图 5-1　PowerPoint 2003 窗口界面

1. 标题栏

标题栏在屏幕的最顶部，包含一个系统控制菜单(单击图标可出现)和3个窗口控制按钮："最小化"按钮、"最大化/还原"按钮和"关闭"按钮。

2. 菜单栏

菜单栏在标题栏下面包含了PowerPoint 2003中进行工作的全部命令。它是由"文件"、"编辑"、"视图"、"插入"、"格式"、"工具"、"幻灯片放映"、"窗口"、"帮助"9项组成。

(1) 文件。主要功能是对有关文件进行操作，如"打开"、"保存"、"关闭"等。

(2) 编辑。主要功能是对工作区中的对象(如文字、图形等)进行操作，如"复制"、"粘贴"、"剪切"等。

(3) 视图。主要功能是用来控制PowerPoint 2003的工作区，从而更好地进行幻灯片的编辑工作。例如"幻灯片浏览"、"工具栏"、"标尺"等。

(4) 插入。主要功能是进行与插入信息有关的操作。例如"新幻灯片"、"图片"、"影片和声音"、"对象"、"超链接"等。

(5) 格式。主要功能是用来进行与幻灯片编辑格式有关的操作。例如"字体"、"对齐方式"、"幻灯片版式"、"幻灯片设计"等。

(6) 工具。主要功能是执行与工具的使用有关的操作。例如"自定义"、"选项"等。

(7) 幻灯片放映。主要功能是用来进行一些与幻灯片有关的操作。例如"观看放映"、"设置放映方式"、"自定义动画"、"幻灯片切换"等。

(8) 窗口。集中了一些与窗口操作有关的命令。例如"新建窗口"、"全部重排"、"层叠"等。

(9) 帮助。集中了PowerPoint 2003中与此软件的帮助信息的使用有关的一些操作命令。例如"PPT帮助"、"Office助手"、"检测与修复"等。

3. 工具栏

工具栏是显示在工作环境中的一些带有小图标按钮的条状框。

(1) 显示和隐藏工具栏

单击"视图"工具栏，打钩的表示已经显示在工作环境中，无钩的表示还处于隐藏状态。单击可切换"显示"和"隐藏"。

(2) 自定义工具栏

执行"视图"|"工具栏"|"自定义"菜单命令，打开"自定义"对话框。在"工具栏"选项卡中单击"新建"按钮，在弹出的"新建工具栏"对话框中输入工具栏名称，单击"确定"按钮。屏幕上会出现刚才输入名称的工具栏。

执行"视图"|"工具栏"|"自定义"菜单命令，打开"自定义"对话框，选择"命令"选项卡，在"命令"列表框中，选择自己常用的命令，直接将命令拖到自定义工具栏即可。

4. 幻灯片窗口(工作区)

在PowerPoint 2003同时显示3个编辑区，即文本大纲编辑区、幻灯片编辑区、注释编辑区。而且根据需要可以改变其大小。

5. 任务窗格

默认情况下任务窗格位于工作界面的右侧。单击窗格上方标题栏可以任意拖曳,单击窗格上方标题栏下拉按钮,可以选择其他常用任务。

6. 状态栏

PowerPoint 2003 的状态栏位于界面的最底部,是记录并显示当前工作状态,包括显示相应的视图模式、编号等。

7. 滚动条

主要功能是滚动屏幕。垂直滚动条可以上下滚动屏幕;水平滚动条可以左右滚动屏幕。除此之外,在垂直滚动条下面,还有两个翻页按钮,用来翻动屏幕到上一页或下一页。

5.1.3 创建演示文稿

一份演示文稿通常由一张标题幻灯片和若干张普通幻灯片组成。在 PowerPoint 2003 里创建一个演示文稿,就是建立一个以.ppt 为扩展名的 PowerPoint 文件。PowerPoint 2003 根据用户的不同的需要,提供了多种新演示文稿和创建方式,在主窗口执行"文件"|"新建"菜单命令后,就在窗口右侧显示"新建演示文稿"的任务窗格。在任务窗格中,用户可以选择"根据空演示文稿创建"、"根据设计模板创建"、"根据内容提示向导创建"、"根据现有演示文稿创建"、"根据相册创建"中的任何一种方式创建自己的演示文稿。下面简单介绍其中较常用的几种。

1. "根据内容提示向导"方式

创建步骤如下。

(1) 打开 PowerPoint 2003 的"任务窗格"。

(2) 在任务窗格中单击"新建演示文稿"链接,打开"新建演示文稿"任务窗格。

(3) 在"新建演示文稿"任务窗格中单击"根据内容提示向导"就可以启动创建演示文稿的"内容提示向导",如图 5-2 所示。

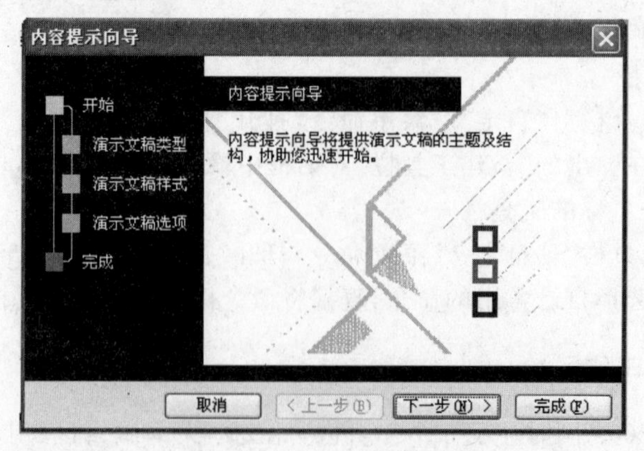

图 5-2 利用"内容提示向导"创建演示文稿

(4) 根据“内容提示向导”的提示逐步进行设置，便可完成演示文稿创建。

这种方法主要应用于快速创建内容和形式比较固定的演示文稿。因为它直接调用了PowerPoint自带的一个模板，一次生成若干张幻灯片，这些幻灯片是围绕着一个主题，每一张幻灯片上不但有格式而且有内容提示。

2. “根据设计模板”方式

创建步骤如下。

(1) 打开 PowerPoint 2003 的“任务窗格”。

(2) 在任务窗格中单击“新建演示文稿”连接，打开“新建演示文稿”任务窗格。

(3) 在“新建演示文稿”任务窗格中单击“根据设计模板”打开“幻灯片设计”任务窗格，如图 5-3 所示。

(4) 单击右侧要应用的设计模板即可创建演示文稿。

这种方法适用于一张幻灯片一张幻灯片地创建演示文稿，每一张幻灯片分别调用了PowerPoint 2003 的模板，每一张幻灯片已经有了预设的格式。

3. “空演示文稿”方式

“空演示文稿”方式的创建过程与“根据设计模板”方式十分相似，只是它打开的是“幻灯片版式”任务窗格，如图 5-4 所示。

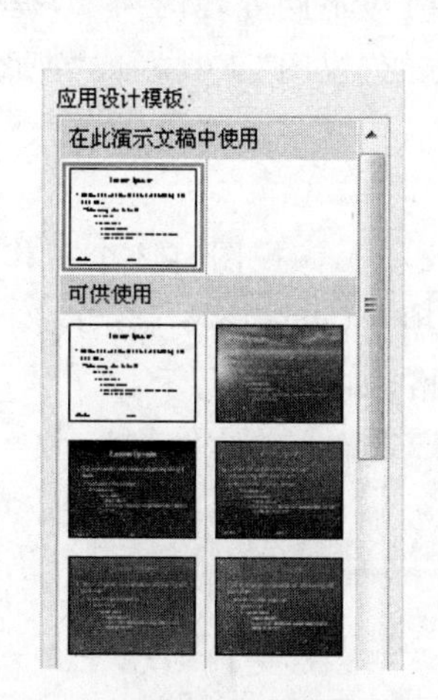

图 5-3 “应用设计模板”创建演示文稿图

图 5-4 根据“空演示文稿”方式创建演示文稿

这种方法也是适用于一张幻灯片一张幻灯片地创建演示文稿，并且每一张幻灯片也分别调用了 PowerPoint 2003 的一个模板。不过这里调用的模板称为幻灯片版式，只有幻灯片的布局，既没有内容提示也没有预设格式。

4. “根据现有演示文稿”方式

当在“新建演示文稿”任务窗格中选择了“根据现有演示文稿”，就打开了如图 5-5 所示的“根据现有演示文稿新建”对话框。当查找到以前保存的演示文稿文件以后，单击“创建”

按钮打开演示文稿。用户可根据需要，修改演示文稿，最后执行“文件”|“另存为”菜单命令，把新文件以别的文件名保存。

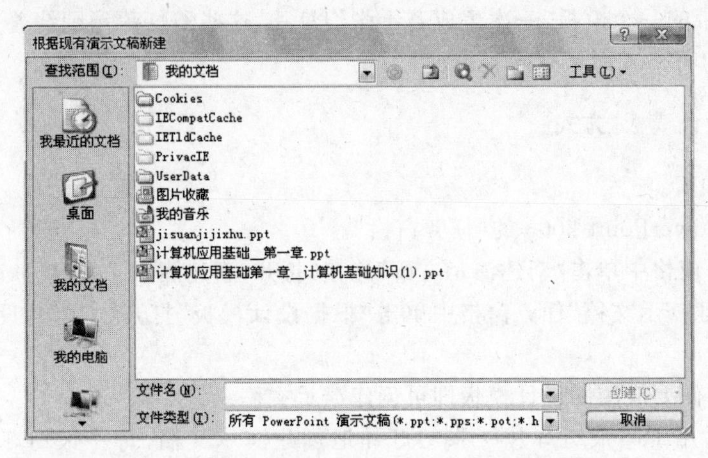

图 5-5 “根据现有演示文稿”方式创建演示文稿

5.1.4 演示文稿的浏览和调整

1. 视图方式

PowerPoint 2003 为了建立、编辑、浏览、放映幻灯片时对不同处理的需要，提供了 4 种不同的视图供用户查看，各个视图可以通过对窗口左下方的“视图”工具栏或“视图”菜单进行切换。

(1) 普通视图

普通视图是主要的编辑视图，用于撰写或设计演示文稿。该视图有 3 个工作区域：左边是“大纲”选项卡(以文本显示的幻灯片)和“幻灯片”选项卡(以缩略图显示的幻灯片)，右上部是幻灯片窗格，用来显示当前幻灯片，底部是备注窗格，如图 5-6 所示。

图 5-6 普通视图

在该方式下，可以逐张为幻灯片添加文本和剪贴画，并对幻灯片的内容进行编排与格式化。要切换到幻灯片视图，应单击“幻灯片视图”按钮。可以查看整张幻灯片，也可以改变显示比例，以放大幻灯片的某部分做细致的修改。在此视图中，一次只能编辑一张幻灯片。

（2）幻灯片浏览视图

幻灯片浏览视图是以缩略图形式显示幻灯片。在该视图中，用户可以同时看到演示文稿中的多张幻灯片，并可以方便地添加、删除和移动幻灯片，以及方便快速地定位到某张幻灯片。还可以方便地查看幻灯片是否有衔接不好或前后不统一的情况，便于对整个演示文稿的外观和结构进行检查，如图 5-7 所示。

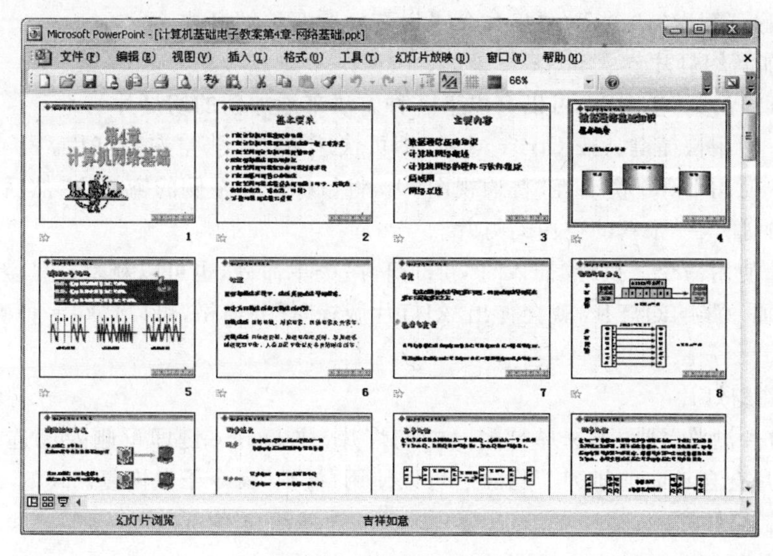

图 5-7　幻灯片浏览视图

（3）幻灯片放映视图

在该视图下，从当前幻灯片开始放映，直接观察放映中的视觉、听觉效果，实验放映操作过程，以便于及时修改。在放映时，使用右键快捷菜单或 PageDown 键进行幻灯片切换，按 Esc 键结束放映。

（4）备注页视图

用来显示和编排备注页内容。在备注页视图中，备注页的上半部分显示幻灯片，下半部分显示备注内容，如图 5-8 所示。一般文字备注可以在普通视图窗格中添加，而要添加图形、表格等对象，则必须在备注页视图中操作。

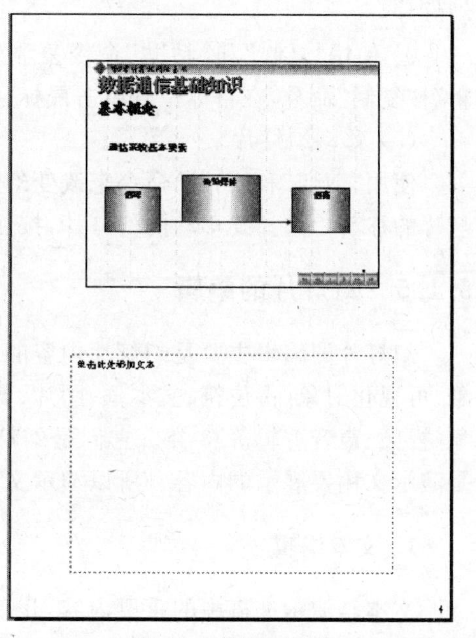

图 5-8　备注页视图

2. 幻灯片的基本操作

幻灯片是演示文稿的基本组成单元。用户要演示的全部信息，包括文字、图片、表格、图表、声音和视频等都要以幻灯片为单位组织起来。

幻灯片的基本操作包括对幻灯片进行插入、删除、复制、移动等操作。由于在“幻灯片浏览”视图下，所有幻灯片都会以缩小的图形形式在屏幕上显示出来，屏幕可以看到许多幻灯片，因此编辑幻灯片一般都是在“幻灯片浏览”视图中进行。

(1) 选择幻灯片

进行删除、移动或复制幻灯片前，先要在“幻灯片浏览”视图下选择欲处理的幻灯片。如果选择单张幻灯片，用鼠标单击它即可；如果是选择连续的多张幻灯片，可以按住 Shift 键再用鼠标单击第一张和最后一张；而按住 Ctrl 键再单击鼠标可以选择连续或者不连续的多张幻灯片；执行“编辑”|“全选”菜单命令可以选择所有的幻灯片。

(2) 添加新幻灯片

在“幻灯片浏览”视图下，可以有以下 3 种方法来添加新的幻灯片。

方法 1：使用快捷键。按 Ctrl＋M 键，即可快速添加 1 张空白幻灯片。

方法 2：使用 Enter 键。在“普通视图”下，将鼠标定在左侧的窗格中，然后按 Enter 键，同样可以快速插入一张新的空白幻灯片。

方法 3：使用命令。执行“插入”|“新幻灯片”菜单命令，也可以新增一张空白幻灯片。

每新增加一张的幻灯片，就会弹出“幻灯片版式”任务窗格，可以选在一种确定幻灯片的版式。

(3) 删除幻灯片

在“幻灯片浏览”视图下选择欲删除的幻灯片，按 Delete 键即可删除已选择的幻灯片，其后的幻灯片会自动向前排列。删除后可以使用“撤销”命令予以恢复。

(4) 复制幻灯片

幻灯片的复制有两种方法：

① 执行“插入”|“幻灯片副本”菜单命令，在所选定的幻灯片后面复制一份内容相同的幻灯片。

② 使用“复制”和“粘贴”命令复制幻灯片。单击要复制的幻灯片，将它选中执行“编辑”|“复制”命令，在目标位置单击鼠标，执行“编辑”|“粘贴”命令。

(5) 移动幻灯片

使用“剪切”和“粘贴”命令来改变幻灯片的排列顺序。也可以用鼠标拖曳的方法进行幻灯片的移动。选择要移动的幻灯片，按住鼠标左键拖曳幻灯片到需要的位置即可。

5.1.5 幻灯片的编辑

幻灯片的编辑主要是幻灯片内容的编辑。幻灯片中可以包含多种对象，可分为文本对象、可视化对象(占位符、文本框、图片、剪贴画、艺术字、图表、表格、自选图形等)和多媒体对象(视频、声音剪辑等)3 类。它们是幻灯片的基本组成部分，是演示文稿作者思想的体现，是演示文稿要展示的内容。所以演示文稿制作者必须熟练掌握这些对象的编辑方法。

1. 文本编辑

文本是演示文稿中的重要内容，几乎所有的幻灯片中都有文本内容。PowerPoint 2003 中的文本有标题文本、项目列表和纯文本 3 种类型。其中，项目列表常用于列出纲要、要点等，每项内容前可以有一个可选的符号作为标记。文本内容通常在普通视图的大纲模式或幻灯片模式下输入。

(1) 输入文本

在幻灯片中输入文本有3种常用方法。

① 在占位符中输入。在新建的幻灯片中常常会有一些带有虚线或影线标记边框的方框，框里面有相关提示文字，这就是占位符。用鼠标单击占位符后就可以在占位符内输入文字了。

② 直接输入。在“普通视图”下，将鼠标定在左侧的窗格并切换到“大纲”标签，然后在“大纲”标签中单击需要输入文字的幻灯片后直接输入文本字符。

③ 在文本框中输入。执行“插入”|“文本框”“编辑”|“水平”菜单命令，则插入文字框为水平方向的文本框，执行“插入”|“文本框”“编辑”|“垂直”菜单命令，则插入文字框为垂直方向的文本框。然后在幻灯片上单击就可以往里面输入或粘贴文本。

虽然文本占位符和文本框从形式到内容上都是一样的，但使用时还是有一定的区别。

① 文本占位符是由幻灯片的版式和母版确定，而文本框是通过绘图工具或执行“插入”菜单命令插入的。

② 占位符中的文本可以在大纲视图中显示出来，而文本框中的文本却不能在大纲视图中显示。

③ 当其中的文本太多或太少时，占位符可以自动调整文本的字号，使之与占位符的大小相适应，而同样的情况下文本框却不能自行调节字号的大小。

④ 文本框可以和其他自选图形、自绘图形、图片等对象组合成一个更为复杂的对象，占位符却不能进行这样的组合。

对于占位符或文本框中的文本段落，允许具有不同的级别。通过不同级别的文本把演讲的内容提要放映在屏幕上，显明的层次可以使观众更易接受，也增强了演讲的条理性。更改文本级别，可以在大纲视图下进行，也可以在幻灯片视图下进行。在文本占位符中，输入时系统默认的是一级文本，当需要更改文本的级别时，可以用大纲工具栏中的“升级”和“降级”两个按钮。

① “升级”按钮：单击此按钮可以把选定的段落由低级升高到上一级，如当前段落是二级文本，单击此按钮后改变为一级文本。

② “降级”按钮：单击此按钮可以把选定的段落由高一级降到下一级。

(2) 设置文本格式

可以通过“格式”菜单中的字体对文字的字体、字形、字号、颜色、效果等进行设置。

(3) 段落的设置

无论是占位符还是文本框中的文本都可以当做一个独立文档进行操作，可以进行分段，可以进行段落格式设置。

① 执行“格式”|“行距”菜单命令，通过对话框调整行距。

② 执行“视图”|“标尺”菜单命令，通过标尺上的“首行缩进、悬挂缩进、左缩进”调整段落。

(4) 项目符号和编号

还可以为段落加上项目符号和编号，添加项目符号和编号的方法如下。

首先选择文本段落，然后执行“格式”|“项目符号和编号”菜单命令打开“项目符号和编号”对话框，再选择项目符号和编号的样式，单击“确定”按钮。

(5) 设置占位符和文本框的格式

执行“格式”|“占位符”菜单命令，打开“设置自选图形格式”对话框，可以对占位符的线条颜色、大小、填充色、位置等进行设置。对文本框的格式设置方法及设置内容与占位符一样。

2. 图片编辑

图片对象是幻灯片表达信息的一种必要手段，也是丰富画面、增强演示感染力的有效方法之一。图片对象按类型可分为剪贴画、自选图形、图片文件、艺术字、组织结构图、图表等。

插入图片对象可以从“插入”|“图片”的下拉子菜单中选择对象进行插入，也可以从绘图工具栏中选择对象进行插入(方法与 Word 中一样)。

(1) 图片对象的插入

① 插入剪贴画。执行“插入”|“图片”|“剪贴画”菜单命令，展开“剪贴画”任务窗格。在“搜索文字”下面的方框中输入一个关键词(如：老虎)，然后单击右下侧的“搜索”按钮，稍停一会儿，与“老虎”这一主题有关的剪贴画就出现的下面的搜索框中，单击选中的图片即可将其插入到幻灯片中。或者直接打开任务窗格下面的“剪辑管理…”，可以从 Office 自带的剪辑分类中，选择需要的剪贴画。

② 插入图片文件。执行“插入”|“图片”|“来自文件”菜单命令，打开“插入图片”对话框。浏览到需要插入图片所在的文件夹，选中相应的图片文件，然后单击“插入”按钮，将图片插入到幻灯片中。

③ 插入自选图形。执行“插入”|“图片”|“自选图形”菜单命令，打开“自选图形”工具栏，单击选择需要插入的图形样式，在幻灯片中按下鼠标左键并拖曳(此时鼠标指针为“十”形)，即可实现自选图形插入。

插入自选图形后还可以使用自选图形中的“连接符”连接两个图形。其作用是当移动其中一个图形时，连接的线段会自动调整。

④ 插入艺术字。执行“插入”|“图片”|“艺术字”菜单命令，打开“艺术字库”对话框；选中一种样式后，单击“确定”按钮，打开“编辑艺术字”对话框；在对话框中输入艺术字字符，设置字体、字号等要素，单击“确定”按钮返回；调整好艺术字大小，并将其定位在合适位置上即可。

⑤ 插入组织结构图。组织结构图是一种展示单位组织管理结构，表现各种上、下级之间管理、监督、协调关系的专用图形。

执行“插入”|“图片”|“组织结构图”菜单命令，在幻灯片中插入组织结构图，根据自己的需要插入形状、选择版式，插入文本等。

(2) 图片对象编辑

① 格式设置。选中要编辑的对象，通过“格式”菜单，可以设置图片对象的颜色、线条、尺寸、位置等。

② 移动。选中目标对象，直接用鼠标拖曳或用格式设置中的“位置”进行移动。还可以用绘图工具栏中的“微移”进行精确定位。

③ 添加文本。右击目标对象，在弹出的快捷菜单中执行“添加文本”(图片、剪贴画除

外)菜单命令添加文本。

④ 组合与取消组合。选中两个或两个以上的对象利用绘图工具栏中"绘图"|"组合"菜单命令可以进行对象组合。多个对象组合后可以作为单个对象对待。选中已经组合的对象,利用绘图工具栏中"绘图"|"取消组合"菜单命令可以取消组合。

⑤ 旋转和翻转。选中对象利用对象上的控制按钮可以进行图形对象的旋转与翻转。可以自由旋转、向左旋转 90°、向右旋转 90°、水平翻转、垂直翻转等。

⑥ 图形对象的叠放次序、对齐与分布。单击"绘图"工具栏左侧 "绘图"按钮,在弹出的菜单中选择调整图形的层叠、对齐与分布等。

⑦ 阴影和三维效果。阴影设置可以使对象具有层次感,而三维设置可以使对象具有立体感。在"绘图"工具栏上选择阴影和三维效果打开其工具栏,可以对对象进行详细设置。

3. 表格编辑

插入表格其步骤如下。

(1) 打开 PowerPoint 2003"任务窗格",在"开始工作"下拉菜单上执行"幻灯片版式"菜单命令,打开"幻灯片版式"任务窗格。

(2) 在"幻灯片版式"任务窗格中的"应用幻灯片版式"列表框的"其他版式"选择区中选择"标题和表格"选项,创建一个新幻灯片,如图 5-9 所示。

(3) 在新幻灯片中,执行"插入"|"表格"菜单命令,弹出"插入表格"对话框,在"列数"和"行数"数值框输入数值,如图 5-10 所示。

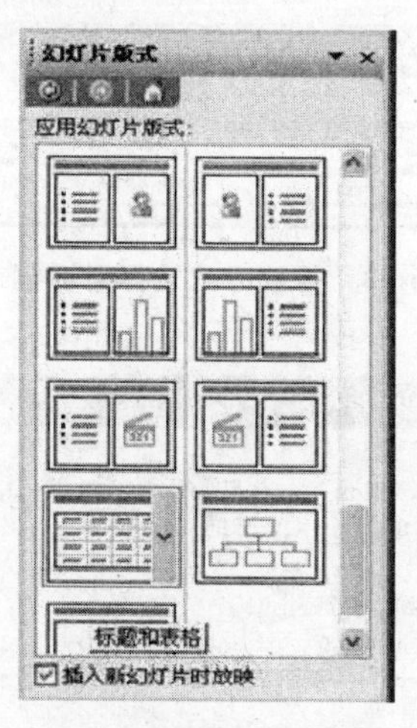

图 5-9 选择幻灯片版式

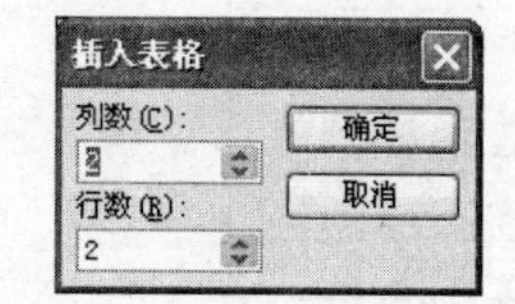

图 5-10 "插入表格"对话框

(4) 单击"确定"按钮,即可将一个表格插入幻灯片中。

然后可以利用"表格和边框"工具栏中的"表格"菜单对表格进一步编辑,利用"表格和边框"工具栏中的"格式"菜单对表格进一步格式设置,其方法与 Word 一样,这里不再赘述。

4. 声音编辑

(1) 插入剪辑库声音

操作步骤如下。

① 选中幻灯片。

② 执行命令“插入”|“影片和声音”|“剪辑管理器中的声音”，打开“剪贴画”任务窗格。

③ 在列表框中单击声音文件图标，或单击要插入的声音文件的图标右侧的下拉按钮，选择“插入”选项，如图 5-11 所示。

④ 根据弹出的对话框(如图 5-12 所示)的提示对声音的播放方式进行设置。

(2) 插入声音文件

操作步骤如下。

① 选中幻灯片。

② 执行“插入”|“影片和声音”|“文件中的声音”，选择声音文件。

③ 单击“确定”按钮。

④ 选择播放方式。

(3) 插入 CD 音乐

操作步骤如下。

① 选中幻灯片。

② 将 CD 唱片放入 CD-ROM 中。

③ 执行“插入”|“影片和声音”|“播放 CD 乐曲”，设置后单击“确定”按钮，如图 5-13 所示。

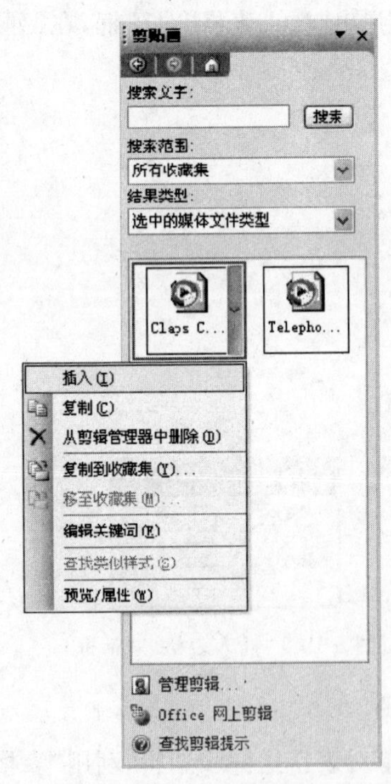

图 5-11 声音的插入

图 5-12 播放方式选择对话框

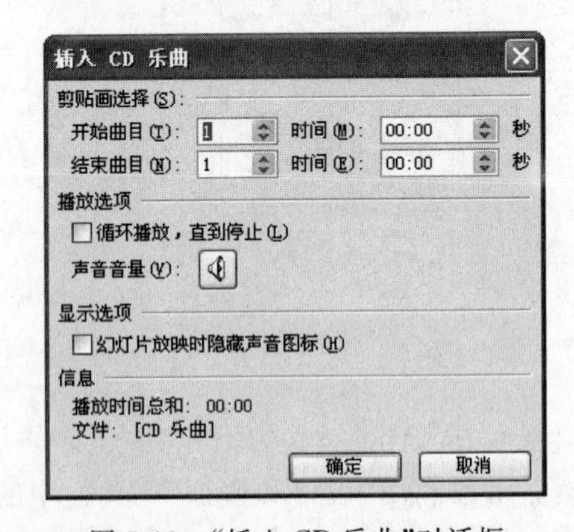

图 5-13 “插入 CD 乐曲”对话框

④ 选择播放方式。

与插入声音类似，也可以在幻灯片中插入视频。既可以插入剪辑库中的视频，也可以插入自己的视频文件。

(4) 录制旁白

通过“录制旁白”操作可以在幻灯片中插入一个声音文件。该声音文件可随幻灯片一起播放，实现对幻灯片的同步解说。

操作步骤如下。

① 选中幻灯片。

② 执行“幻灯片放映”|“录制旁白”菜单命令，打开“录制旁白”对话框，如图 5-14 所示。

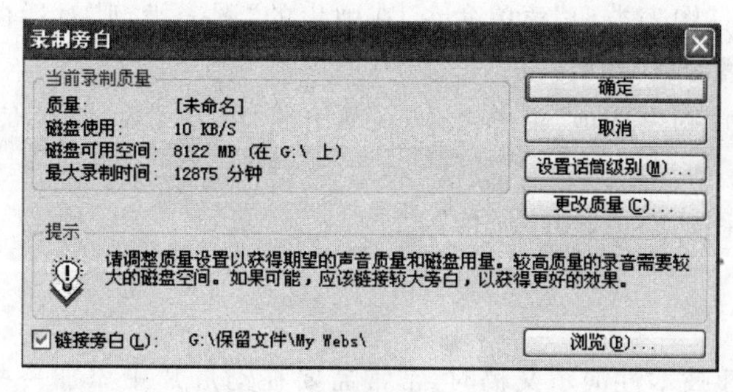

图 5-14 “录制旁白”对话框

③ 单击“确定”按钮。

④ 选定开始录制的幻灯片后，即开始幻灯片全屏幕放映，此时可以录制旁白或进行解说，录制完后可以切换到下张幻灯片继续进行录制。

⑤ 当放映完毕后，会弹出提示信息框，询问是否保存排练时间。如果为每张幻灯片录制了旁白，则单击“是”按钮，如果忽略了一些幻灯片，则单击“否”按钮。

5. 影片编辑

执行“插入”|“影片和声音”|“文件中的影片”菜单命令，打开“插入影片”对话框。定位到需要插入影片文件所在的文件夹，选中相应的影片文件，然后单击“确定”按钮。

注意：演示文稿支持 avi、wmv、mpg 等格式视频文件。

在随后弹出的对话框中，根据需要选择“自动”或“单击时”，即可将影片文件插入到当前幻灯片中。调整处视频播放窗口的大小，将其定位在幻灯片的合适位置上即可。在影片对象上右击，在弹出的快捷菜单中执行“编辑影片对象”菜单命令，可在弹出的对话框中设置影片选项。

6. 图表编辑

在幻灯片上常用图表来解释某些数据的大小、对比变化趋势等。在 PowerPoint 2003 中的图表是用 Microsoft Graph 实现的(Microsoft Graph 是 Office 一个专门用于图表制作的软件，其用法与 Excel 2003 图表基本一样)，即插入在幻灯片上的图表是一个 Graph 对象。另外也可以用插入 Excel 图表对象的方法来实现，两者没有本质的差别。下面只看插入 Graph 图表的方法。

(1) 插入图表

单击“插入图表”按钮，进入图表编辑状态。在数据表中编辑好相应的数据内容，然后在幻灯片空白处单击一下鼠标，即可退出图表编辑状态。调整好图表的大小，并将其定位在合适位置上即可。

(2) 图表编辑

右击图表，在弹出的快捷菜单中执行“图表对象”|“编辑”菜单命令，使图表处在编辑状态，直接修改数据。

(3) 图表设置

在图表编辑状态下，进行如下操作。

① 执行“图表”|“图表类型”菜单命令，在弹出的“图表类型”对话框中选择合适的图表类型，如柱形图、折线图、饼图等。

② 执行“图表”|“图表选项”菜单命令，在弹出的“图表选项”对话框中设置图表的标题、坐标轴、网格线、图例等。

③ 调整图表的图形颜色，文字属性等。

7. 公式编辑

在制作一些专业技术性演示文稿时，常常需要在幻灯片中添加一些复杂的公式。公式的编辑方法可以参考第3章。

5.2 PowerPoint 2003 高级操作

5.2.1 幻灯片外观的设置

通过幻灯片外观设置可以使幻灯片色彩缤纷、美观大方、极具表现力和说服力。这里介绍几种常用的设置幻灯片外观的方法：母版、配色方案、设计模板和幻灯片背景。

1. 使用母版

PowerPoint 2003 母版包括幻灯片母版、标题幻灯片母版、备注母版和讲义母版4类。其中最常用的是幻灯片母版，因为幻灯片母版控制的是除标题幻灯片以外的所有幻灯片的格式，也就是说使用幻灯片母版的可以对演示文稿进行全局设置，并使该设置应用到演示文稿中的所有幻灯片。下面介绍幻灯片母版的使用方法。

执行“视图”|“母版”|“幻灯片母版”菜单命令，就进入了“幻灯片母版”视图，如图5-15所示。它有5个占位符，用来确定幻灯片母版的版式。

(1) 更改文本格式

在幻灯片母版中选择对应的占位符，如标题或文本样式等，更改其文本及其格式。修改母版中某一对象格式，可以同时修改除标题幻灯片外的所有幻灯片对应对象的格式。

(2) 设置页眉、页脚和幻灯片编号

在幻灯片母版状态执行“视图”|“页眉和页脚”菜单命令，在显示“页眉和页脚”对话框的“幻灯片”选项卡中可设置页眉、页脚和幻灯片编号，如图5-16所示。

① “日期和时间”选项决定了在幻灯片的“日期区”是否显示日期和时间；选择了“自动更新”，可以使时间域随着制作日期和时间的变化而改变，用户可在其下拉列表框中选择一

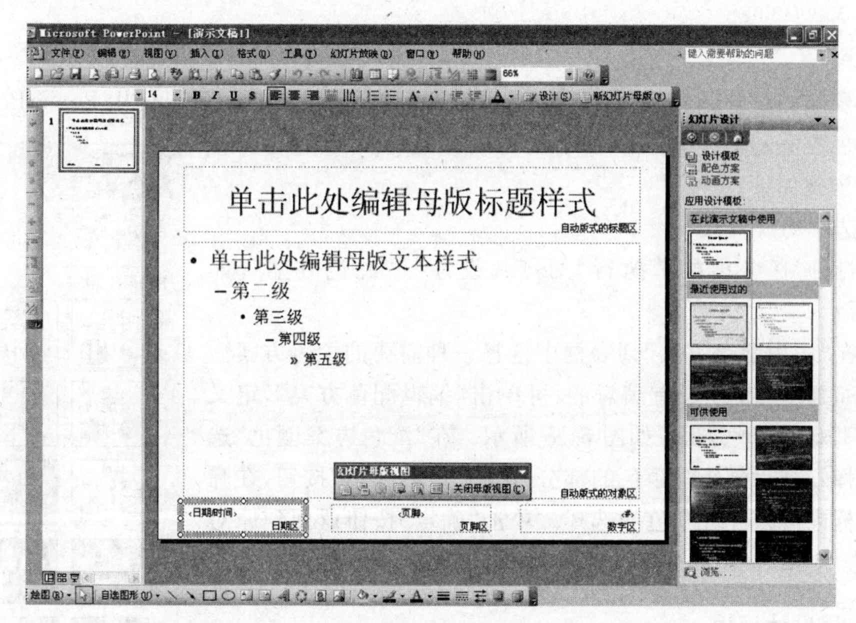

图 5-15　幻灯片母版

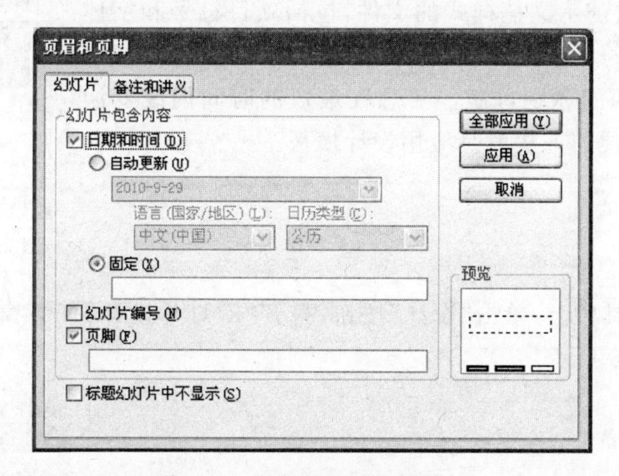

图 5-16　“页眉和页脚”对话框

种显示的形式;选择“固定”表示用户自己输入日期或时间。

② “幻灯片编号”选项可以在“数字区”自动加上一个幻灯片数字编码,用于对每一张幻灯片加编号。

③ “页脚”选项选中,在“页脚区”输入内容,作为每页的注释。

拖曳各个占位符可以移动安排各区域的位置,还可以对它们进行格式化。如果不想在标题幻灯片上显示编号、日期、页脚等内容,应选择“标题幻灯片中不显示”。

(3) 向母版插入对象

要使每一张幻灯片都出现某个对象,可以向母版中插入这个对象。例如插入 Windows 图标(文件名为 Windows.bmp)后,则除标题幻灯片外每张幻灯片都会自动在固定位置显示该图标。通过幻灯片母版插入的对象,不能在幻灯片状态下编辑。

2. 使用配色方案

如果要给幻灯片的背景、正文文本、图表和标题等设置颜色，可以使用 PowerPoint 2003 提供的配色方案功能。

操作步骤如下。

(1) 选中幻灯片。

(2) 打开“任务窗格”，执行“幻灯片设计”|“配色方案”，如图 5-17 所示。

(3) 在“应用配色方案”列表框中选择一种需要的配色方案。

(4) 如果列表框中没有满意的，可单击“编辑配色方案”，定义一种自己喜欢的配色方案，如图 5-18 所示。在“配色方案颜色”选项区中选择幻灯片要修改颜色的部分，单击“更改颜色”按钮，在弹出的对话框内可以进行颜色的选择。单击“确定”按钮返回到原对话框，单击“应用”按钮即可将设置好的配色方案应用于幻灯片中。

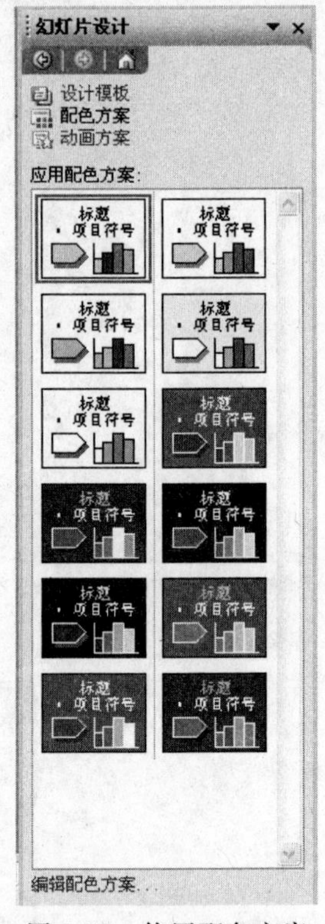

图 5-17　使用配色方案

3. 使用设计模板

设计模板是包含演示文稿样式的文件，包括项目符号和字体的类型和大小、占位符大小和位置、背景设计和填充、配色方案以及幻灯片母版和可选的标题母版。要想在最短的时间内改变演示文稿的风格，最方便的方法就是应用设计模板。

(1) 应用设计模板

操作步骤如下。

① 选中幻灯片。

② 在“格式”工具栏上，单击“设计”按钮，打开“幻灯片设计”任务窗格，单击顶部的“设计模板”项，如图 5-19 所示。

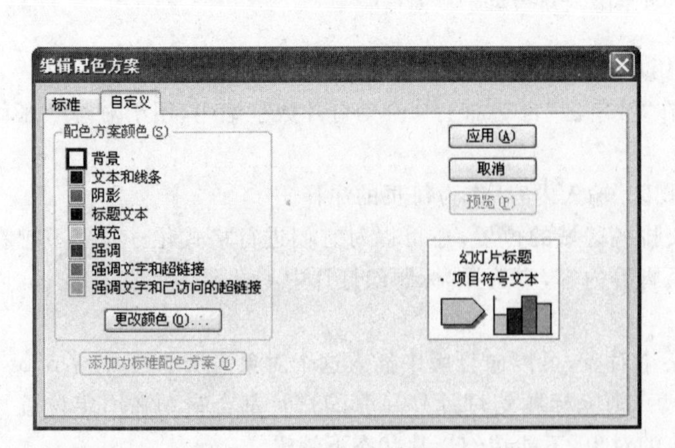

图 5-18　自定义配色方案

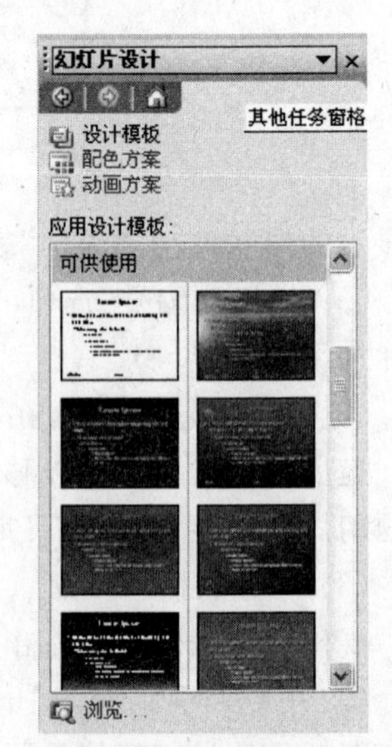

图 5-19　设计模板窗格

③ 执行下列操作之一。

- 若要对所有幻灯片(和幻灯片母版)应用设计模板,请单击所需模板。
- 若要将模板应用于单个幻灯片,请选择左栏“幻灯片”选项卡上的缩略图;在任务窗格中,指向模板并单击模版右边框出现的下拉箭头,选择“应用于选定幻灯片”项。
- 若要将新模板应用于当前使用其他模板的一组幻灯片,请在“幻灯片”选项卡上选择一个幻灯片;在任务窗格中,指向模板并单击模板右边框出现的下拉箭头,选择“应用于母版”。

(2) 创建自己的设计模板

PowerPoint 2003 的模板文件与普通演示文稿并无多大差别,通常创建新的模板也是通过将演示文稿另存为模板得到的。

① 打开一个制作好的演示文稿。

② 执行“文件”|“另存为”菜单命令,弹出“另存为”对话框。

③ 在弹出的“文件名”框中,输入模板的名称。

④ 在“保存类型”框中,单击“演示文稿设计模板”。

⑤ 单击“保存”按钮。

如果将模板文件保存在缺省目录下,在下次打开 PowerPoint 2003 时新模板会显示在“开始工作”任务窗格的“打开”之中;而当新建演示文稿时,新模板会出现在“新建演示文稿”任务窗格的“本机模板”中。如果改变了模板的保存位置,可以利用“开始工作”任务窗格最下面的“其他”命令以找到此模板。

4. 幻灯片背景设置

如果幻灯片没有任何背景,那也太单调了,如何设置幻灯片的背景呢?

执行“格式”|“背景”菜单命令,或者直接在幻灯片的空白位置右击,在弹出的快捷菜单中执行“背景”菜单命令,就可以打开“背景”对话框,如图 5-20 所示。

单击“背景填充”下拉箭头,在弹出的菜单中列出一些带颜色的小方块,还有“其他颜色”和“填充效果”两个命令,如图 5-21 所示。

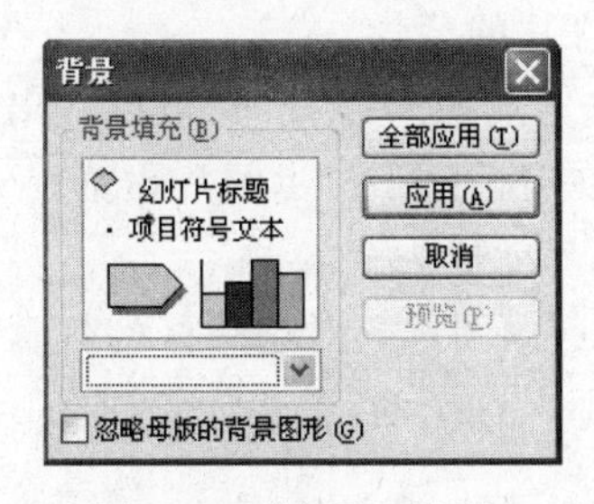

图 5-20 “背景”对话框

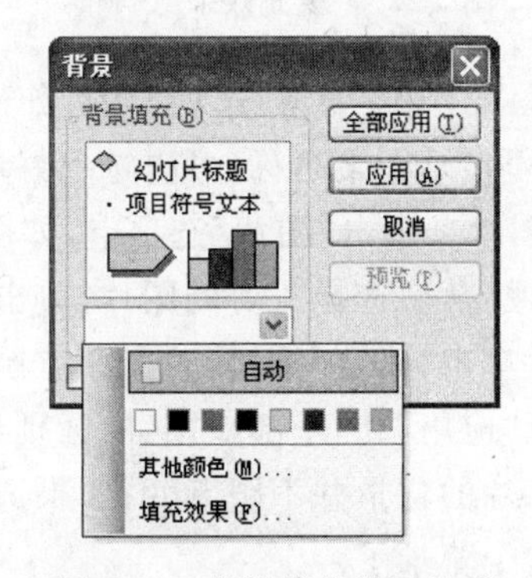

图 5-21 背景填充设置选项

(1) 如果选择一个带颜色的小方块,单击“应用”按钮,幻灯片的背景变成这种颜色的了。

(2) 如果小方块中没有自己想要的颜色,就选择“其他颜色”,弹出“颜色”对话框,可以随便选取想要的颜色。如果没有中意的，就选取"自定义颜色"，通过调整颜色的色相、饱和度和亮度，配制出自己的颜色。单击"确定"按钮返回，再单击"应用"按钮，背景就变成自己所选的颜色了。

(3) 在"背景"对话框中，选择"填充效果"，在弹出的对话框中，有 4 种可以设置的填充效果，分别是渐变、纹理、图案和图片，如图 5-22 所示。用户可以任意选择自己喜欢的效果。

① 渐变。在如图 5-22 所示的"渐变"选项卡中，重点是设置颜色，可以单击"单色"单选按钮；也可以单击"双色"单选按钮（两种颜色可以自己定义）；如果不愿意自己配置颜色，就单击"预设"单选按钮（系统里预设了几十种颜色，可以随意选择）。

② 纹理。如果不想用颜色效果做背景，还可以选择"纹理"选项卡中的纹理样式，如图 5-23 所示，这里有漂亮的底纹供用户随意选择，如果都不满意，就单击"其他纹理"按钮，用其他位图文件或图元文件做纹理。

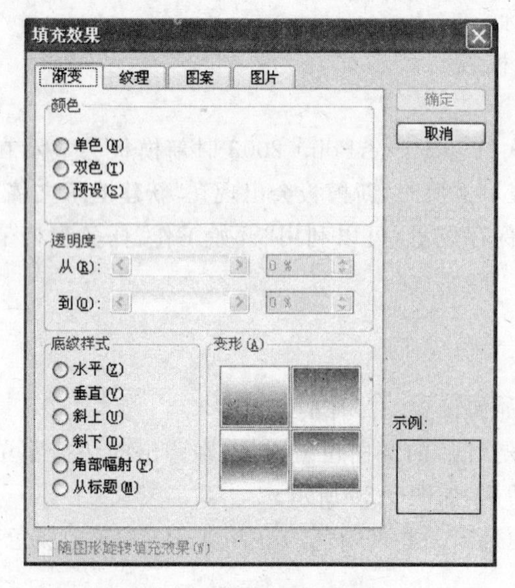

图 5-22 "填充效果"选项卡

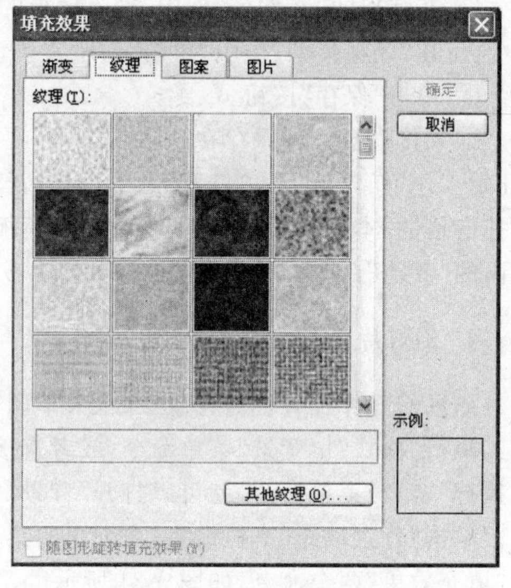

图 5-23 "纹理"选项卡

③ 图案。在"图案"选项卡中，如图 5-24 所示，通过设置前景和背景的颜色，设置各种图案，这里显示图案名称，可以选取好看的图案作为幻灯片的背景。

④ 图片。单击"图片"选项卡，如图 5-25 所示，单击"选择图片"按钮，可以弹出"选择图片"对话框，从中选择需要的图片，单击"插入"按钮，将在对话框中显示图片预览。

最后单击"确定"按钮和"全部应用"按钮，所选的图片就成为背景了。

选择"应用"和"全部应用"的区别如下：选"应用"，这幅图片只对这一张幻灯片起作用，其他幻灯片的背景并不跟着变；如果选择"全部应用"，那么这个演示文稿中所有的幻灯片全都采用这个背景了。

选择"纹理"和选择"图片"的区别如下：纹理中的图片一般都比较小，选择一种纹理后，纹理图片的大小不变，却按顺序排在背景里，直到把整个画面填满，看起来就像一张图片似的；如果选择图片，那背景只有这一幅图片，它自动调整为与幻灯片一样大。

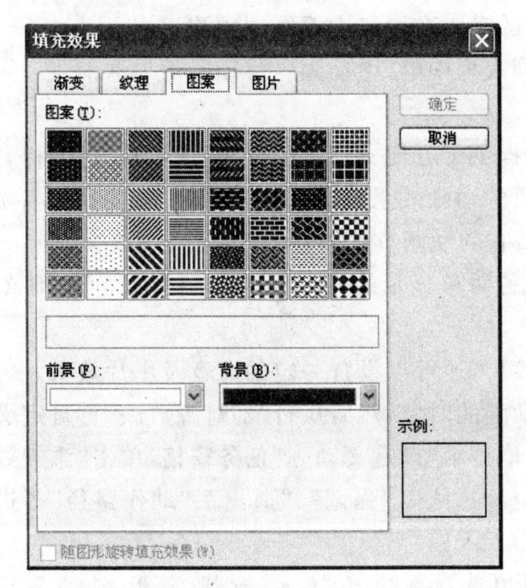

图 5-24 “图案”选项卡

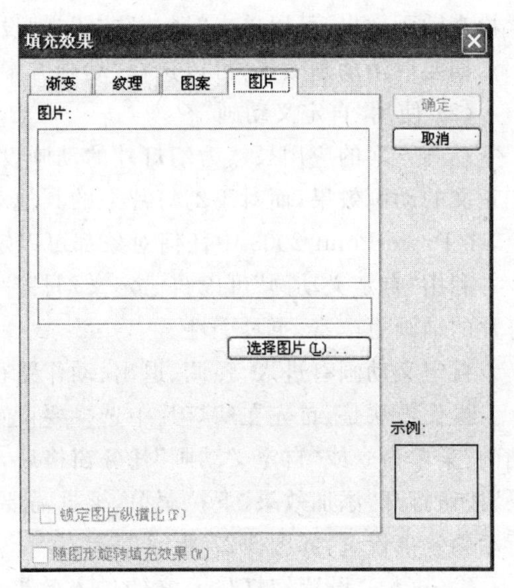

图 5-25 “图片”选项卡

5.2.2 动画和超链接技术

PowerPoint 2003 提供了动画和超链接技术，在设计演示文稿时，除了要使内容上精炼准确外，在表现形式上也是需要认真考虑的，常常希望幻灯片上的对象在幻灯片放映时能以“动画”的形式呈现在屏幕上。

“动画”是指给文本或对象添加特殊视觉或声音效果。它可以使幻灯片上的文本、图形、图示、图表和其他对象具有动画效果，这样就可以突出重点、控制信息流，并增加演示文稿的趣味性。使幻灯片的制作更加简单灵活，也使幻灯片的演示产生更为理想的效果。

1. 幻灯片动画效果的设置

幻灯片内动画设计指在演示一张幻灯片时，逐步显示片内不同层次、不同对象的内容。例如先显示第一层次的内容标题，然后一条一条显示正文，这时可以用不同的方法如飞入法、打字机法等来显示下一层内容，这种方法称为片内动画。

(1) 使用“动画方案”

对幻灯片内仅有标题、正文等层次易区别的情况，可使用如图 5-26 所示的“动画方案”来设置动画效果。“动画方案”提供了一些特殊的声音和移动效果的组合方案，这些方案可以一次性套用于幻灯片上，提高了动画设置效率。

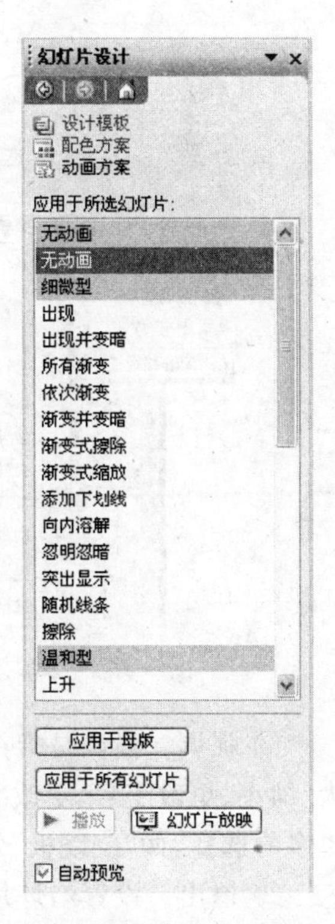

图 5-26 “动画方案”栏

操作方法是先选定要设置动画的对象，再选择“动画方案”列表中的选项。默认的是把方案“应用于所选幻灯片”，也可以单击下面的“应用于所有幻灯片”按钮把方案应用于所有幻灯片。为了检查动画效果，可以单击“播放”按钮，把设置的动画在窗口中连续地预演一遍。

如要取消动画效果，可以选择“动画方案”列表框中的“无动画”，将动画效果取消。

(2) 使用“自定义动画”

动画方案的应用虽然为幻灯片的动画设置提供了方便，但是它只能提供切换方式、标题和正文的动画效果，而对于幻灯片上的其他对象的动画效果，动画方案中并没有预设。事实上，在 PowerPoint 2003 中任何对象都可以定义它的动画方式。

利用“自定义动画”可以自己定义幻灯片中各对象显示的次序及其动画效果，可以使幻灯片的动画更丰富、更具个性。

自定义动画有进入、强调、退出、动作路径效果，还可以设置一定的声音及影片效果。

操作方法是，首先在幻灯片中选择要设置动画的对象，然后执行“幻灯片放映”|“自定义动画”菜单命令或“自定义动画”任务窗格后，屏幕显示“自定义动画”任务窗格，单击“添加效果”按钮打开“添加效果”下拉菜单，根据需要选择“进入”、“强调”、“退出”、“动作路径”等进行动画效果设置，如图 5-27 所示。

① 进入。设置幻灯片元素的进入效果，可以选择百叶窗、飞入、盒状、菱形、棋盘等动画效果，如果对这些都不满意，还可以选择“其他效果”，如图 5-28 所示。这里提供了基本型、细微型、温和型、华丽型等更多的效果。例如，“弹跳”可以使幻灯片元素进入屏幕时显示弹跳效果，看起来别具一格。建议选中“预览效果”，这样可以同时预览所选择的动画效果。

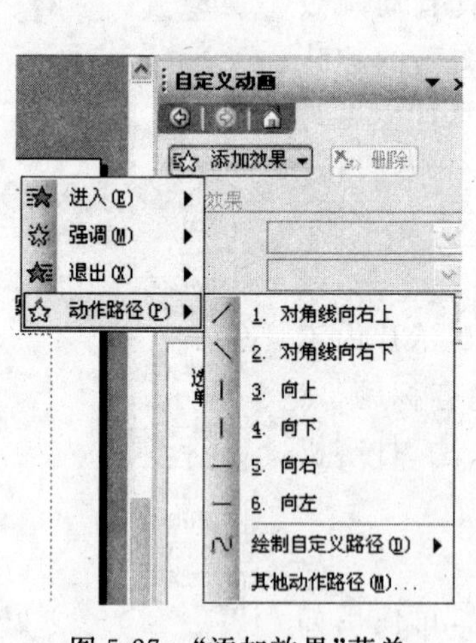

图 5-27 “添加效果”菜单

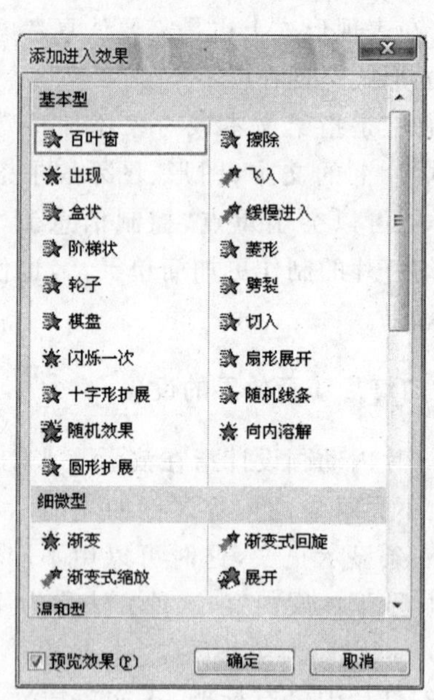

图 5-28 其他效果

② 强调。强调是指在对象显示时产生某一动态效果，以引起观众的注意。可以选择放大/缩小、更改字号、更改字体、更改字形、陀螺旋转等动画效果，选择“其他效果”同样可获得更多的选择，如“跷跷板”效果和“忽明忽暗”效果。

③ 退出。设置幻灯片元素的退出效果，与进入效果相同。

④ 动作路径。动作路径是指对象显示时可以沿着用户指定的路径从一点向另一点移

动，例如向上、向下、向左、向右、对角线等。有“衰减波”和“正弦波”效果供选择，引用后可以进行一些编辑修改，这样可以大大节省用户的时间；也可以绘制直线、曲线、多边形等自定义效果，绘制后还可以任意编辑。

一般在一张幻灯片上有多个对象含有动画效果，甚至在一个对象上，有时也含有多个动画。因此经常需要设置这些动画的播放顺序。事实上在任务窗格的动画对象列表中，动画对象的排列顺序就是动画的播放顺序，只要调整动画对象的排列次序即可改变动画的播放顺序。调整的方法是：从动画对象列表中选择要改变顺序的动画对象，然后单击列表下方“重新排序”旁边的升降按钮。

可以使用“触发器”来控制动画的播放。所谓触发器是指通过设置可在单击指定对象时播放动画。设置触发器的步骤。

① 在“自定义动画”任务窗格的自定义动画列表中，单击所需设置的动画项目。

② 单击右侧的箭头，在执行“计时”菜单命令打开动画效果对话框。

③ 单击“计时”选项卡中的“触发器”，并选择“单击下列对象时启动效果”，并在右边对象列表中选择作为触发器的对象。

(3) 设置幻灯片间切换效果

切换效果是应用在换片过程中的特殊效果，它决定了幻灯片放映时以何种效果从一张幻灯片换到另一张幻灯片，其中包括了切换时的动态效果和切换方法以及幻灯片播放持续的时间等。设置幻灯片切换效果一般在“幻灯片浏览视图”或“普通视图”窗口进行。操作步骤如下。

① 选择要进行切换效果的幻灯片，如选择多张幻灯片，选择时按住 Shift 键。

② 执行“幻灯片放映”|“幻灯片切换”菜单命令，窗口右侧显示如图 5-29 所示“幻灯片切换”任务窗格。

- “速度”列表框列出切换效果，可选择“慢速”、“中速”、“快速”3 种切换速度。
- “声音”列表中可以选择切换时伴随的声音。
- “换片方式”框供用户选择换片方式是手动还是自动换片。设置自动换片时应该指定幻灯片换片的间隔时间。
- “应用于所有幻灯片”命令按钮可以使幻灯片切换设置作用于演示文稿的全部幻灯片。
- “播放”命令按钮可以查看本张幻灯片切换效果。

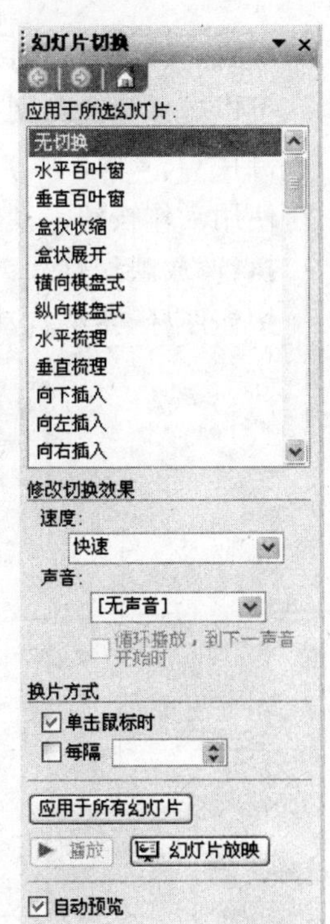

图 5-29 “幻灯片切换”对话框

2. 超链接

用户可以在演示文稿中添加超链接，使得在播放时可以跳转到演示文稿的某一张幻灯片、其他演示文稿、Word 文档、Excel 电子表格、网页等不同的位置。

(1) 创建超链接

创建超链接的起点可以是任何对象，激活超链接最好用鼠标单击的方法。注意，只有在幻灯片放映视图下，超链接才是可激活的。设置了超链接，代表超链接起点的文本会添加下划线，并且显示成系统配色方案指定的颜色。创建超链接有使用“超链接”命令和“动作按钮”两种方法。

① 使用“超链接”命令。使用“超链接”建立链接的操作过程如下。

- 在幻灯片视图中选择代表超链接起点的对象。
- 执行“插入”|“超链接”菜单命令或“常用”工具栏的“插入超链接”按钮，显示如图 5-30 所示“插入超链接”对话框。

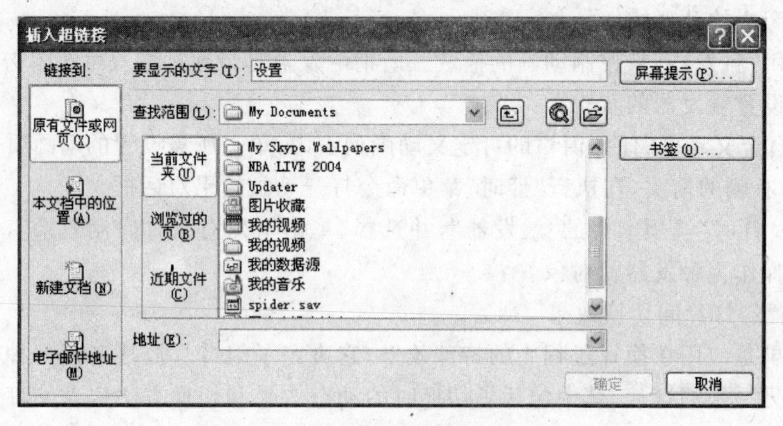

图 5-30 “插入超链接”对话框

- 在“插入超链接”对话框中，“链接到：”列表框中列出了可以选择的“超链接”类型。可以选择建立与网页链接、与本文档中的幻灯片链接、与新建文档链接、与电子邮箱链接等。

② 使用动作按钮。利用动作按钮，也可以创建同样效果的超链接。操作方法如下。

- 执行“放映幻灯片”|“动作按钮”菜单命令，然后在幻灯片上合适位置生成一个动作按钮图标，系统自动弹出如图 5-31 所示“动作设置”对话框。

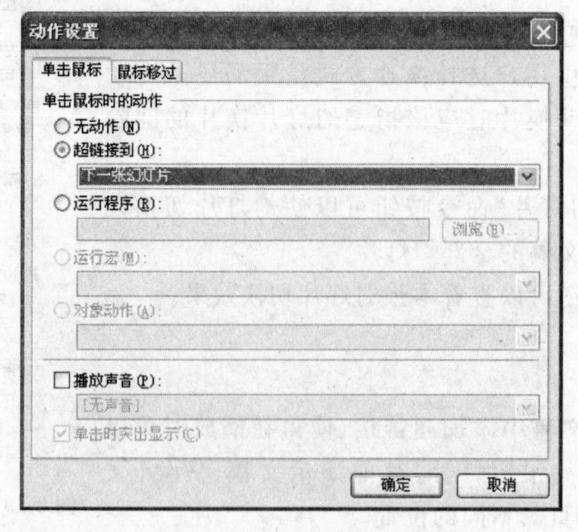

图 5-31 “动作设置”对话框

- 在“单击鼠标”选项卡中选择“超级链接到”选项。在列表框中选择“链接”的位置。
- 单击“确定”按钮即完成超链接设置。

这样,在放映幻灯片时如果用鼠标单击以下这个动作按钮,就会跳转到所链接的幻灯片继续放映。

③ 编辑和删除超链接。如果是文本的超链接,编辑方法是,首先在普通视图中选中有超链接的文本,然后执行“插入”|“超链接”命令打开“编辑超链接”对话框。按照对话框的提示编辑或删除超链接。

如果是动作按钮的超链接,编辑方法是首先在普通视图中选中动作按钮,然后执行“插入”|“超链接”菜单命令或右击,弹出快捷菜单,执行“编辑超链接”菜单命令,打开“动作设置”对话框,对超链接进行编辑或删除。

对于其他对象的超链接,编辑方法是,首先在普通视图中选中有超链接的对象,然后执行“插入”|“超链接”菜单命令或右击,弹出快捷菜单,执行“编辑超链接”菜单命令,打开“编辑超链接”对话框。按照对话框的提示编辑或删除超链接。

5.2.3 演示文稿的放映、打印和打包

演示文稿创建完成后,用户可以根据实际需要对幻灯片的放映方式进行设置,还可以根据需要将演示文稿打印或打包。

设置幻灯片的放映方式是很重要的一步,也是整个演示文稿创作过程中的最后一步,这一步做得出色,将会给人留下深刻的印象。

1. 幻灯片的放映设置

(1) 设置幻灯片放映方式

用户可以通过设置放映方式满足自己的放映需要。

执行“幻灯片放映”|“设置放映方式”菜单命令,打开如图 5-32 所示的“设置放映方式”对话框。下面分别对“放映类型”、“放映选项”、“放映幻灯片”和“换片方式”4 个控制区域的设置进行说明。

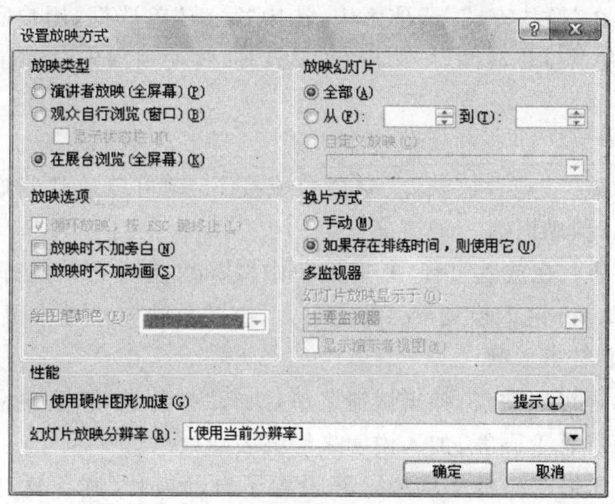

图 5-32 “设置放映方式”对话框

① 放映类型。在对话框的“放映类型”框中，列出放映的 3 种类型。

• 演讲者放映(全屏幕)。这是最常用的一种放映方式。以全屏幕形式显示，并提供了绘图笔进行勾画。在放映过程中，可以人工控制放映进度；如果希望自动放映演示文稿，可以使用“幻灯片放映”|“排练计时”菜单命令，设置好每张幻灯片放映的时间，这样放映时可以自动放映。

• 观众自行浏览(窗口)。若放映演示文稿的地方是在类似于会议、展览中心的场所，同时又允许观众自己动手操作，可以选择此方式。这是在标准窗口中放映，窗口中将显示自定义的菜单及快捷菜单，这些菜单命令中不含有可能会干扰放映的命令选项，这样可以在任由观众自行浏览演示文稿的同时，防止观众所做的操作损坏演示文稿。

• 在展台放映(全屏)。以全屏幕形式在展台上做演示用。在放映过程中，除了保留鼠标指针用于选择屏幕对象外，其余功能全部失效。因为展出是不需要现场修改，也不需要提供格外功能，以免破坏演示画面。当选择此项后，PowerPoint 2003 会自动选择 “循环放映”，按 Esc 键才能停止放映。

② 放映选项。

• 演示文稿的放映范围，如果演示文稿定义了一种或多种自定义放映，也可以选择其中之一作为放映范围。

• 如果已经进行了排练计时，可以选择是使用人工控制演示文稿的进度还是使用设置的放映时间自动控制幻灯片的放映进度。

• 是否循环放映，若选择了“循环放映，按 Esc 键终止”，可以使演示文稿自动放映，一般用于在展台上自动重复地放映演示文稿。

• 放映时是否加旁白。

• 放映时是否加动画。

• 如果放映中需要用画笔在屏幕上写写画画，可以定义画笔的颜色。

③ 放映幻灯片。在放映幻灯片选项区中指定所放映的幻灯片。选中“全部”将放映所有的幻灯片；在○从(F): [ ] 到(T): [ ] 中指定播放某段的幻灯片；选中“自定义”，使用自定义放映方式。

④ 换片方式。在“换片方式”选项区中，选中“手动”单选框，用户需要使用键盘或鼠标来换片；选中“如果存在排练时间，则使用它”单选框，将使用预先设置好的放映时间，自动切换每张幻灯片。

(2) 放映幻灯片

执行“幻灯片放映”|“观看放映”菜单命令或按 F5 键可以放映幻灯片。默认的放映类型是“演讲者放映”。放映时有 3 种情况：

① 人工控制放映。在放映过程中，可以单击鼠标切换到下一张幻灯片，也可以用方向键(→或↓)、PageDown 键切换到下一张幻灯片，直到放映完毕单击鼠标左键结束放映，或者随时按 Esc 键强制结束放映。

在放映过程中，还可以右击，弹出快捷菜单，执行“指针选项”菜单命令把鼠标指针设置成笔的形式，通过在屏幕上画线、加入说明来增强表达效果。

② 自动放映。如果在演示文稿中已经设置了自动换片，则一旦开始了演示文稿的演示，幻灯片会自动地连续放映，直至完毕。

③ 部分放映。有时用户可能只希望放映演示文稿当中的一部分幻灯片，则有两种实现方法。

- 自定义放映。自定义放映是通过执行“幻灯片放映”|“自定义放映”菜单命令打开“自定义放映”对话框，定义一个幻灯片组，然后以一定顺序对组内的幻灯片进行放映。
- 隐藏幻灯片：选择希望隐藏的幻灯片，执行“幻灯片放映”|“隐藏幻灯片”命令，可把选定的幻灯片隐藏起来，使放映时不再出现。

2. 演示文稿的打印

对已建立的演示文稿，除了可以在计算机屏幕上进行电子演示外，还可以将它们打印出来直接印刷成教材或资料；也可将幻灯片打印在投影胶片上，通过投影机来放映。对生成演示文稿时辅助生成的大纲文稿、注释文稿等，也能通过打印机打印出来。

(1) 页面设置

在打印之前，必须设计幻灯片的页面，以便打印的效果满足创意要求。执行“文件”|“页面设置”命令，打开如图 5-33 所示“页面设置”对话框。

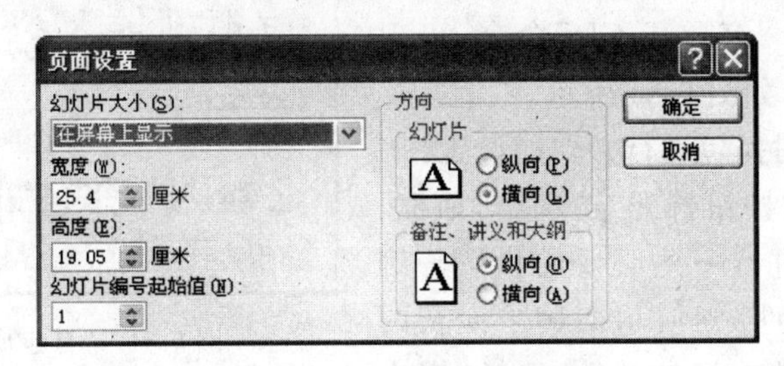

图 5-33 “页面设置”对话框

① “幻灯片大小”下拉列表可选择幻灯片尺寸。

② “幻灯片编号起始值”可设置打印文稿的编号起始值。

③ “方向”框设置“幻灯片”、“备注、讲义和大纲”等的打印方向。

(2) 设置打印选项

页面设置后就可以将演示文稿、讲义等进行打印，打印前应对打印机设置、打印范围、打印份数、打印内容等进行设置或修改。打开要打印的文稿，执行“文件”|“打印”菜单命令，屏幕显示“打印”对话框。

① “打印范围”框。用于选择要打印的范围。

② “自定义放映”。用于按“自定义放映”中设置的范围进行设置，否则，该功能失效。

③ “打印内容”列表框。用于选择幻灯片、讲义、注释等。其中幻灯片(动画)指幻灯片中采用了动画效果，打印时按屏幕出现的顺序打印；幻灯片(无动画)指打印时按照“幻灯片浏览”视图的顺序进行打印，不管有无动画效果；若要以教材或资料的形式打印，选择讲义，还可选择一页内要打印的幻灯片数。

④ 若幻灯片设置了颜色、图案，为了打印得清晰，应选择“黑白”选项。

⑤ 设置后单击“确定”按钮，即可开始打印。

3. 演示文稿的打包

(1) 打包目的

很多时候,在本机上制作的演示文稿需要在其他计算机(其中很多是尚未安装 PowerPoint 的计算机)上播放。播放演示文稿时不仅幻灯片中所使用的特殊字体、音乐、视频片段等元素都要一并输出,有时还需手工集成播放器,所以较大的演示文稿只好用移动硬盘、光盘等设备携带;而且,由于不同版本的 PowerPoint 所支持的特殊效果有区别,要播放演示文稿最好安装相应版本的 PowerPoint 或 PowerPoint Viewer,否则还可能丢失演示文稿中的特殊效果……上述问题给异地使用演示文稿带来了不便。可喜的是,PowerPoint 2003 克服了这些不足,它的演示文稿打包功能可以帮助用户轻松完成幻灯片打包的全过程。

(2) 打包方法

将演示文稿打包,可以方便用户携带和传送演示文稿,是 PowerPoint 的一项重要功能。打包操作步骤如下。

① 打开需要打包的演示文稿文件。

② 执行"文件"|"打包成 CD"命令,出现"打包成 CD"对话框,如图 5-34 所示。

③ 在对话框中对打包进行必要的设置。

如果单击"选项"按钮打开"选项"对话框,则可以对打包文件进行一些必要的设置。例如选择了"链接的文件"则演示文稿中涉及的图片、动画、声音都进入打包文件;选择"嵌入的 TrueType 字体"后演示文稿中所使用的字体在其他计算机上就能正确显示;选择了"PowerPoint 播放器",那么在没有安装 PowerPoint 的计算机上,也可以播放此文件。

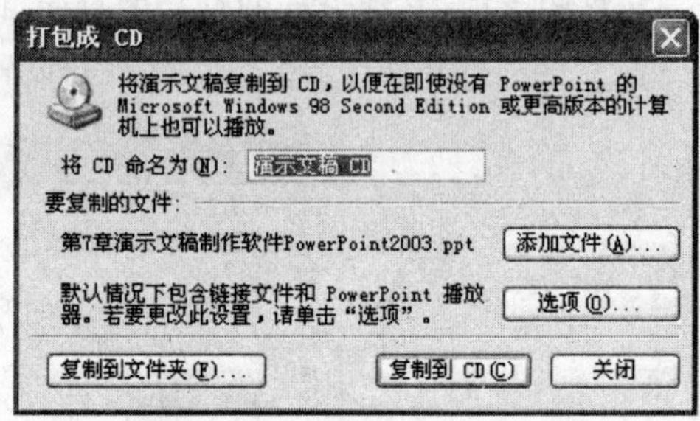

图 5-34 "打包成 CD"对话框

如果单击"添加文件"按钮,打开"添加文件"对话框,可以添加所需的文件。

如果单击"复制到文件夹"按钮,打开"复制到文件夹"对话框,可以指定打包文件存放的位置。

④ 单击"确定"按钮,PowerPoint 自动完成演示文稿的打包。最后单击"关闭"按钮关闭"打包成"CD 对话框。

执行完以上操作,用户可以在选择的路径下找到文件名为"演示文稿 CD"的文件夹。该文件夹中有一个名为 pptview.exe 文件,使用它就可以直接演示放映打包的演示文稿,而无须在计算机上安装 PowerPoint。

5.3 PowerPoint 2007 简介

PowerPoint 2007 是 Microsoft 公司推出的一款较新的演示文稿制作软件。它除拥有全新的界面外,还添加了许多新功能,正在受到越来越多的用户欢迎。本节对 PowerPoint 2007 进行简单介绍。

5.3.1 PowerPoint 2007 的工作界面

PowerPoint 2007 与旧版本相比，界面有了较大的改变，它使用选项卡替代原有的菜单，使用各种组替代原有的菜单子命令和工具栏。由于目前使用比较广泛的还是 PowerPoint 2003 版本，因此本节将只简单介绍 PowerPoint 2007 的工作界面及各种视图方式。

1. 界面简介

启动 PowerPoint 2007 应用程序后，用户将看到全新的工作界面，如图 5-35 所示。PowerPoint 2007 的界面不仅美观实用，而且各个工具按钮的摆放更便于用户的操作。

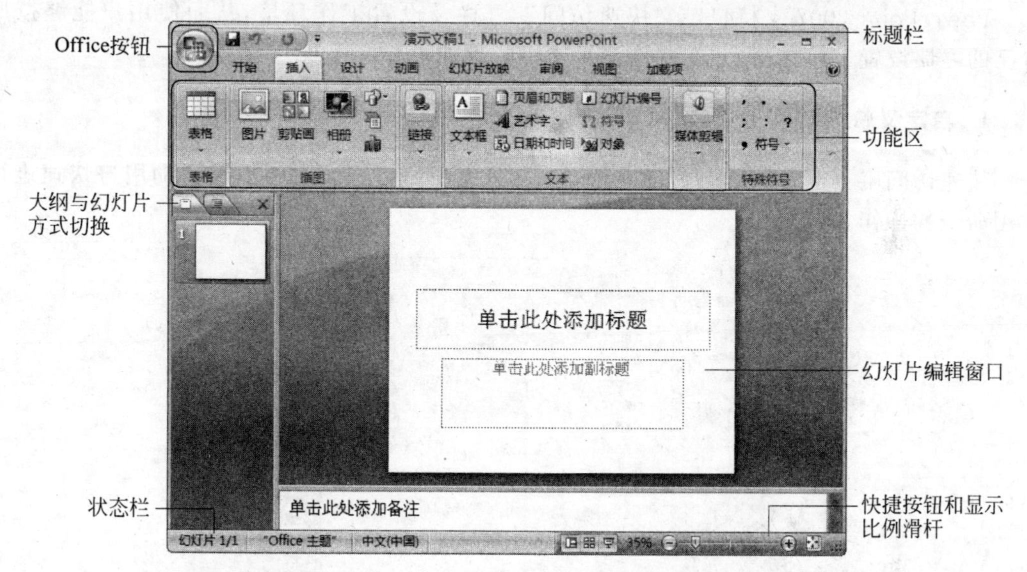

图 5-35　PowerPoint 2007 界面

2. 视图简介

PowerPoint 2007 提供了"普通视图"、"幻灯片浏览视图"、"备注页视图"和"幻灯片放映"4 种视图模式，使用户在不同的工作需求下都能得到一个舒适的工作环境。每种视图都包含有该视图下特定的工作区、功能区和其他工具。在不同的视图中，用户都可以对演示文稿进行编辑和加工，同时这些改动都将反映到其他视图中。用户可以在功能区中选择"视图"选项卡，然后在"演示文稿视图"组中选择相应的按钮即可改变视图模式。

5.3.2 PowerPoint 2007 的新增功能

从以上 PowerPoint 2003 的详细介绍可以知道，PowerPoint 的基本特点是简单易用、帮助系统、与他人协作、多媒体演示、发布应用、支持多种格式的图形文件、输出方式的多样化。

PowerPoint 2007 在继承了旧版本优秀特点的同时，明显地调整了工作环境及工具按钮，从而更加直观和便捷。此外，PowerPoint 2007 还新增了功能和特性。

(1) 使用重新设计的用户界面更快地获得更好的结果。

(2) 创建强大、动态的 SmartArt 图示。

(3) 通过 Office PowerPoint 2007 幻灯片库轻松重用内容。

(4) 与使用不同平台和设备的用户进行交流。

(5) 使用自定义版式更快地创建演示文稿。

(6) 加速审阅过程。

(7) 使用 Office PowerPoint 2007 主题统一设置演示文稿格式。

(8) 使用新工具和效果显著修改形状、文本和图形。

(9) 进一步提高 Office PowerPoint 2007 演示文稿的安全性。

(10) 同时减小文档大小和提高受损文件的恢复能力。

5.3.3 自定义快速访问工具栏

PowerPoint 2007 支持自定义快速访问工具栏及设置工作环境,从而使用户能够按照自己的习惯设置工作界面,并在制作演示文稿时更加得心应手。

1. 自定义快速访问工具栏

快速访问工具栏位于标题栏的左侧,如图 5-36 所示。该工具栏能够帮助用户快速进行常用命令的操作。

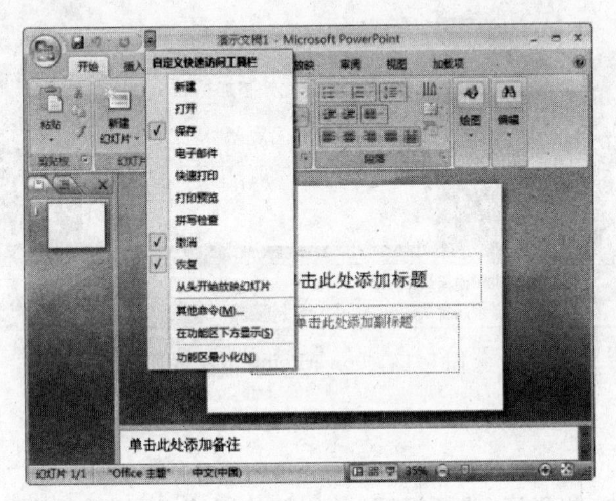

图 5-36　自定义快速工具访问栏

2. 设置工作环境

在 PowerPoint 2007 中,用户可以对工作环境进行设置。

5.4 PowerPoint 应用案例

5.4.1 演示文稿的制作流程和原则

1. 演示文稿制作流程

(1) 确定课题。

(2) 设计方案(对演示文稿的整个构架作一个设计)。

(3) 搜集素材(根据设计来准备演示文稿中所需要的一些图片、声音、动画等文件)。

(4) 编辑演示文稿(选择模板、定制版式、表格、图片、声音等)。

(5) 装饰美化演示文稿(字体、字号、颜色、动画、幻灯片切换等)。

(6) 播放调试演示文稿(不满意返回修改)。

(7) 存盘、打包、使用。

2. 演示文稿的制作原则

(1) 风格统一。将幻灯片的主体统一为一致的风格,目的是使幻灯片有整体感。包括页面的排版布局,色调的选择搭配,文字的字体、字号等内容。

(2) 排版一致。排版同样注意要有相似性,尽量使同类型的文字或图片出现在页面相同的位置。使观看者便于阅读,清楚地了解各部分之间的层次关系。

(3) 配色协调。幻灯片配色以明快醒目为原则,文字与背景形成鲜明的对比,配合小区域的装饰色彩,突出主要内容。

(4) 图案搭配。图案的选择要与内容一致,同时注意每页图片风格的统一。包括 logo、按钮等涉及图片的内容,都尽量在不影响操作和主体文字的基础上进行选择。

(5) 图表设置。以体现图表要表达的内容为选择图表类型的依据,兼顾其美观性,在此基础上增加变化。同时为排版的需要将部分简单的图表改为文字表述。

(6) 链接易用。各页面的链接设置在固定的文字和按钮上,便于使用者记忆和操作,避免过于复杂的层次结构之间的转换,保持各页面之间的逻辑关系清晰明了。

(7) 简化页面。每页只保留必要的内容,少出现没有意义的装饰性图案,避免页面出现零乱的感觉,在此基础上使每页有所变化。

(8) 核心原则。醒目是核心原则。要使人看得清楚,达到交流的目的。

下面通过两个案例来学习演示文稿的具体制作方法及流程。

5.4.2 应用案例一:制作学校台历

现代社会是一个信息化社会,每时每刻都在发生着巨大的变化。为了能够有条不紊地处理各种事务,几乎每一个人都需要一本日历,作为一名刚刚踏入大学校门的大学生更是如此。应用所学的 PowerPoint 知识制作一个具有个性而且实用的台历非常有意义。台历的最终效果图如图 5-37 所示。下面介绍其制作过程。

1. 设计标题幻灯片

标题幻灯片其实就是学校台历的封面。其效果关系到台历的外观,应争取设计得美观和专业。

(1) 启动 PowerPoint 后,自动出现一张标题幻灯片,在这张幻灯片上右击,在弹出的快捷菜单中执行"幻灯片版式"菜单命令,窗口右侧出现"幻灯片版式"任务窗格,在"版式内容"栏选择"空白",如图 5-38 所示。

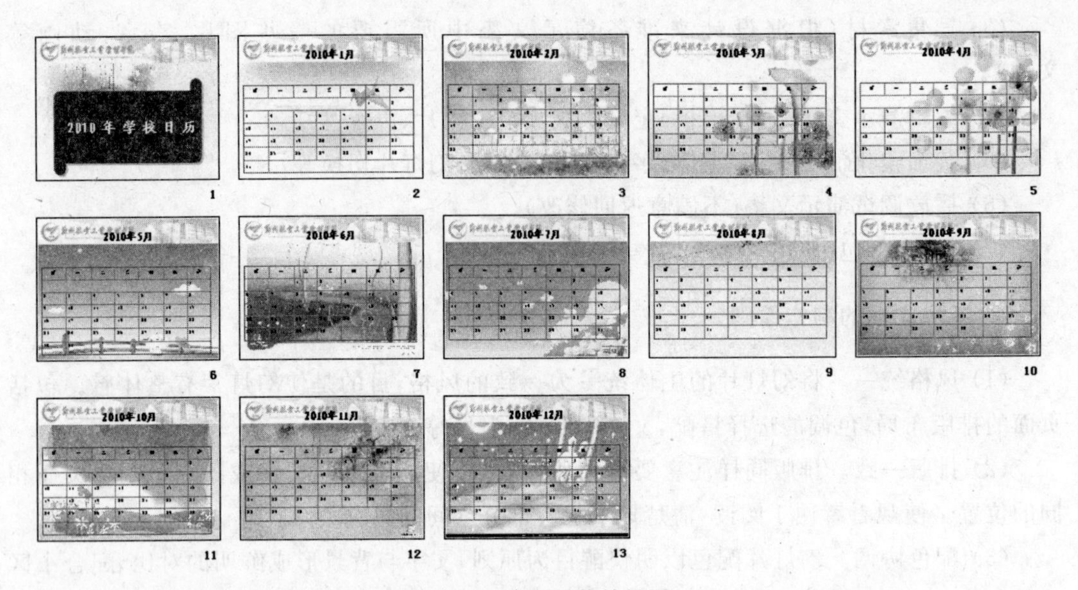

图 5-37　台历最终效果图

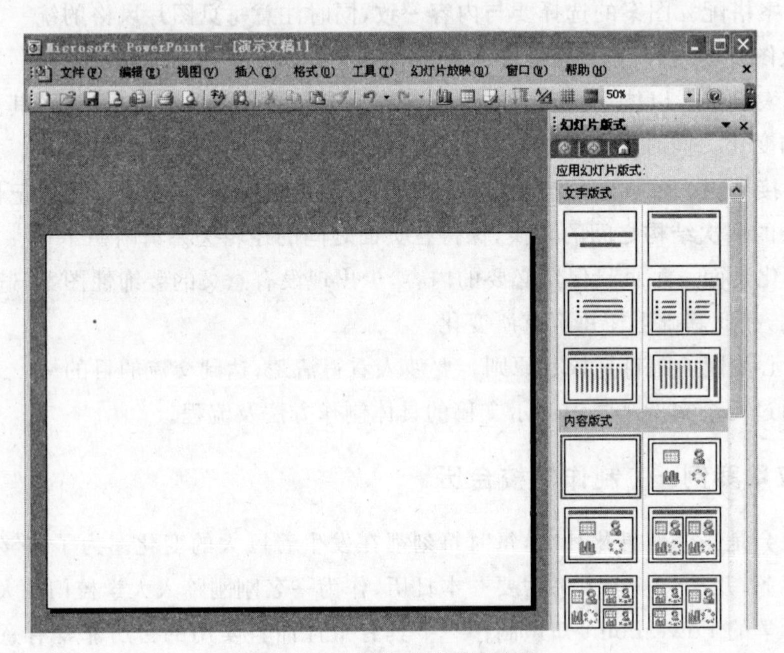

图 5-38　幻灯片版式任务窗格

(2) 在“绘图”工具栏上执行“自选图形”|“星与旗帜”|“横卷型”菜单命令，如图 5-39 所示。

(3) 在幻灯片中拖曳鼠标绘制形状，调整好合适的大小和位置，右击该形状，弹出快捷菜单，执行“自选图形格式”菜单命令，如图 5-40 所示。

(4) 在该对话框“颜色与线条”选项卡中，单击“填充区域”里的“颜色”旁的下拉箭头并选择“填充效果”，弹出“填充效果”对话框。选择“纹理”选项卡，选择“绿色大理石”样式，单击“确定”按钮，返回，效果如图 5-41 所示。

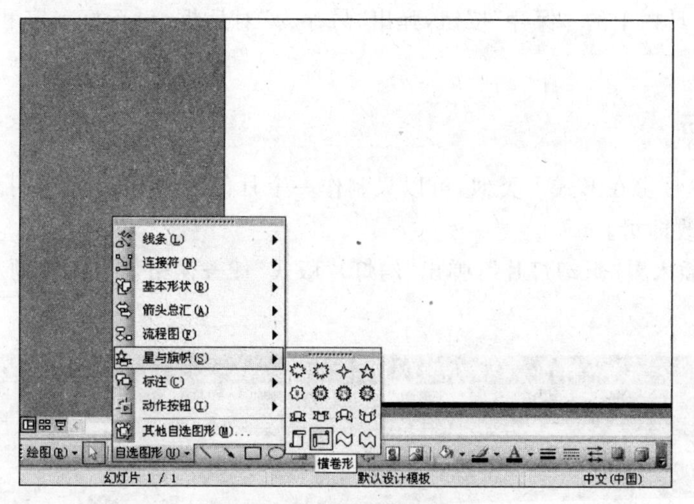

图 5-39 “横卷型”位置图

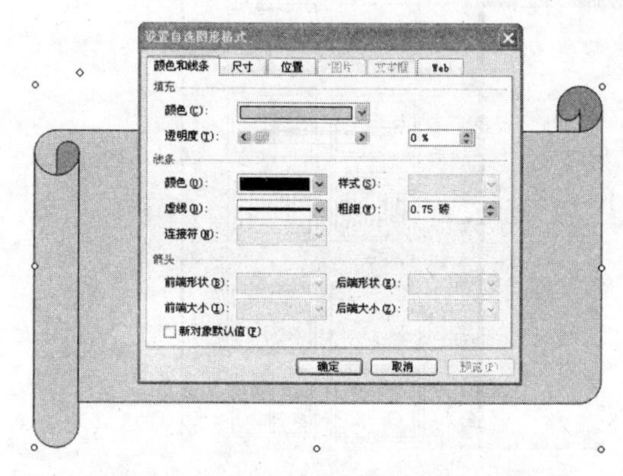

图 5-40 “设置自选图形格式”对话框

图 5-41 设置格式后的图形

(5) 再次打开“设置自选图形格式”对话框，在“颜色与线条”选项卡中选择“无线条颜色”。在“绘图”工具栏中单击“阴影样式”按钮，选择“阴影样式 6”，效果如图 5-42 所示。

(6) 右击自选图形，弹出快捷菜单，执行“添加文本”菜单命令。然后输入文字，设置文字格式，如图 5-43 所示。

图 5-42 设置线条格式和阴影后的图形

图 5-43 在图形上添加文本

(7) 单击工具栏上的“保存”按钮,弹出“另存为”对话框,设置好名字和位置后,保存该文件。

2. 设计日历

由于日历各月份在形式上类似,可以只制作一个月份的幻灯片,其他月份只要复制幻灯片,再进行些修改即可。

(1) 执行“插入”|“新幻灯片”,弹出“幻灯片版式”任务窗格,单击“标题和内容”版式,如图 5-44 所示。

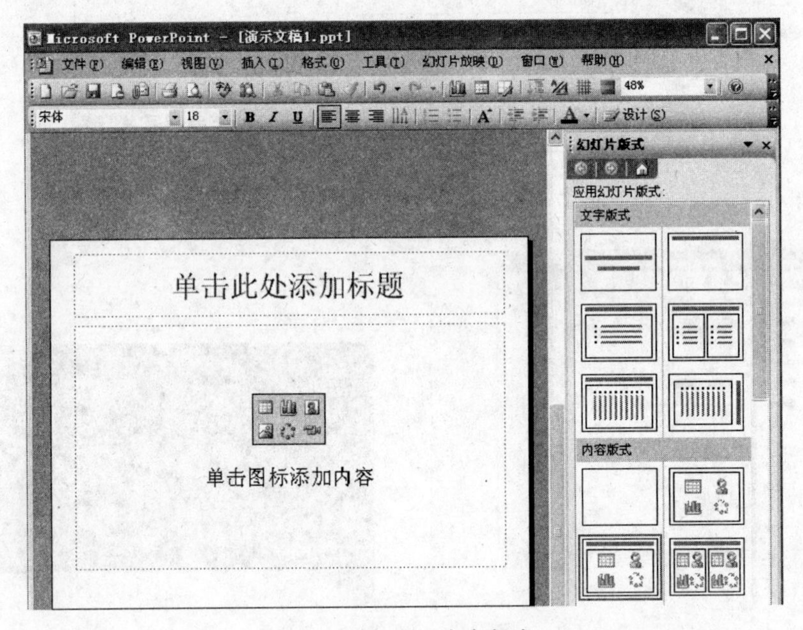

图 5-44 标题和内容版式

(2) 在“标题”占位符中输入文字,设置文字的格式。执行“内容”|“插入表格”命令,弹出“插入表格”对话框,在“行数和列数”数据框中输入表格的行数和列数,单击“确定”按钮插入一个表格。调整好表格的大小和位置,如图 5-45 所示。

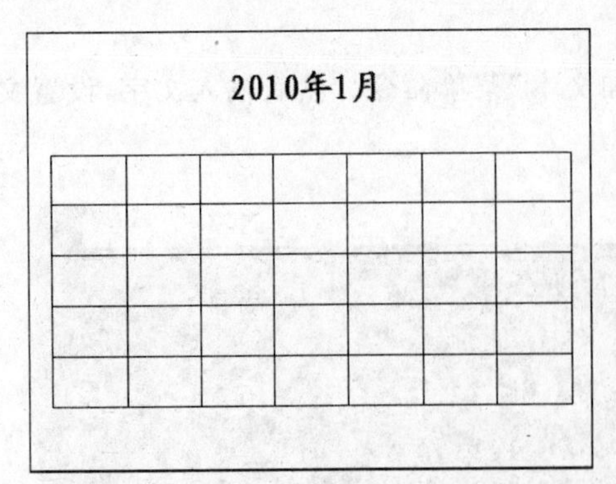

图 5-45 设置“标题和内容”后的效果

(3) 在表格的第一行单元格中输入文字,并设置字体为仿宋_GB2312,大小为 20,显示设置为“居中”;在表格中右击,弹出快捷菜单,执行“边框和填充”菜单命令,弹出“设置表格格式”对话框,选择“文本框”选项卡,从“文本对齐方式”下拉列边框中选择“中部居中”,单击“确定”按钮返回,设置好后的样式如图 5-46(a)所示。

(4) 右击表格,弹出快捷菜单,执行“边框和填充”菜单命令,弹出“设置表格格式”对话框,设置好表格的框线粗细和颜色,单击“确定”按钮返回,如图 5-46(b)所示。

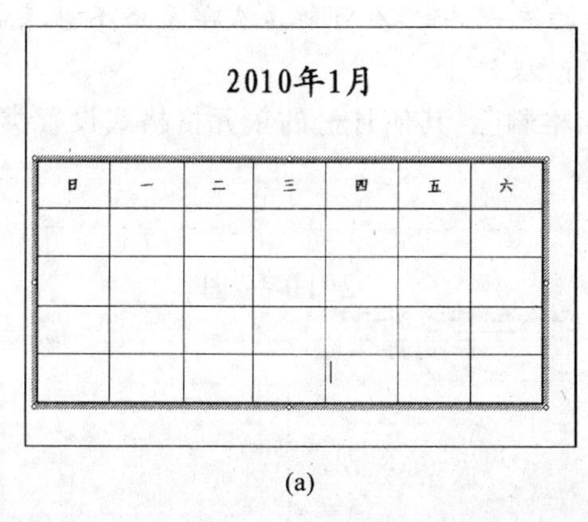

(a)

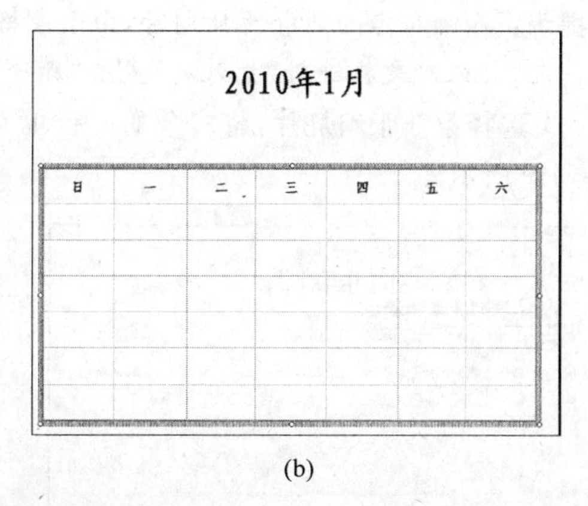

(b)

图 5-46　设置表格样式

(5) 在左侧的"大纲"选项卡中,右击第二张幻灯片,在弹出的快捷菜单中执行"复制幻灯片"菜单命令,复制一张。按这个方式再复制 10 张幻灯片,选择大纲视图对幻灯片标题进行快速更改,如图 5-47 所示。

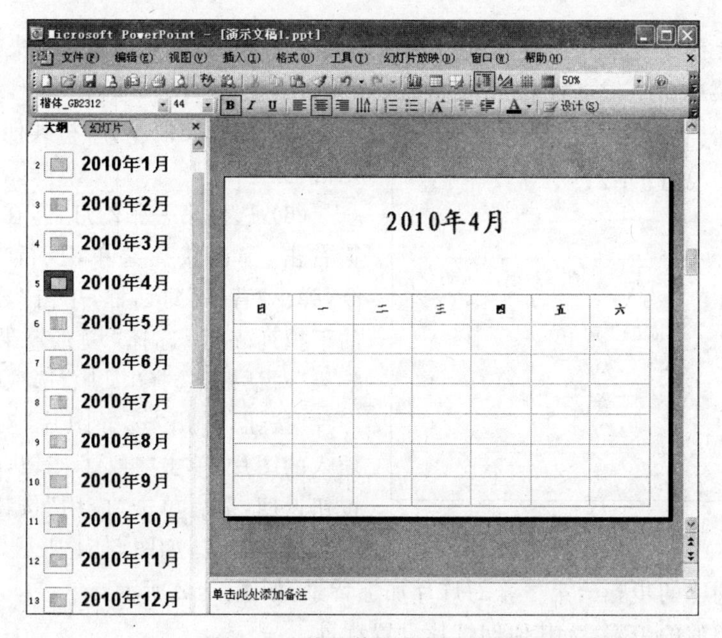

图 5-47　快速修改幻灯片标题

(6) 单击"保存"按钮,完成日历的设计操作。

3. 美化日历

包括添加日期,修改表格样式,设置幻灯片的背景等操作。

(1) 选择第二张幻灯片,在表格中按照实际日期,在相应的单元格中输入日期,将字体设置为 Times New Roman,字号为 20,对齐方式为"左对齐",对齐文本为"中间对齐",效果如图 5-48 所示。

(2) 按照上述步骤,输入其他月份的日期。

提示：再输入其他月份的日期时，由于表格的统一限制，有可能造成单元格不够或者太多的情况，可以对表格进行“插入行”或者“删除行”操作。

(3) 选择第 3 张幻灯片，将多余的一行单元格删除，其他月份的单元格格式设置类似，如图 5-49 所示。

2010年1月

日	一	二	三	四	五	六
					1	2
3	4	5	6	7	8	9
10	11	12	13	14	15	16
17	18	19	20	21	22	23
24	25	26	27	28	29	30
31						

图 5-48　添加日期效果图

2010年2月

日	一	二	三	四	五	六
	1	2	3	4	5	6
7	8	9	10	11	12	13
14	15	16	17	18	19	20
21	22	23	24	25	26	27
28						

图 5-49　设置 2 月日期图

(4) 选择没有日期的单元格以及与其相邻的单元格，右击，在弹出的快捷菜单中执行“合并单元格”菜单命令，并调整好表格位置，效果如图 5-50 所示。

2010年2月

日	一	二	三	四	五	六
	1	2	3	4	5	6
7	8	9	10	11	12	13
14	15	16	17	18	19	20
21	22	23	24	25	26	27
28						

图 5-50　合并空白单元格

(5) 按照类似步骤，将其他需要合并的单元格也合并。

(6) 选择第一张幻灯片，在幻灯片空白位置右击，弹出快捷菜单，执行“背景”菜单命令，弹出“背景”对话框，单击“背景填充”区域的下拉列表框，选择“填充效果”，弹出“填充效果”对话框，选择“图片”选项卡，单击“选择图片”按钮，弹出“选择图片”对话框，选择要插入的图片，单击“插入”按钮，再单击“确定”按钮返回，最后单击“应用”按钮，为第一张幻灯片添加背景，如图 5-51 所示。

(7) 按照同样的步骤给第二张幻灯片加上背景，如图 5-52 所示。

(8) 按照类似的步骤，为其他幻灯片设置背景。

(9) 在“幻灯片设计”任务窗格中单击“配色方案”超链接，选择一种配色方案，应用于所有幻灯片，单击“保存”按钮，完成日历的美化操作。

4. 添加标志

既然是制作学校日历，当然应该在日历中加上学校的标识，这样既可以保护版权，又可以为学校进行宣传。

(1) 执行“视图”|“母版”|“幻灯片母版”菜单命令，进入“幻灯片母版”视图方式，执行“插入”|“图片”|“来自文件”菜单命令，在弹出的“插入图片”对话框中选择要插入的标志图片，单击“插入”按钮，效果如图 5-53 所示。

图 5-51　为第一张幻灯片添加的背景图　　　　图 5-52　为第二张幻灯片添加的背景图

(2) 双击图片，打开“设置图片格式”对话框。选择“图片”选项卡，在“颜色”下拉列表中选择“冲蚀”，单击“确定”按钮，效果如图 5-54 所示。

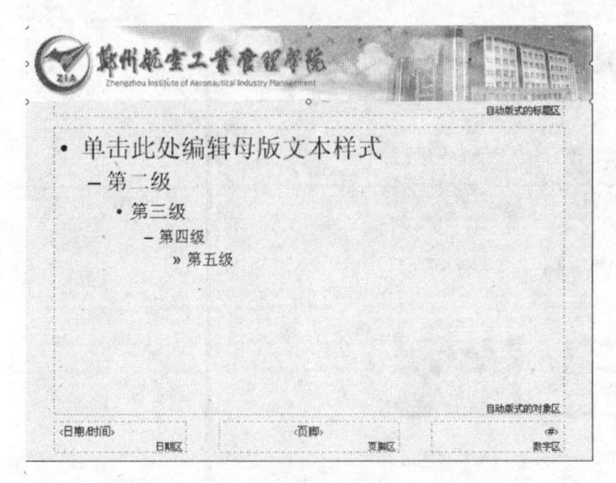

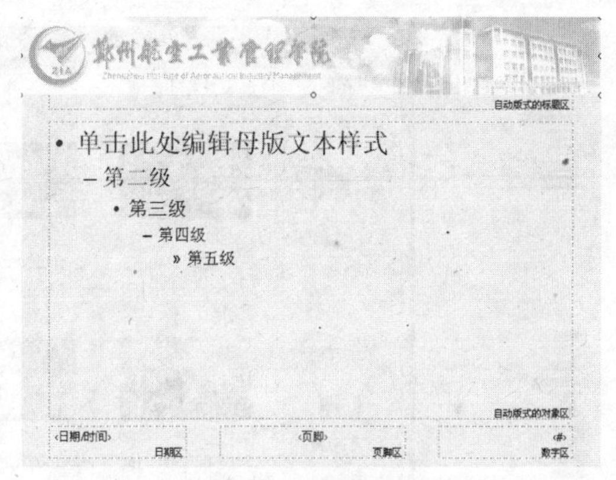

图 5-53　在模板上添加标志图片　　　　图 5-54　设置图片格式

(3) 选择“幻灯片母版视图”，单击“关闭母版视图”按钮，返回普通视图。

(4) 单击“保存”按钮，完成学校标志的添加操作。

5.4.3　应用案例二：制作电子相册

随着数字照相机不断普及，利用计算机制作电子相册的人越来越多。即使没有专门软件，用 PowerPoint 一样能轻松制作出漂亮的电子相册。下面以 PowerPoint 2003 为例，介绍制作电子相册的方法。

(1) 启动 PowerPoint 2003，新建一个空白演示文稿。

(2) 执行“插入”|“图片”|“新建相册”菜单命令，打开“相册”对话框，如图 5-55 所示。

(3) 单击“文件/磁盘”按钮，打开“插入新图片”对话框，如图 5-56 所示，单击“查找范围”文本框右侧的下拉按钮，定位到相片所在的文件夹。选中需要制作成相册的图片，然后单击“插入”按钮返回“相册”对话框，如图 5-57 所示。

注意：在选中相片时，按住 Shift 键或 Ctrl 键，可以一次性选中多个连续或不连续的图片文件。

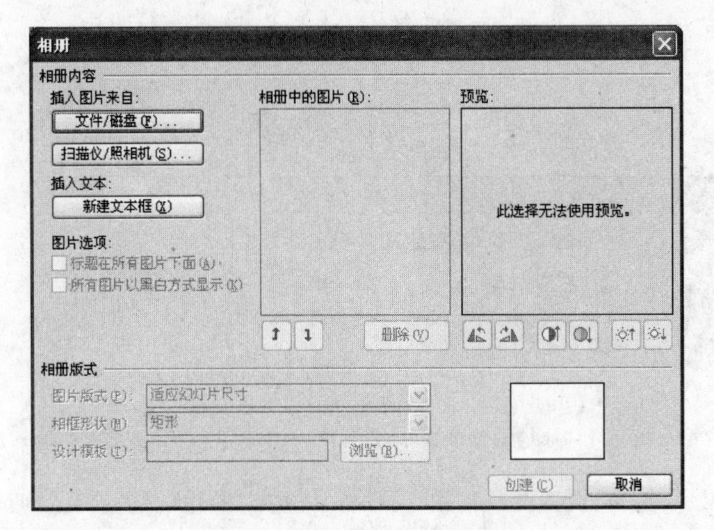

图 5-55 “相册”对话框

图 5-56 “插入新图片”对话框

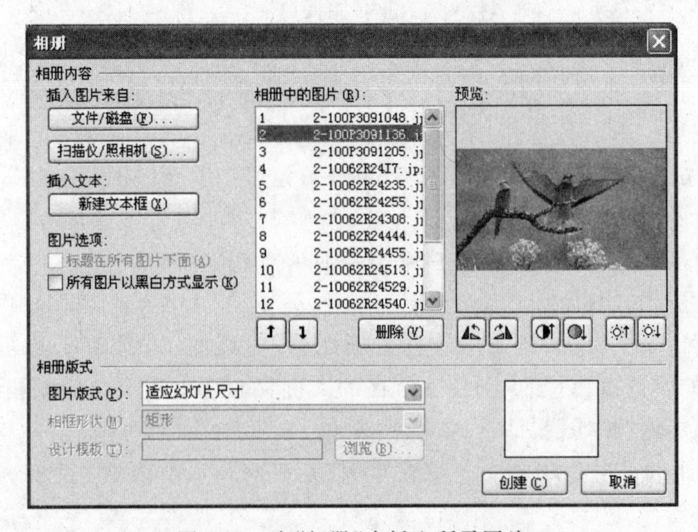

图 5-57 在“相册”中插入所需图片

（4）单击“图片版式”右侧的下拉按钮，在随后出现的下拉列表中，选择“1 张图片（带标题）”选项，如图 5-58 所示。

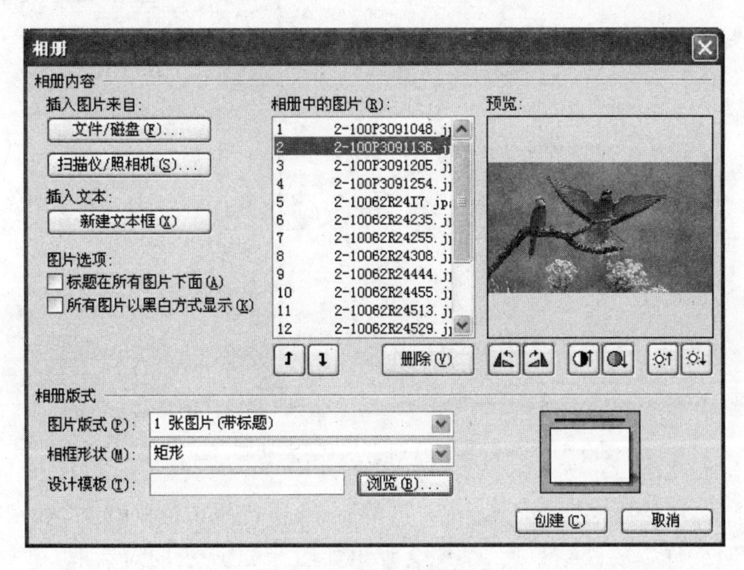

图 5-58　设置相册版式

注意：也可以不进行此步操作，也可以选择其他选项。

（5）单击“创建”按钮，图片被一一插入到演示文稿中，并在第一张幻灯片中留出相册的标题，输入相册标题等内容。并为幻灯片添加统一背景，如图 5-59 所示。

（6）切换到每一张幻灯片中，为相应的相片配上标题，如图 5-60 所示。

图 5-59　相册标题幻灯片

图 5-60　配上标题的相片

（7）准备一个音乐文件，执行“插入”|“影片和声音”|“文件中的声音”菜单命令，打开“插入声音”对话框，选中相应的音乐文件，在弹出的对话框中选择“在单击时”按钮，将其插入到第 1 张幻灯片中，幻灯片中出现一个小喇叭标记。

（8）右击小喇叭标记，在随后出现的快捷菜单中，执行“自定义动画”菜单命令，展开“自定义动画”任务窗格，如图 5-61 所示。

（9）在任务窗格的“开始”下拉列表中选择“之后”并双击“触发器”栏中的文件名，打开“播放 声音”对话框，如图 5-62 所示。单击“停止播放”栏中的在(E): 1 张幻灯片后单选按钮，并查看一下相册幻灯片的数量，将相应的数值输入在其中，单击“确定”按钮退出。

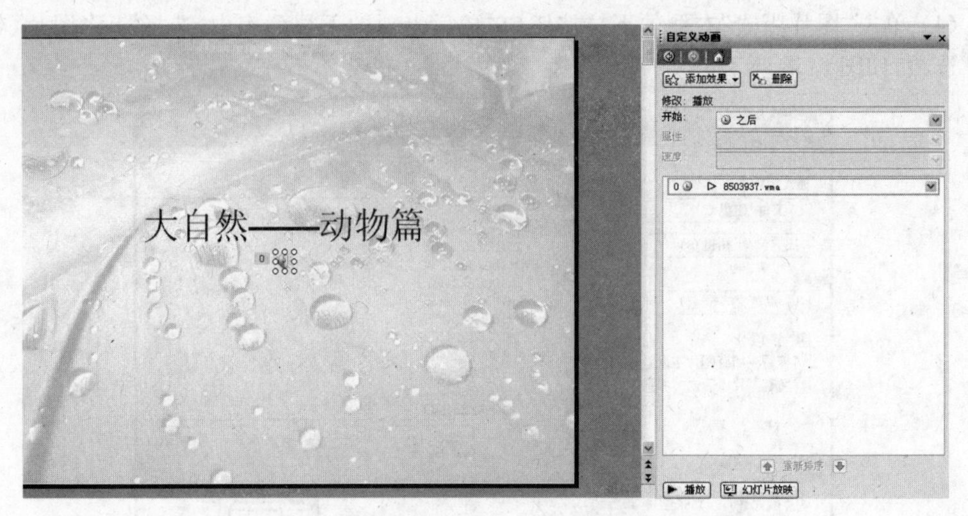

图 5-61　为音乐文件打开“自定义动画”任务窗格

(10) 执行“幻灯片放映”|“排练计时”菜单命令，进行排练放映状态，如图 5-63 所示，手动放映一遍相册文件。放映结束后，系统会弹出如图 5-64 所示的对话框，单击“是”按钮。

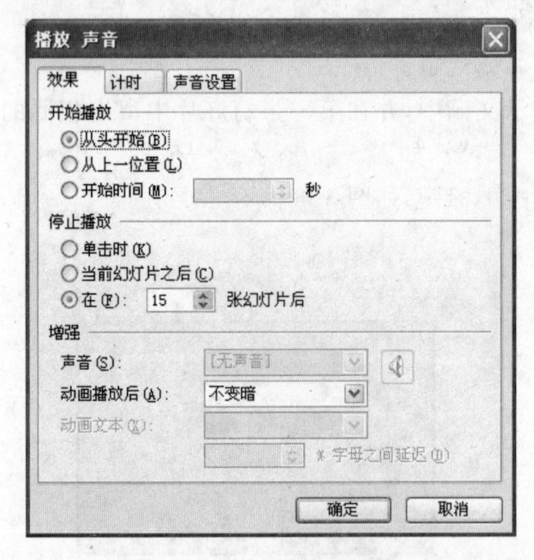

图 5-62　播放声音对话框

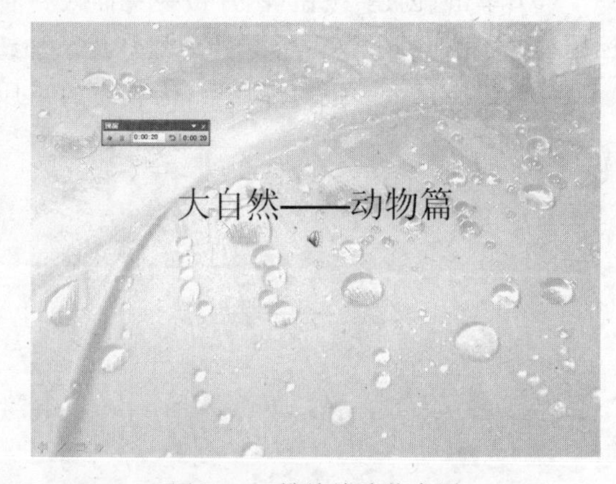

图 5-63　排练放映状态图

图 5-64　“选择是否保留排练时间”对话框

注意：如果对排练的时间不满意，可以单击“否”按钮，然后重新排练计时。

至此，电子相册制作完成，现在按 F5 键，即可欣赏效果。

习题 5

一、选择题

1. 演示文稿储存以后，默认的文件扩展名是(　　)。

A. PPT　　B. EXE　　C. BAT　　D. BMP

2. PowerPoint 菜单栏中，提供显示和隐藏工具栏中菜单命令的菜单是(　　)。

A. “格式”　　B. “工具”　　C. “视图”　　D. “编辑”

3. 幻灯片中占位符的作用是(　　)。

A. 表示文本长度　　B. 限制插入对象的数量
C. 表示图形大小　　D. 为文本等预留位置

4. 在幻灯片的“动作设置”对话框中设置的超级链接对象不允许是(　　)。

A. 一张幻灯片　　B. 一个应用程序
C. 其他演示文稿　　D. “幻灯片”中的一个对象

5. 幻灯片上可以插入(　　)多媒体信息。

A. 声音、音乐和图片　　B. 声音和影片
C. 声音和动画　　D. 剪贴画、图片、声音和影片

6. PowerPoint 的母版有(　　)种类型。

A. 3　　B. 5　　C. 4　　D. 6

7. PowerPoint 的“设计模板”包含(　　)。

A. 预定义的幻灯片版式　　B. 预定义的幻灯片背景颜色
C. 预定义的幻灯片配色方案　　D. 预定义的幻灯片样式和配色方案

8. PowerPoint 的“超级链接”命令可实现(　　)。

A. 实现幻灯片之间的跳转　　B. 实现演示文稿幻灯片的移动
C. 中断幻灯片的放映　　D. 在演示文稿中插入幻灯片

9. 如果将演示文稿置于另一台不带 PowerPoint 系统的计算机上放映，那么应该对演示文稿进行(　　)。

A. 复制　　B. 打包　　C. 移动　　D. 打印

10. 想在一个屏幕上同时显示两个演示文稿并进行编辑，如何实现？(　　)

A. 无法实现。
B. 打开一个演示文稿，执行“插入”|“幻灯片(从文件)”菜单命令。
C. 打开两个演示文稿，执行“窗口”|“全部重排”菜单命令。
D. 打开两个演示文稿，执行“窗口”|“缩至一页”菜单命令。

11. 在(　　)模式下可对幻灯片进行插入、编辑对象的操作。

A. 普通视图　　B. 大纲视图　　C. 幻灯片浏览视图　　D. 备注页视图

12. 在(　　)视图方式下能实现用一个屏幕显示多张幻灯片。

A. 普通视图　　B. 大纲视图　　C. 幻灯片浏览视图　　D. 备注页视图

13. 如果希望在演示过程中终止幻灯片的演示，则随时可按的终止键是(　　)键。

A. Delete　　B. Ctrl＋E　　C. Shift＋C　　D. Esc

14. 在幻灯片页脚设置中,(　　)是讲义或备注的页面上存在的,而在用于放映的幻灯片页面上无此选项。

A. 日期和时间　　B. 幻灯片编号　　C. 页脚　　D. 页眉

15. 如果要从一个幻灯片“溶解”到下一个幻灯片,应使用菜单“幻灯片放映”中的(　　)。

A. 动作设置　　B. 预设动画　　C. 幻灯片切换　　D. 自定义动画

16. 下列操作中,(　　)不是退出 PowerPoint 的操作。

A. 执行“文件”|“关闭”菜单命令

B. 执行“文件”|“退出”菜单命令

C. 按 Alt+F4 键

D. 双击 PowerPoint 窗口的“控制菜单”图标

17. 执行“(　　)”|“背景”菜单命令,可改变幻灯片的背景。

A. 格式　　B. 幻灯片放映　　C. 工具　　D. 视图

18. 对于演示文稿中不准备放映的幻灯片可以执行“(　　)”|“隐藏幻灯片”菜单命令隐藏。

A. 工具　　B. 幻灯片放映　　C. 视图　　D. 编辑

19. 打印演示文稿时,如“打印内容”栏中选择“讲义”,则每页打印纸上最多能输出(　　)张幻灯片。

A. 2　　B. 4　　C. 6　　D. 8

20. 如果要从第 2 张幻灯片跳转到第 8 张幻灯片,应执行“幻灯片放映”|“(　　)”菜单命令。

A. 动作设置　　B. 幻灯片切换　　C. 预设动画　　D. 自定义动画

二、判断题

1. 在 PowerPoint 2003 中,可以利用绘图工具绘制的图形中加入文字。(　　)

2. 设置幻灯片的“水平百叶窗”、“盒状展开”等切换效果时,不能设置切换的速度。(　　)

3. 超链接使用户可以从演示文稿中的某个位置直接跳转到演示文稿的另一个位置、或其他演示文稿或公司 Internet 地址。(　　)

4. 双击一个演示文稿文件,计算机会自动启动 PowerPoint 程序,并打开这个演示文稿。(　　)

5. 在 PowerPoint 2003 中,按钮为灰色时表示该命令在当前状态下不起作用。(　　)

6. 利用方向键,同时按 Ctrl 键,可以使选中的对象微移。(　　)

7. 在 PowerPoint 2003 中,允许多个不同类型的对象被同时选定。(　　)

8. 可以执行“文件”|“新建”菜单命令,为演示文稿添加幻灯片。(　　)

9. 在 PowerPoint 2003 中,要选定多个图形时,需先按住 Alt 键,再单击要选定的图形对象。(　　)

10. 在 PowerPoint 2003 中,可以通过按 Ctrl+Z 键来撤销刚刚进行的操作。(　　)

计算机网络基础与 Internet 应用

在信息化社会的今天，计算机网络已经深入到人们生活、工作的各个方面，正在各行各业发挥着越来越重要的作用。因此，掌握计算机网络的基础知识，能够灵活、高效地使用网络是现今社会对人才素质的一个基本要求。本章主要介绍计算机网络的基础知识（包括计算机网络的概念、功能、分类、组成、体系结构等）、Internet 基础知识、Internet 的应用、校园网应用等相关知识。

6.1 计算机网络基础

6.1.1 计算机网络的概念及发展过程

1. 计算机网络的概念

在计算机网络发展的不同阶段，人们对计算机网络提出了很多不同的定义，反映了当时计算机网络的发展水平。从目前的网络特点来看，计算机网络是指利用通信设置和通信线路将地理位置不同的、功能独立的多个计算机系统互连起来，在网络软件的管理和控制下，实现资源共享和信息传递的信息系统。计算机网络是计算机技术和通信技术相结合的产物。

2. 计算机网络的发展过程

计算机网络的发展经历了一个从简单到复杂、从单主机到多主机的发展过程，历史不长，但发展速度很快。概括起来，计算机网络的发展过程可以分为 4 个阶段。

(1) 第 1 阶段：远程终端连接

20 世纪 60 年中期之前的第一代的计算机网络是面向终端的计算机网络，即主机是网络的中心和控制者，只有主机具有处理能力，终端（键盘和显示器）分布在各处并与主机相连，用户通过本地终端使用远程的主机。

(2) 第 2 阶段：计算机网络阶段

20 世纪 60 年代中期至 20 世纪 70 年代末的第二代计算机网络实现了多个主机的互连，实现了计算机和计算机之间的通信。

(3) 第 3 阶段：计算机网络互连阶段

20 世纪 70 年代中期，随着计算机网络的迅猛发展，各大公司纷纷推出自己的网络产品。但由于没有统一的标准，不同厂家建立的网络之间难以互连通信，限制了计算机网络的发展。1984，国际标准化组织(ISO)正式颁布了开放式系统互连参考模型(OSI-RM)，实现了不同厂家生产的网络产品的互连，后来又出现了更加实用的TCP/IP体系结构。具有统一网络体系结构并遵循国际标准的开放式和标准化系统是第三代计算机网络的特征。这一时期Internet得到了快速发展。

(4) 第4阶段：信息高速公路

20世纪90年代末，继美国之后世界各国纷纷修建自己的“信息高速公路”，大大促进了计算机网络的发展。高速化、多媒体化、智能化、全球化成为第4阶段网络发展的主要特征。

现在互联网已成为人们日常生活、工作中不可或缺的一部分。未来的计算机网络将实现覆盖整个地球、为任何人服务的目标，即任何人(Whoever)在任何时间(Whenever)、任何地点(Wherever)都可以和任何人(Whomever)通过网络进行通信，传递任何信息(Whatever)。

6.1.2 计算机网络的功能

计算机网络的功能主要体现在以下几个方面。

1. 资源共享

资源共享是计算机网络最主要的功能。资源共享也就是共享计算机网络中的所有硬件、软件和数据。在全网范围内提供对硬件资源的共享，尤其是对一些昂贵的设备，如大型计算机、高分辨率打印机、大容量外存实行资源共享，可节省投资和便于集中管理。而对软件和数据资源的共享，可允许网上用户远程访问各种类型的数据库及得到网络文件传送服务，避免了在软件方面的重复投资。

2. 数据通信

计算机网络的数据通信功是能用来快速传送计算机与终端、计算机与计算机之间的各种数据信息，包括文字信件、新闻消息、咨询信息、图片资料、报纸版面等。利用这一特点，可实现将分散在各个地区的单位或部门用计算机网络联系起来，进行统一的调配、控制和管理。利用计算机网络提供的数据通信功能，用户可以在网上传送电子邮件、发布新闻消息、进行远程电子购货、电子金融贸易、远程电子教育等。

3. 分布式处理

网络中某一台计算机负荷过重时，可以将某些任务通过网络传送到其他计算机进行处理，这样处理能均衡各计算机的负载；对大型综合性问题，可将问题各部分交给不同的计算机分头处理，由网络中的计算机共同完成复杂任务，这就是分布式运算的基本原理。单一的一台计算机的计算能力是有限的，如果将无数台计算机连接成一个计算机网络，就能大大提高计算能力。

4. 提高系统可靠性

计算机系统可靠性的提高主要表现在计算机网络中的每台计算机都可以依赖计算机网络相互为后备机，一旦某台计算机出现故障，其他的计算机可以马上承担起原来由该故障机所承担的任务，避免了系统的瘫痪，使得计算机的可靠性得到了很大提高。

6.1.3 计算机网络体系结构与协议

1. 计算机网络体系结构与协议基本概念

为了实现网络中各个计算机之间的通信，必须对整个通信过程的各个环节制定规则或约定，包括传送信息采用哪种数据交换方式、采用什么样的数据格式来表示数据信息和控制信息、如传输有错采用哪种差错控制方式、发收双方选用哪种同步方式等。有关通信双方通信时所应遵循的一组规则和约定称为协议。

实现计算机网络通信是很复杂的，用来约定通信过程的网络协议同样很复杂。如果用一个协议规定通信的全过程，将是一件非常困难的事情。与其他复杂的体系一样，计算机网络系统的实现也采用分层结构化方法，即将整个计算机网络系统分成若干层，每层完成一定的功能，并对其上层提供支持；每一层建立在其下层之上，即一层功能的实现以其下层提供的服务为基础。整个层次结构中各个层次相互独立，每一层的实现细节对其上层是完全屏蔽的，每一层可以通过层间接口调用其下层的服务，而不需要了解下层服务是怎样实现的。

通常将网络功能分层结构以及各层协议统称为网络体系结构。目前著名的网络体系结构有两个，一个是国际标准化组织推出的 OSI 参考模型，一个是 TCP/IP 参考模型。这里先介绍一下 OSI 参考模型，TCP/IP 参考模型放在后边的 Internet 基础知识部分介绍。

2. OSI/RM 参考模型

自 20 世纪 70 年代以来，国外一些主要计算机生产厂家都先后推出了本公司的网络体系结构，为使不同计算机厂家生产的计算机能相互通信，迫切需要建立一个国际范围的网络体系结构标准。国际标准化组织(ISO)于 1984 年正式颁布了开放式系统互连参考模型，即 OSI/RM 模型。

如图 6-1 所示，OSI/RM 模型把计算机网络分为 7 层，由底层到高层依次是物理层、数据链路层、网络层、传输层、会话层、表示层和应用层，各层的功能如下。

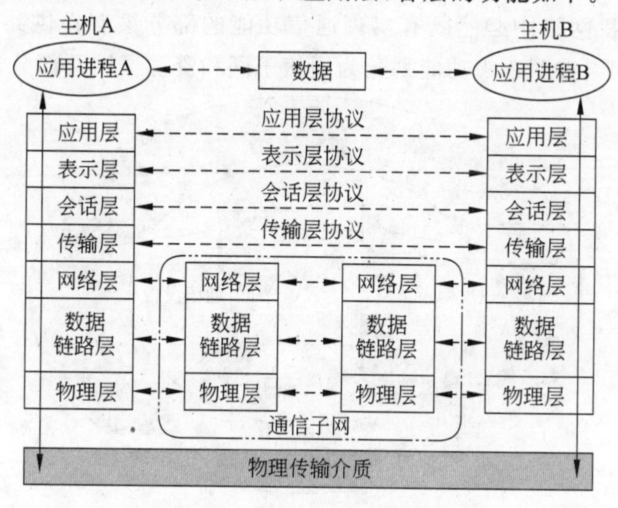

图 6-1 OSI/RM 参考模型

(1) 物理层向下直接连接着物理传输介质，起着数据链路层到物理传输介质之间的逻辑接口的作用。物理层定义了通信网络之间物理链路的电气或机械特性，以及激活、维护和关闭这条链路的各项操作，物理层的主要任务就是透明地传输二进制比特流。

(2) 数据链路层是在物理层提供的比特服务基础上，在相邻节点间建立简单的通信链路，将数据分成帧，以帧为单位进行数据传输，同时它还负责数据链路上的流量控制、差错控制，实现两个相邻节点之间无差错的数据帧的传输。

(3) 网络层则是将数据分成一定长度的分组，并在分组头中标识源和目的节点的逻辑地址；网络层的核心功能便是根据这些地址来获得从源到目的的路径，当有多条路径存在的情况下，还要负责进行路由选择。

(4) 传输层是向用户提供可靠的、透明的端到端的数据传输，以及差错控制和流量控制机制。由于它的存在，网络硬件技术的任何变化对高层都是不可见的，也就是说会话层、表示层、应用层的设计不必考虑低层硬件的细节。

(5) 会话层在网络实体间建立、管理和终止通信应用服务请求和响应等会话。

(6) 表示层定义了一系列代码和代码转换功能以保证源端数据在目的端同样能被识别，比如大家所熟悉的文本数据的ASCII码，表示图像的GIF或表示动画的MPEG等。

(7) 应用层是面向用户的最高层，通过软件应用实现网络与用户的直接对话，例如找到通信对方、识别可用资源和同步操作等。

各层的功能可以概括如下：物理层正确利用传输介质，数据链路层连通每个节点，网络层选择路由，传输层找到对方主机，会话层指出对方实体是谁，表示层决定用什么语言交谈，应用层指出做什么事情。

6.1.4 计算机网络系统构成

1. 计算机网络的逻辑组成

计算机网络首先是一个通信网络，各个计算机之间通过媒介、通信设备进行数据通信，在此基础上各计算机可以通过网络软件共享其他计算机上的硬件资源、软件资源和数据资源。也就是说计算机网络中必然既有实现通信功能的部分又有提供共享资源的部分。所以，常常把计算机网络按照逻辑功能划分为通信子网和资源子网两部分，如图6-2所示。

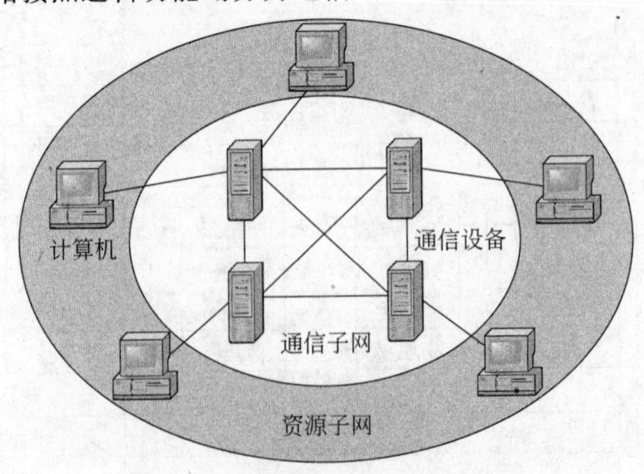

图6-2　计算机网络的逻辑组成

把计算机网络中实现网络通信功能的设备及其软件的集合称为网络的通信子网，由用于信息交换的网络节点处理机和通信链路组成，主要负责数据传输、加工、转发和变换等。

把网络中实现资源共享功能的设备及其软件的集合称为资源子网，主要包括独立工作的计算机及其外围设备、软件资源和整个网络的共享数据。资源子网是计算机网络中面向用户的部分，负责数据处理工作。

2. 计算机网络的物理组成

计算机网络按照网络物理组成可以分为网络硬件和网络软件两部分，如图 6-3 所示。网络硬件是网络运行的实体，对网络性能起决定作用。而网络软件是支持网络运行、提高效益和开发网络资源的工具。

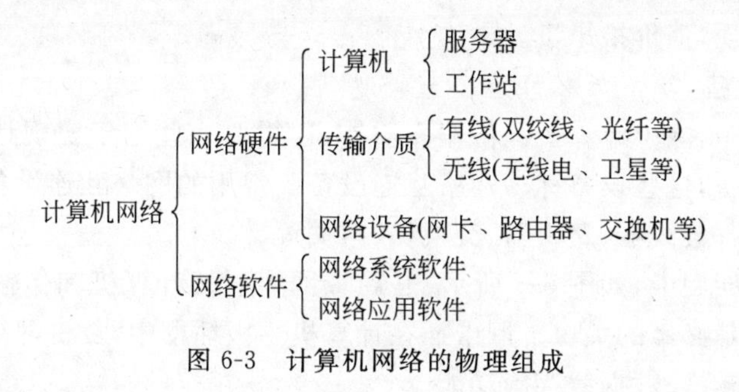

图 6-3 计算机网络的物理组成

(1) 计算机网络硬件

计算机网络就是通过网络设备和通信线路将不同地点的计算机及其外围设备在物理上实现连接的系统。因此，计算机网络硬件主要由可独立工作的计算机、传输介质和网络设备等组成。

① 计算机。

计算机网络中最核心的组成部分是计算机。根据用途不同可以将网络中的计算机分为服务器和工作站。

服务器是计算机网络中向其他计算机或网络设备提供某种服务的计算机，并按提供的服务被冠以不同的名称，如数据库服务器、邮件服务器等。服务器直接影响网络的整体性能，一般由高性能计算机承担。

工作站也叫客户机，是具有独立处理能力的计算机，它是用户向服务器申请服务的终端设备。用户可以在工作站上处理日常工作，并随时向服务器索取各种信息及数据，请求服务器提供各种服务。

② 传输介质。

传输介质是指在网络中承担信息传输的载体，它是网络中发送方与接收方之间的物理通路。传输介质按其特征可分为有线传输介质和无线传输介质，有线传输介质包括双绞线、同轴电缆、光缆等，如图 6-4 所示；无线传输介质包括无线电、微波、红外线、卫星等。

双绞线是一种价格低廉、易于连接的传输介质。虽然传输距离一般只有数百米，但它非常适合局域网的连接，尤其适合在一座办公楼范围内使用。

同轴电缆由绕在同一轴线上的两个导体组成。具有抗干扰能力强，连接简单等特点，信息传输速度可达每秒几百兆位，是中、高档局域网的首选传输介质。

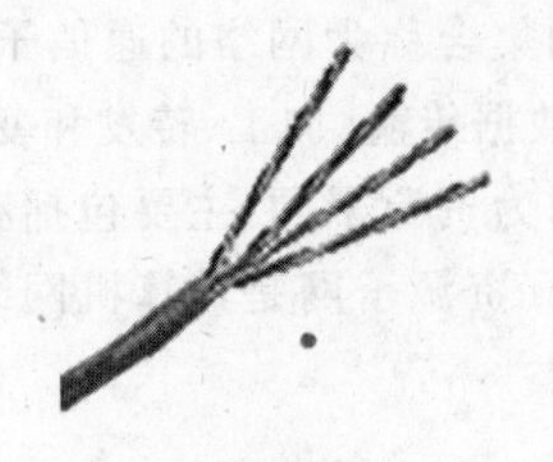

(a) 双绞线

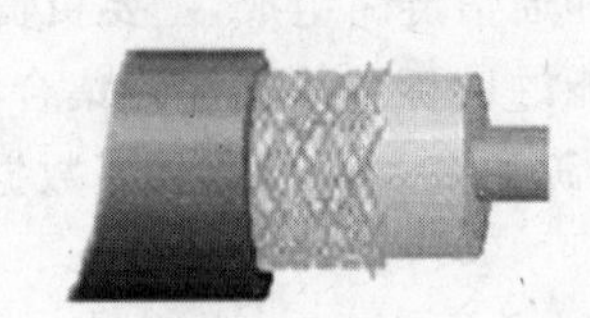

(b) 同轴电缆

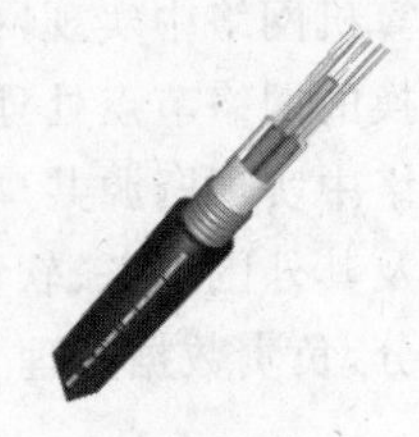

(c) 光缆

图 6-4　常用传输线

光纤又称为光缆或光导纤维，由光导纤维纤芯、玻璃网层和能吸收光线的外壳组成。具有不受外界电磁场的影响、无限制的带宽等特点，尺寸小、重量轻，数据可传送几百千米，是较为理想的通信介质，但价格昂贵。

③ 网络互连设备。

在计算机网络中，除了计算机和传输介质外，还需要一些用于实现计算机之间、网络与网络之间的连接设备，这些设备称为网络互连设备。常用的网络互连设备包括网络适配器、调制解调器、中继器、集线器、路由器、交换机、网关等。

网络适配器也叫网卡，如图 6-5 所示，是局域网中连接计算机和传输介质的接口，是计算机与网络之间通信必经的关口。网卡插在计算机主板插槽中，负责网络数据的收发，收发过程中还涉及编码转换、数据缓存等功能。

调制解调器（modem），俗称“猫”，如图 6-6 所示，是一种实现数字信号和模拟信号在通信过程中相互转换的设备。一方面它将计算机中的数字信号转变成能在模拟信道（如电话线）进行传输的模拟信号；另一方面也将来自模拟信道的模拟信号转变成计算机能够接收并处理的数字信号。调制解调器是通过电话线上网的必备的硬件设备。

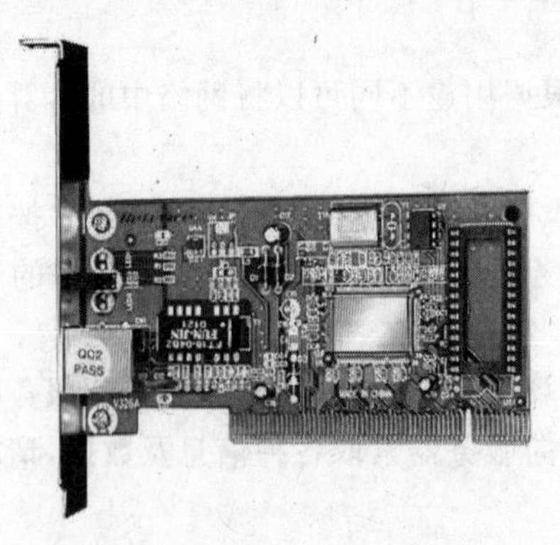

图 6-5　网卡

图 6-6　调制解调器

中继器（repeater）也称为转发器，用于延伸一个局域网或连接两个同类型的局域网。当一个局域网的距离又超过了线路的规定长度时，传输信号的质量会随之下降，为了保证网络信号的正确性，就要用中继器对局域网进行延伸；中继器也可以收到一个网络的信号后将其放大发送到另一网络，从而起到连接两个同类型局域网的作用，用中继器连接网络的示意图如图 6-7 所示。

集线器（hub）相当于一个多口的中继器，它将一个端口接收的信号向所有端口分发出

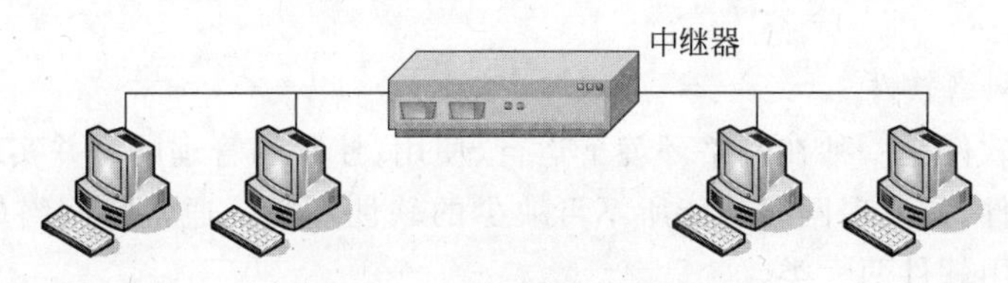

图 6-7　用中继器连接网络

去，每个输出端口相互独立，当某个输出端口出现故障时，不影响其他输出端口。集线器是组建星状结构以太网的重要网络连接设备。

路由器(router)是用于连接不同技术网络的网络连接设备，如图 6-8 所示，它为不同网络之间的用户提供最佳的通信路径，具有判断网络地址和选择路径的功能。另外，它还有滤波、存储转发、流量控制、介质转换等等功能。

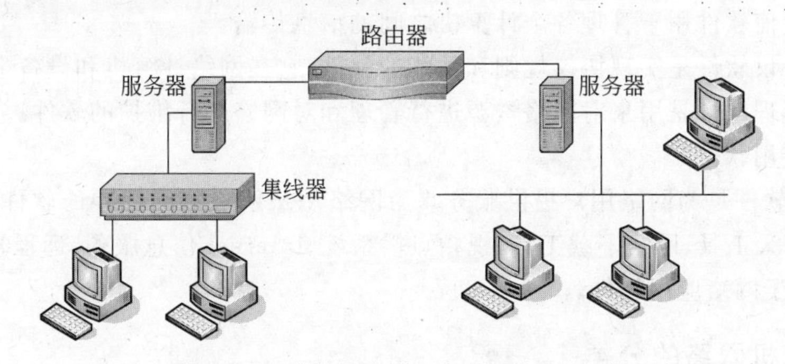

图 6-8　用路由器连接两个不同类型的网络

交换机(switch)和集线器类似，也是一种多端口网络连接设备，其外观和接口与集线器一样，但交换机却更智能。交换机的这种智能体现在它会记忆哪些地址接在哪个端口上，并决定将数据送往何处，而不会送到其他不相关的端口，因此这些未受影响的端口可以同时向其他端口传送数据，适合于大规模局域网，如图 6-9 所示。

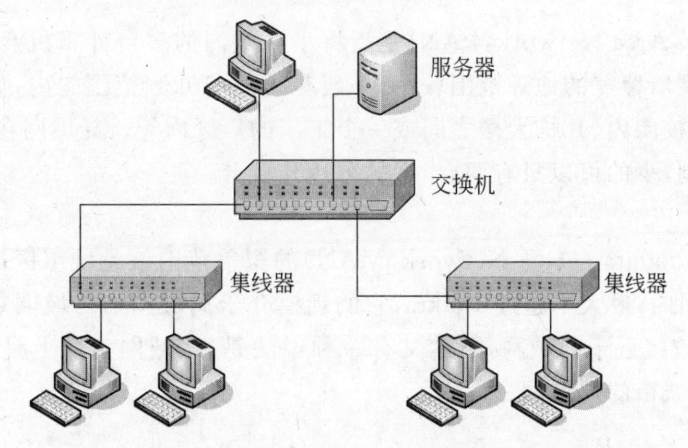

图 6-9　交换机的应用

网关(gateway)是最复杂的网络互连设备。可以用于广域网互连，也可以用于局域网互连。它不仅具有路由功能，而且可以实现不同网络协议之间的转换，并将数据重新分组后传送。如果两个网络不仅网络协议不一样，而且硬件和数据结构都大相径庭，那么就得用网关。

(2) 计算机网络软件

计算机网络软件是一种在网络环境下运行、使用、控制和管理网络并实现通信双方交换信息的计算机软件，是实现网络功能所不可缺少的软件环境。通常将网络软件分为网络系统软件和网络应用软件两大类。

① 网络系统软件。

网络系统软件是控制和管理网络运行、提供网络通信、管理和维护共享资源的网络软件。它包括网络操作系统、网络通信软件、网络协议软件、网络管理软件等。

- 网络操作系统是实现系统资源共享、管理用户对不同资源访问的系统软件，是最主要的网络软件。目前常用的网络操作系统有 Windows Server、UNIX、Linux、NetWare 等。
- 网络通信软件用于管理各个计算机之间的信息传输。
- 网络协议软件是实现协议规则和功能的软件，它在网络计算机和设备中运行。
- 网络管理软件是用来对网络资源进行管理和对网络进行维护的软件。

② 网络应用软件。

网络应用软件是为网络用户提供服务并为网络用户解决实际问题的软件。例如，网络浏览器、QQ 聊天工具、网络下载工具、视频点播系统、Internet 信息服务、远程教学和远程医疗软件等都属于网络应用软件。

6.1.5 计算机网络的分类

计算机网络非常复杂，有许多种分类标准。按照不同的分类标准，计算机网络将分成不同的类型。

1. 按照网络的覆盖范围进行分类

(1) 局域网

局域网(Local Area Network，LAN)是指将小区域内的多台计算机互连在一起形成的通信网络。局域网所覆盖的地理范围较小，一般在 1m～10km 范围之内，如在一个房间内、一座大楼内、一个校园内、几栋大楼之间或一个工厂的厂区内等。局域网在计算机数量配置上没有太多的限制，少的可以只有两台，多的可达几百台。

(2) 城域网

城域网(Metropolitan Area Network，MAN)的覆盖范围就是城市区域，一般是在方圆 10km～60km 范围内，最大不超过 100km，它的规模介于局域网与广域网之间，使用的技术与 LAN 相似，比较接近于局域网，因此又有一种说法是，城域网实质上是一个大型的局域网，或者说是整个城市的局域网。

(3) 广域网

广域网(Wide Area Network，WAN)是一种跨越巨大地域的计算机网络的集合。通常跨越省、市，甚至一个国家。广域网包括大大小小不同的子网，子网可以是局域网，也可以是小型的广域网。

2. 其他分类

除了最常见的按照覆盖的地理范围分类以外，还有其他的分类方法，例如按传输介质分为有线网络和无线网络两大类；按照网络之中使用的数据传输技术可以分为广播式网络和点对点网络两大类；按照用途可以把计算机网络分为共用网和专用网等。

6.1.6 常见的网络拓扑结构

在计算机网络中，计算机可以看做是“点”，数据链路可以看做是“线”，因此，整个计算机网络就可以抽象为一个点与线之间的关系图。在数学领域，这种点与线之间的关系称为拓扑(Topology)。于是，就把由这些点和线构成的抽象的计算机网络结构图称为计算机网络拓扑结构。常见的网络拓扑结构有总线型、环状、星状、树状和网状结构。

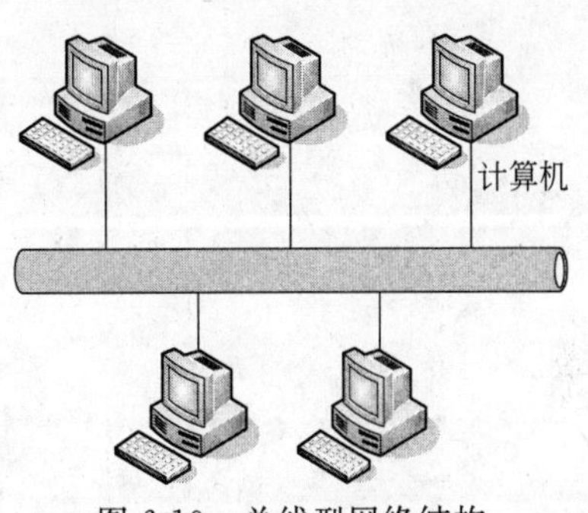

图 6-10 总线型网络结构

(1) 总线型

在总线型网络结构中所有的节点共享一条数据通道，如图 6-10 所示。总线型网络安装简单方便，需要铺设的电缆最短，成本低，某个站点的故障一般不会影响整个网络，但传输介质的故障会导致网络瘫痪。总线型网络安全性低，监控比较困难，增加新站点也不如星状网容易。

(2) 环状

环状拓扑结构中各节点通过通信线路组成闭合回路，环中数据只能单向传输，如图 6-11 所示。其优点是结构简单、适合使用光纤、传输距离远、传输延迟确定。缺点是环状网络中的每个节点均成为网络可靠性的瓶颈，任意节点出现故障都会造成网络瘫痪。另外，故障诊断也较困难。最著名的环状拓扑结构网络是 IBM 公司开发的令牌环网(Token Ring)。由于这种网络拓扑结构连接的用户少，网络速度慢，扩展困难，所以现在基本上已经被淘汰了。

(3) 星状

星状拓扑结构如图 6-12 所示。在这种结构中，网络中的各节点通过点对点的方式连接到一个中央节点(又称中央转接站，一般是集线器或交换机)上，由该中央节点向目的节点传

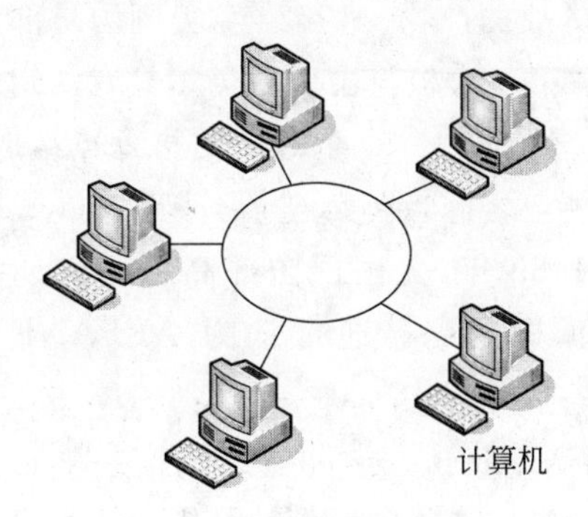

图 6-11 环状网络结构

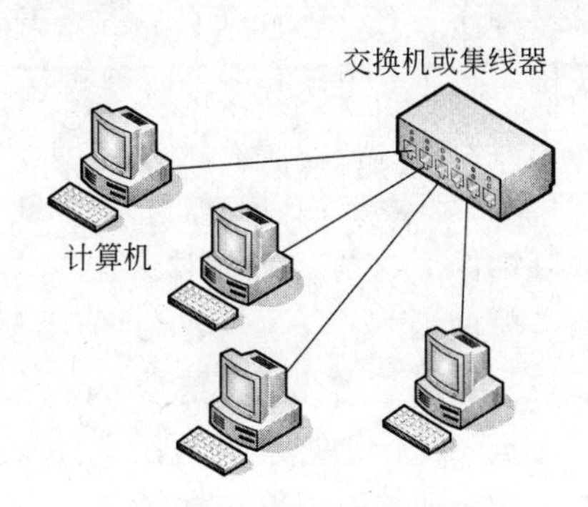

图 6-12 星状网络结构

送信息。中央节点执行集中式通信控制策略，因此中央节点相当复杂，负担比各节点重得多。在星状网中任何两个节点要进行通信都必须经过中央节点控制。

(4) 树状

树状拓扑结构是一种分级结构，其形状像一棵倒置的树，如图 6-13 所示。这种结构的优点是线路利用率高、网络成本低、结构简单，缺点是对根节点依赖比较大。

(5) 网状

如果一个网络只连接几台设备，最简单的方法就是将它们直接相连在一起，这种连接称为点对点连接，用这种方式形成的网络就是网状结构网络，如图 6-14 所示。网状拓扑的计算机网络可靠性高，扩充容易，不过结构复杂，管理困难，所需线路多。

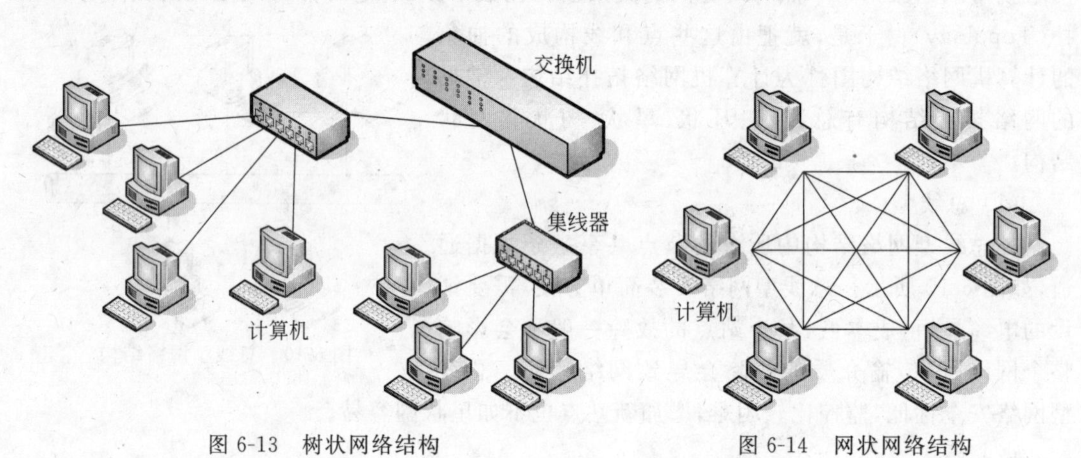

图 6-13　树状网络结构　　　　图 6-14　网状网络结构

6.1.7 Internet 基础知识

20 世纪 80 年代以来，在计算机网络领域最引人注目的就是起源于美国的 Internet 的飞速发展。Internet 专指“因特网”，而 internet 翻译为“互联网”，它是全世界最大的全球性计算机网络。该网络将遍布全球的计算机连接起来，人们可以通过 Internet 共享全球信息，它的出现标志着网络时代的到来。

1. Internet 的起源及发展历程

从某种意义上，Internet 可以说是美国和前苏联冷战的产物。1962 年，美国国防部为了保证美国本土防卫力量和海外防御武装在受到前苏联第一次核打击以后仍然具有一定的生存和反击能力，认为有必要设计出一种分散的指挥系统：它由一个个分散的指挥点组成，当部分指挥点被摧毁后，其他点仍能正常工作，并且这些点之间，能够绕过那些已被摧毁的指挥点而继续保持联系。为了对这一构思进行验证，1969 年，美国国防部高级研究计划署(ARPA)资助建立了一个名为 ARPANET 的计算机网络。通常认为 ARPANET 是 Internet 的雏形，它的出现标志着 Internet 的诞生。

20 世纪 80 年代中期，美国国家科学基金会(NSF)为鼓励大学和研究机构共享它们非常昂贵的 4 台计算机主机，希望各大学、研究所的计算机与这 4 台巨型计算机连接起来。最初 NSF 曾试图使用 ARPANET 作 NSFNET 的通信干线，但由于 ARPANET 的军用性质，并且受控于政府机构，这个决策没有成功。于是 NSF 决定自己出资，利用 ARPANET 发展出来的 TCP/IP 通信协议，建立名为 NSFNET 的广域网。

1986 年 NSF 投资在美国普林斯顿大学、匹兹堡大学、加州大学圣地亚哥分校、依利诺斯大学和康纳尔大学建立 5 个超级计算中心，并通过 56kbps 的通信线路连接形成 NSFNET 的雏形。后来 NSFNET 不断完善和扩大，很多大学、政府资助甚至私营的研究机构纷纷把自己的局域网并入 NSFNET 中，NSFNET 所覆盖的范围逐渐扩大到全美的大学和科研机构，成为 Internet 最主要的成员网。

1989 年 MILNET(由 ARPNET 分离出来)实现和 NSFNET 连接后，开始采用 Internet 这个名称。自此以后，越来越多的国家和部门的计算机网并入 Internet，20 世纪 90 年代，Internet 以惊人的速度发展，成为全球连接范围最广、用户最多的互连网络。

2. Internet 体系结构

Internet 使用的参考模型是 TCP/IP 参考模型。TCP/IP 参考模型也采用分层的网络体系结构，共分 4 层，即主机-网络层(也称网络接口层)、网络互连层(IP 层)、传输层(TCP 层)和应用层。图 6-15 表示了 TCP/IP 参考模型和 OSI/RM 参考模型的对应关系。

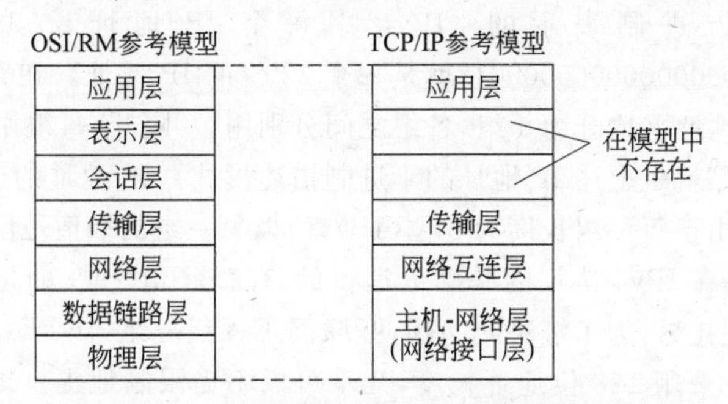

图 6-15　TCP/IP 参考模型和 OSI 参考模型的对应关系

(1) 主机-网络层

主机-网络层又叫网络接口层，与 OSI/RM 参考模型中的物理层和数据链路层相对应。该层中所使用的协议大多是各个通信子网固有的协议，例如以太网 IEEE 802.3 协议、令牌环网 IEEE 802.5 协议或分组交换网 X.25 协议等。主机-网络层的作用是传输经网络互连层处理过的信息，并提供一个主机与实际网络的接口，而具体的接口关系则可以由实际网络的类型所决定。

(2) 网络互连层

网际互连层对应于 OSI/RM 参考模型的网络层，其功能是将各种各样的通信子网互连，主要解决主机到主机的通信问题。该层运行的最重要的协议是网际协议(Internet Protocol，IP)。

(3) 传输层

传输层与 OSI/RM 参考模型中的传输层功能类似，负责应用进程之间的端到端通信。该层定义了两个主要的协议：传输控制协议(TCP)和用户数据报协议(UDP)，TCP 协议提供的是一种可靠的、面向连接的数据传输服务；而 UDP 协议提供的是不可靠的、无连接的数据传输服务。

(4) 应用层

应用层是最高层，主要向用户提供各种服务，如远程登录服务(Telnet)、文件传输服务(FTP)、简单邮件传输服务(SMTP)等。

互联网中的协议有多种，其中最核心的协议是 TCP/IP 协议。

3. IP 地址

连接网络的各个计算机之间要想能够正确通信，每台计算机必须有一个唯一的地址，IP 地址就是给每个连接在网络上的计算机分配的一个地址，它具有唯一性。IP 协议就是使用 IP 地址在计算机之间传递信息的一种互联网协议。当前的 IP 协议有 IPv4 和 IPv6 两个版本，这里重点介绍 IPv4。

(1) IPv4 地址的组成

从逻辑上讲，一个 IP 地址由网络号(网络地址)和主机号(主机地址)两部分组成。网络号标识一个物理网络，同一个网络中所有主机共用一个网络号，该号在整个互联网中是唯一的。主机号确定网络中的一个工作端、服务器、路由器或其他 TCP/IP 主机。对于同一个网络号，主机号是唯一的。

IP 地址是用二进制表示的。IPv4 中每个 IP 地址长 32 位(4B)。例如"00001010000000000000000000000001"就是一个 32 位的 IP 地址。在实际使用时，为了方便，常把 32 位的 IP 地址平均分为 4 组，各组之间分别用"."隔开，每组用相应的十进制数来表示，例如"10.0.0.1"就是上述 IP 地址的十进制描述形式。IP 地址的这种表示法叫做"点分十进制表示法"。由于每一组长度为 8 位(1B)，所以每一组的取值范围是 0～255。

现有的互联网是在 IPv4 协议的基础上运行的。随着 Internet 的迅速发展，IPv4 定义的有限地址空间将被耗尽，为了解决此问题，互联网工程任务组(IETF)提出了一种新的 IP 协议，即 IPv6。IPv6 采用 128 位地址长度，几乎可以不受限制地提供地址。另外，IPv6 相对于 IPv4 还在网络安全、服务质量、多播、移动性、即插即用等方面做了改进。IPv6 是下一代互联网协议。

(2) IPv4 地址的分类

前边介绍过，IP 地址是由网络号和主机号两部分组成的，根据网络号所占位数的不同，将 IP 地址分为 A、B、C、D 和 E 共 5 类。其中 A、B、C 三类由 Internet NIC(Internet 网络信息信心)在全球范围内统一分配，D、E 类为特殊地址。这里只简单介绍一下 A、B、C 三类，如图 6-16 所示。

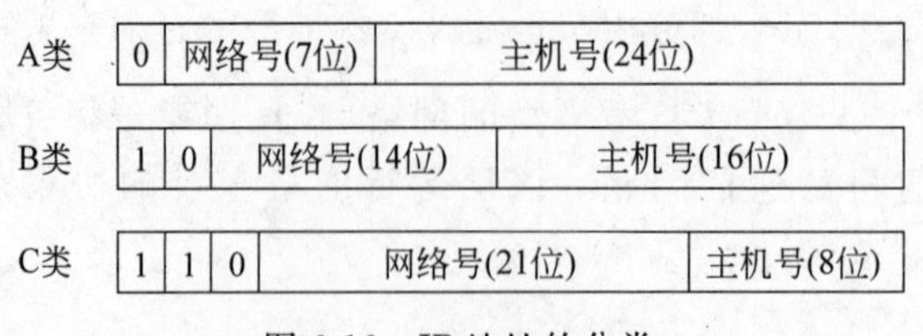

图 6-16　IP 地址的分类

① A 类地址。

其最高位为"0"，网络号占据前 1 个字节，而主机地址占后面的 3 个字节，如图 6-16 所示。A 类地址的网络号对应的十进制数范围是 0～127，由于网络号 0 和 127 作为保留地址，所以 A 类地址的有效网络号范围是 1～126，说明世界上最多只能有 126 个 A 类网。A 类地址中的主机地址长度为 24 位，则每个 A 类网络允许有 $2^{24}-2=16\ 777\ 214$ 台主机(因为全 0 和全 1 地址作为特殊地址用，不分配给主机)，因此 A 类网络通常用于组建拥有大量主机的大型网络。

② B 类地址。

其最高两位为“10”，网络地址部分占前 2 个字节，而主机地址占后面的 2 个字节，如图 6-16 所示。B 类地址的前 8 位对应的十进制数取值范围是 128～191。B 类地址允许有 16 382 个网络，每个网络允许有 65 534 台主机，适用于组建中型的网络。

③ C 类地址。

其最高 3 位为“110”，网络地址部分占前 3 个字节，而主机地址只占后面的 1 个字节，如图 6-16 所示。C 类地址的前 8 位对应的十进制数取值范围是 192～223。C 类地址允许有 2 097 150 个网络，每个网络允许有 254 台主机，适用于组建小型的网络。

在实际组网时，IP 地址是不可以随意分配的，必须遵守这样的规则：网络地址必须相同，主机地址必须不同。例如，如果给第一台计算机分配的 IP 地址为 192.168.0.3，可以看出这是一个 C 类 IP 地址，其网络地址部分占前 3 个字节，因此在给网络中其他计算机分配 IP 地址时，必须保证前 3 个字节内容相同，后一个字节内容不同，例如 192.168.0.6 就是一个合适的 IP。

4. 域名

IP 地址是纯数字的形式，不便于记忆，因此 Internet 上引入了域名系统(Domain Name System，DNS)。

(1) 域名系统

所谓域名系统就是一种字符型的网络主机命名系统。域名像 IP 地址一样是网络计算机的一种标识，具有唯一性。显然域名与 IP 地址有一定的对应关系，DNS 服务器提供主机域名和 IP 地址之间的转换服务。所以，访问一个网站时既可以通过其域名进行，也可以通过其 IP 地址进行。比如，要访问郑州航空工业管理学院的网站，可以在浏览器地址栏中输入域名 www.zzia.edu.cn，也可以在浏览器地址栏中输入 IP 地址 218.28.165.44。只不过在使用域名访问网站时要经过一个把域名转换成 IP 地址的过程(首先由 DNS 服务器在后台把域名转换成 IP 地址，然后再通过 IP 地址访问网站)，而使用 IP 地址访问网站更加直接。

域名由多个部分组成，每个部分用圆点隔开。各部分的级别是不同的，最右边的部分级别最高，称为顶级域名，越靠左级别越低，分别是二级域名，三级域名，……。比如域名 www.zzia.edu.cn 的顶级域名是 cn，二级域名是 edu，三级域名是 zzia，主机名是 www(说明是一个基于 HTTP 的 Web 服务器)。

(2) 顶级域名

顶级域名都是由美国商业部授权的互联网名称与数字地址分配机构(ICANN)负责注册和管理。顶级域名分为两种，一种是国家或地区的域名名称，另一种是组织机构的类型域名。国家或地区的域名名称是用两个英文字母表示国家和地区的，表 6-1 列出了常用的国家或地区的域名名称。国家顶级域名只能由该国申请，并由所在国负责管理和注册。

表 6-1　常用的国家或地区的域名名称

域　名	国家或地区	域　名	国家或地区	域　名	国家或地区
au	澳大利亚	es	西班牙	sg	新加坡
ca	加拿大	fr	法国	us	美国
cn	中国	gb	英国		
de	德国	jp	日本		

表 6-2 列出了常用的组织机构的类型域名。其中，com、net、org 这 3 个是通用顶级域名，任何国家的用户都可以申请注册它们的二级域名；而 edu、gov、mil 这 3 个只向美国专门机构开放。

表 6-2　常用组织机构的类型域名

域　名	组织机构类型	域　名	组织机构类型	域　名	组织机构类型
com	商业类	info	信息服务	net	网络机构
edu	教育类	int	国际机构	org	非盈利组织
gov	政府部门	mil	军事类		

(3) 中国互联网的域名

中国的域名是由中国互联网络管理中心(CNNIC)负责注册和管理的。中国的互联网域名体系顶级域名是 cn。采用两个字母的汉语拼音表示中国的各省、自治区和直辖市，如 bj 表示北京，sh 表示上海等。

6.1.8　Internet 的接入与设置

要想应用 Internet，首先必须把自己的计算机接入 Internet。目前常见的个人用户接入 Internet 的方式有传统的“电话拨号上网”、“ADSL 上网”、“局域网接入上网”等。

无论采用哪一种方式接入 Internet 都离不开 ISP(网络服务提供商)的支持。ISP 是专门帮助用户接入 Internet 并提供网络服务的一类公司。在国内，常见的 ISP 有中国电信、中国网通、中国铁通等公司。不同的 ISP 提供的接入技术也不尽相同。

1. 电话拨号上网

由于电话的普及，所以使用基于电话网的拨号上网方式是出现较早的一种上网方式。由于电话网上传输的是模拟信号，而计算机中处理的是数字信号，所以使用电话拨号上网必须有一个调制解调器(modem)。它的作用是一方面将计算机的数字信号转换成可在电话线上传送的模拟信号(调制过程)，另一方面将电话线传输的模拟信号转换成计算机所能接收的数字信号(解调过程)。使用基于公共电话网上网的连接示意图如图 6-17 所示。

2. ADSL 上网

非对称数字式用户线路(Asymmetric Digital Subscriber Line, ADSL)是一种基于公共

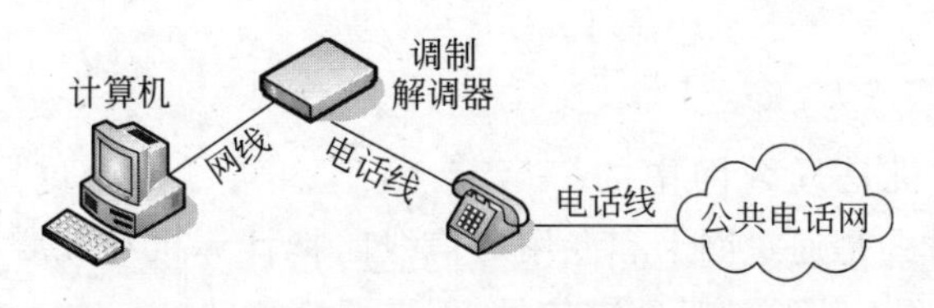

图 6-17　使用基于公共电话网的上网连接方式

电话网提供宽带数据业务的技术。之所以称之为非对称，是由于其实现的是上行速率小，而下行速率大的工作模式。ADSL 可以提供高达 8Mbps 的下载速率和 1Mbps 的上传速率，且传输距离可达 3～5km。它可以支持多种宽带应用服务，例如电视会议、虚拟私有网络以及音视频多媒体应用等。ADSL 技术是目前最主流的一种互联网接入技术。

家庭通过 ADSL 接入 Internet 时，应首先向 ISP 提出申请，并准备好上网所需的计算机（带有网卡），一般 ISP 会提供给用户一台 ADSL Modem，并分配一个账号和密码。上网时将计算机、ADSL Modem、电话线等连接好后，再创建一个拨号连接就行了。下面以在 Windows XP 操作系统下为例来说明设置步骤。

第 1 步，右击“网上邻居”图标，弹出快捷菜单，执行“属性”菜单命令，弹出“网络连接”窗口，如图 6-18 所示。

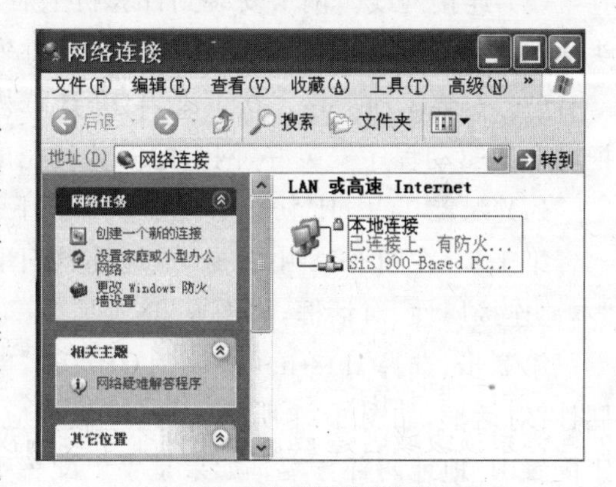

图 6-18　“网络连接”窗口

第 2 步，在“网络连接”窗口左侧“网络任务”栏中，单击“创建一个新的连接”，出现 Internet“新建连接向导”对话框，如图 6-19 所示。按照提示一步一步进行设置，设置完了，在图 6-18 中会显示一个新连接，并且桌面上会有一个拨号连接的快捷图标，以后上网时只要双击桌面上那个新建的拨号连接，登录以后就可以上网了。

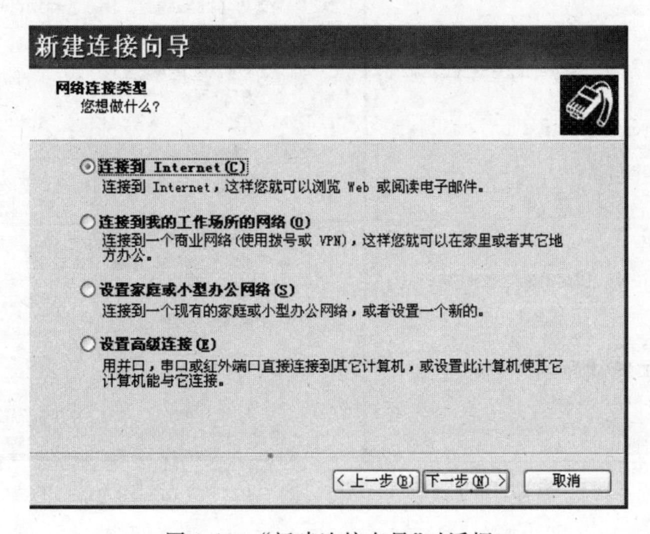

图 6-19　“新建连接向导”对话框

3. 局域网上网

如果用户的计算机是局域网中的一个节点，那么就可以通过局域网的服务器接入Internet。这种接入方式是通过网卡和专用通信线路把计算机与互联网相连。常用的通信线是双绞线。通信线路上传输的是数字信号，不需要模数转换。这种方式接入简单、费用较低、速度高，深受用户欢迎。

采用局域网接入，需要有一台计算机、一块网卡、一根双绞线，然后再去找网络管理员申请一个 IP 地址或者账号。局域网的接入方式比较简单，步骤如下。

(1) 安装网卡。将事先准备好的局域网网卡插入计算机内部总线扩展槽上，并进行固定(现在大多数主机主板上已内嵌了局域网网卡，此步骤可省略)

(2) 连接网线。网卡安装到计算机上后，把做好的双绞线一头插在局域网接口处，另一头插在网卡后的双绞线插孔内，网卡的硬件安装和连线就做好了。

(3) 安装驱动程序。接下来，打开计算机电源，计算机会自动检测到新硬件，按照提示把网卡的驱动程序安装好，网卡的安装就完成了。

(4) 配置 TCP/IP 协议。配置步骤如下。

第 1 步，在图 6-18 中右击“本地连接”图标，在快捷菜单中执行“属性”菜单命令，打开“本地连接属性”对话框，如图 6-20 所示。

第 2 步，选择 Internet 协议(TCP/IP)，单击“属性”按钮，打开“Internet 协议(TCP/IP)属性”对话框，如图 6-21 所示，在这里做相应配置即可。在这里有“自动获得 IP 地址”和手工配置 IP 地址两种方案。如果是手工配置 IP 地址，则将从管理人员那里得到的 IP 地址、子网掩码、默认网关、DNS 服务器等相应的数据填入相应的位置即可。

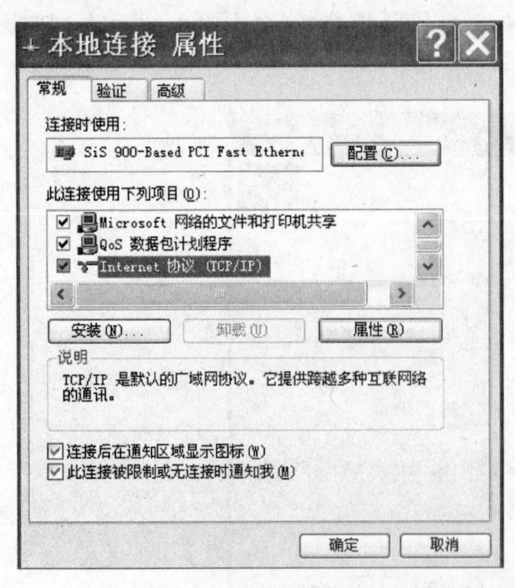

图 6-20 “本地连接 属性”对话框

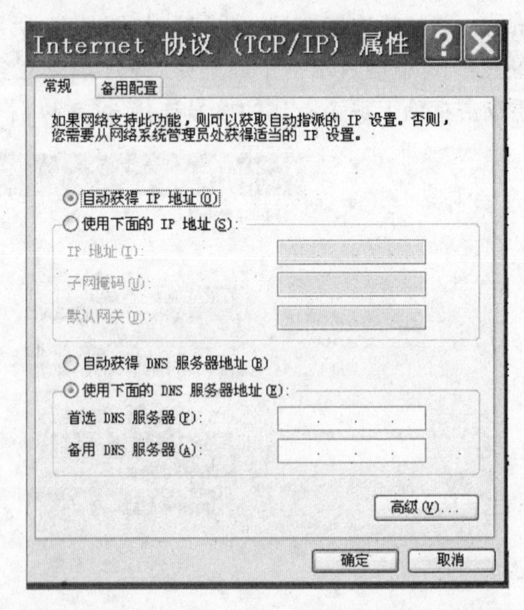

图 6-21 “Internet 协议(TCP/IP)属性”对话框

6.2 Internet 应用

Internet 技术对世界的影响毋庸置疑，它已改变了人们的生活和工作方式，越来越多的人们在生活和学习中已离不开 Internet。本节将对目前广泛应用的 WWW 服务、信息检索、文件的下载与上传、电子邮件、即时通信、文件传输服务、论坛、博客、微博等进行简单介绍。

6.2.1 WWW 服务

1. WWW 简介

WWW(World Wide Web，万维网)也称为 Web。WWW 服务是目前应用最广的一种基本互联网应用。人们每天上网都要用到这种服务。通过 WWW 服务，只要用鼠标进行本地操作，就可以到达世界上的任何地方。由于 WWW 服务使用的是超文本标记语言(HTML)，所以可以很方便地从一个信息页转换到另一个信息页。它不仅能查看文字，还可以欣赏图片、音乐、动画。

WWW 服务采用的是客户机/服务器模式，其工作原理是：用户通过客户机上的浏览器(Browser)向各个 Web 服务器提出查询要求，Web 服务器将查询结果通过浏览器返回给用户。客户机和服务器之间使用 HTTP(超文本传输协议)进行通信，如图 6-22 所示。

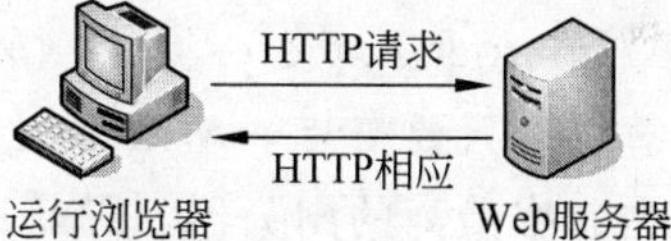

图 6-22 WWW 工作原理

浏览器是一种客户端软件，用户通过它可以访问 Internet 上的所有信息，是用户与 Internet 的接口。浏览器的种类也比较多，例如 Netscape 公司的 Navigator 和 Communicator、Microsoft 公司的 Internet Explorer(简称 IE)、中国的傲游(Maxthon)与火狐(FireFox)等。其中 Microsoft 公司的 Internet Explorer 与其推出的 Windows 系列操作系统绑定，因此应用也最广。

Web 服务器是为各个用户提供 Internet 服务的计算机，含有丰富的信息资源供浏览器查询浏览。一个 Web 服务器有一个域名，习惯上称之为网站。使用浏览器访问一个 Web 服务器就是访问一个网站。

HTTP 是超文本传输协议，用于定义浏览器如何向 Web 服务器发出请求以及 Web 服务器如何将 Web 页面返回给浏览器。

下面介绍与 WWW 相关的几个术语。

(1) 网页。WWW 服务器提供的信息由一组页面组成，类似于图书的页面。在 Internet 上称这些页面为网页或 Web 页。网站的第一个页面称为主页，它是一个网站的出发点。

(2) 超链接。超链接是一个页面中包含的能够连到 WWW 上其他页面的链接信息。用户通过单击它可以打开它指向的另一个页面。页面上带有超链接的文字下面通常都有一条横线。

(3) HTML。HTML(Hyper Text Markup Language，超文本标记语言)是一种制作万维网页面的标准语言。

(4) URL。URL(Uniform Resource Locators，统一资源定位符)，它是一种同一格式的Internet信息资源地址的标识方法。URL的位置对应在Internet Explorer窗口中的地址栏，URL表示方法是：

协议类型：//主机域名/文件路径/文件名

其中，“协议类型”可以是HTTP(超文本传输协议)、FTP(文件传输协议)、Telnet(远程登录协议)等，因此利用浏览器不仅可以访问WWW服务，还可以访问FTP等服务。“主机域名”指明要访问的服务器，“文件路径”和“文件名”指明要访问的页面名称。例如，http://www.zzia.edu.cn/2008/situation/scene.asp就是一个URL。

当用户通过URL向服务器发出请求时，浏览器在域名服务器的帮助下获取该远程服务器主机的IP地址，然后建立一条到该主机的连接。在此连接上，远程服务器使用指定的协议发送网页文件，最后指定页面信息出现在本地计算机的浏览器窗口中。

2. Internet Explorer的使用

(1) Internet Explorer界面

Internet Explorer是由微软公司开发的网络浏览器，集成于Windows操作系统当中。计算机上只要安装了Windows操作系统，就可以使用这款浏览器，因此它也是目前国内市场占有率最高的浏览器。图6-23就是Internet Explorer 8.0的界面，和Windows其他应用程序没有多大差别，主要由标题栏、地址栏、搜索栏、菜单栏、工具栏、标签(选项卡)、浏览区和状态栏等几部分组成。

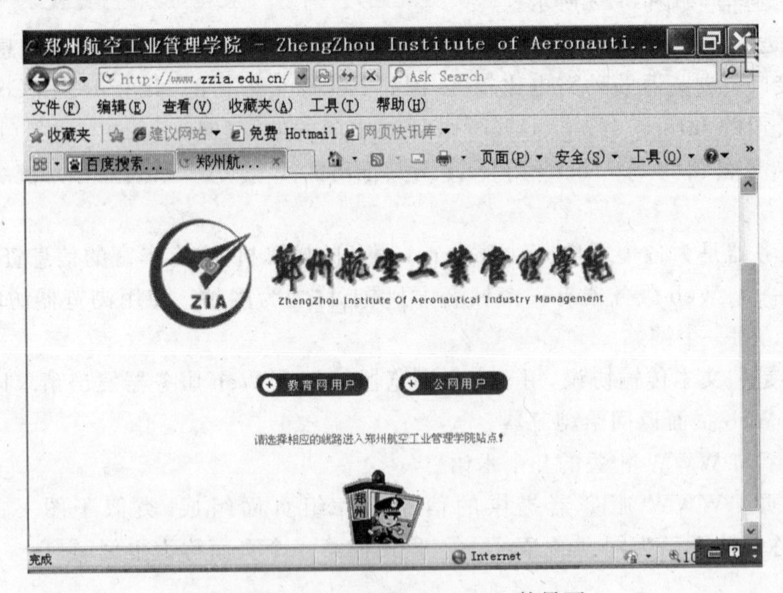

图6-23 Internet Explorer 8.0的界面

(2) Internet Explorer的设置

掌握一些Internet Explorer的设置方法，可以为Internet Explorer的使用带来方便。执行“工具”|“Internet选项”菜单命令，可以打开图6-24所示的对话框。利用此对话框可以对Internet Explorer进行一些必要的设置。

① “常规”选项卡。

在如图 6-24 所示的“常规”选项卡中,可以使用“主页”提供的地址栏设置主页。设置主页的方法是,首先在地址栏中输入要作为主页的网址,然后单击“常规”选项卡中的“使用当前页”按钮。

在这里还可以清除浏览历史记录,也就是 Cookie 和一些临时文件。临时文件是为了加快访问速度而缓存在本地的一些内容,以图片信息为主。Cookie 的作用就是保存了用户的一些上网信息,比如某网站的用户名和密码,这样下次再登录该网站时,无须输入用户名和密码即可登录。单击“删除”按钮来清除 Cookie 和临时文件。

在这里还可以调整搜索引擎,更改网页在选项卡中显示的方式,修改浏览器的外观,比如颜色、语言、字体、辅助功能等,这些操作都很简单,在此就不一一赘述了。

② “安全”选项卡。

在如图 6-25 所示的“安全”选项卡中,可以修改 Internet Explorer 的安全级别。从图 6-25 中可以看到,一共有 4 个安全区域可供选择,其中最主要的是 Internet 安全区域。默认情况下,Internet 区域的安全设置级别适用于所有网站。该区域的安全级别设置为“中高”(但可将其更改为“中”或“高”)。未使用安全设置的网站是位于本地 Intranet 区域的站点,或者是已明确进入受信任的或受限的站点区域的站点。对于普通的应用,将安全级别设置为“中”即可,没有必要将安全级别设置得太高,如果限制太多,会影响到上网的体验。但有种情况将安全级别设置为“高”,会有意想不到的效果。比如说,在网上搜索到了一篇很好的文章,想采用“复制”、“粘贴”的方法把这篇文章保存到本地计算机中,进行操作时发现这个网站不允许“复制”,此时如果将安全级别设置为“高”,一般就可以进行“复制”操作了。

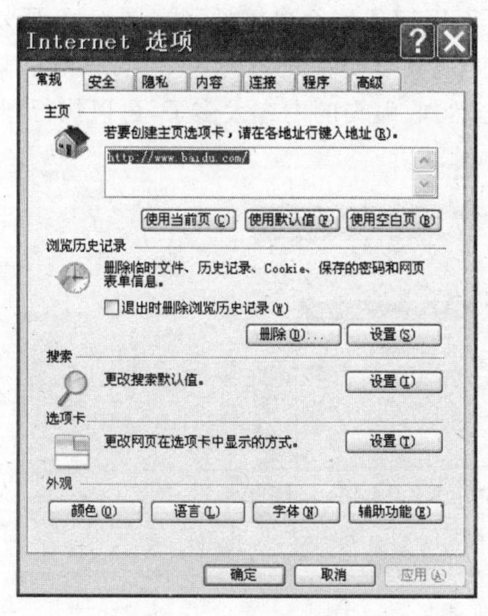

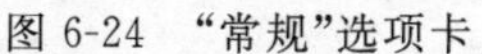
图 6-24 “常规”选项卡

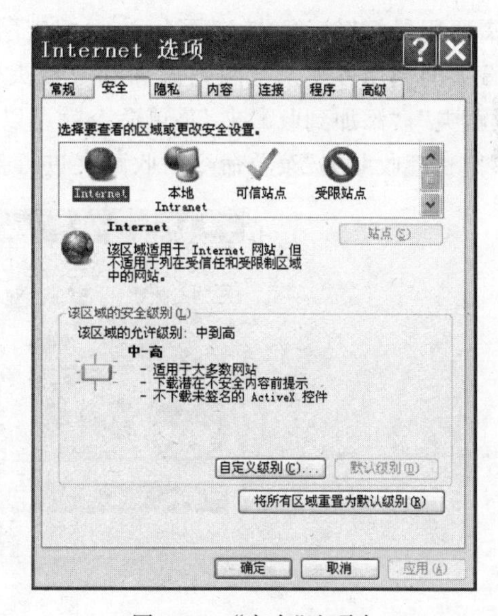

图 6-25 “安全”选项卡

其他的几个选项卡不是很常用,这里就不做介绍了。

(3) 使用 Internet Explorer

① 浏览网页。

浏览网页是 Internet Explorer 最常用的功能,而且也非常简单,所要做的只是简单地移

动鼠标指针并决定是否单击相应链接。具体步骤如下:

第 1 步,打开浏览器,在地址栏中输入要浏览的网页的 URL,然后按 Enter 键,就可以将相应的网页显示出来。例如输入 http://www.zzia.edu.cn 后回车,郑州航空工业管理学院的主页就显示出来。

第 2 步,将鼠标指针指向带下划线的文字时,鼠标指针变成手形,表明此处是一个超级链接,并且鼠标下面文字颜色会变色。单击鼠标,浏览器将显示出该超级链接所指向的网页。

第 3 步,将鼠标指针指向某一幅图片时,如果看到鼠标指针又变成了手形,表明此处还是一个超级链接,在上面单击鼠标,就会转到相应的网页。

② 保存网页。

平时上网浏览,看到喜欢的网页总希望能保存到本机硬盘上以便日后再次欣赏。那么如何才能把网页保存到硬盘上呢?有两种方法。一种是"复制—粘贴"的方法,就是先选中页面内容,然后"复制",再在硬盘上新建一个文档,再把复制的内容粘贴到该文档中,最后保存该文档。这种方法的缺点是无法保存原页面的风格样式,适用于保存页面中的一幅图片或一段文字。另一种是"网页另存"的方法,就是在网页的窗口中执行"文件"|"另存为"菜单命令即可。这种方法可以把一份一模一样的网页保存到本地计算机硬盘上。

③ 收藏夹的使用。

平时上网,总会有一些经常访问的网站,比如新浪、猫扑、土豆网等。对于这些经常访问的网站,如果每次访问都去手动的输入网址,显然效率十分低下。Internet Explorer 提供了一个专门收藏网址的工具——收藏夹。用户可以把经常访问的网址保存到收藏夹中,这样只需要用鼠标轻轻一点,就可以访问相应网站,而不用记住那么多网址了。图 6-26 所示为收藏夹的使用方式。把网站添加到收藏夹也很简单,只需要首先访问一个网站,然后执行"收藏夹"|"添加到收藏夹"菜单命令就可以了。当然,收藏夹的内容太多了,可以执行"收藏夹"|"整理收藏夹"菜单命令对收藏夹进行整理。

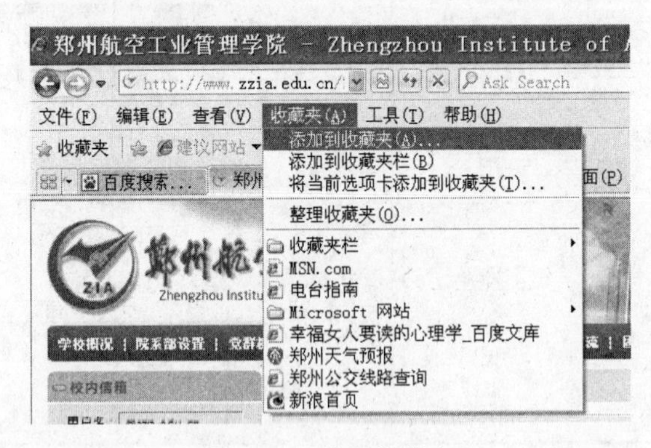

图 6-26 使用收藏夹

6.2.2 信息检索

Internet 上存储着海量信息,是世界上最大的信息资源库。那么如何快速地找到自己所需要的信息呢?搜索引擎(Search Engine)是一种网上信息检索工具,它能帮助用户在浩瀚的网络资源中迅速而全面地找到所需的信息。

1. 搜索引擎的概念

搜索引擎是一种能够通过 Internet 接收用户查询指令,并向用户提供符合其查询要求的信息资源网址的系统。搜索引擎的搜索程序主动搜索互联网上的信息,并把搜索到的内容保存在可供检索的大型数据库中,建立索引和目录服务。当用户输入关键词(Keyword)查询时,搜索引擎会告诉用户包含该关键词信息的所有网址,并提供通向该网站的连接。搜索引擎既是用于检索的软件,又是提供查询、检索的网站。所以搜索引擎也可称为 Internet 上具有检索功能的网页。

常见的搜索引擎有百度(Baidu)、搜狐(Sohu)、谷歌(Google)等。对于同一个关键词,使用不同的搜索引擎进行检索,能够检索到的网址数和检索完成速度都不一样。

2. 搜索引擎的使用

目前常用的搜索引擎有两类,一类是基于门户网站的搜索引擎,一类是专业的搜索引擎。它们的使用方法基本一样,只是在搜索性能上有所不同。常用的搜索方法有目录导航检索和关键词搜索两种。

(1) 使用目录导航检索

目录导航检索是按照信息所属的类别逐层单击查找信息,所以用目录导航检索时首先要清楚想要查找的信息属于哪个类别。

例如查找“2010 世界杯”时,首先在雅虎首页左侧的“体育”类别,如图 6-27 所示,找到“世界杯”,单击进入,窗口中就会显示出有关 2010 南非世界杯的各种消息,再根据页面上的提示信息很容易就可查到需要的信息。

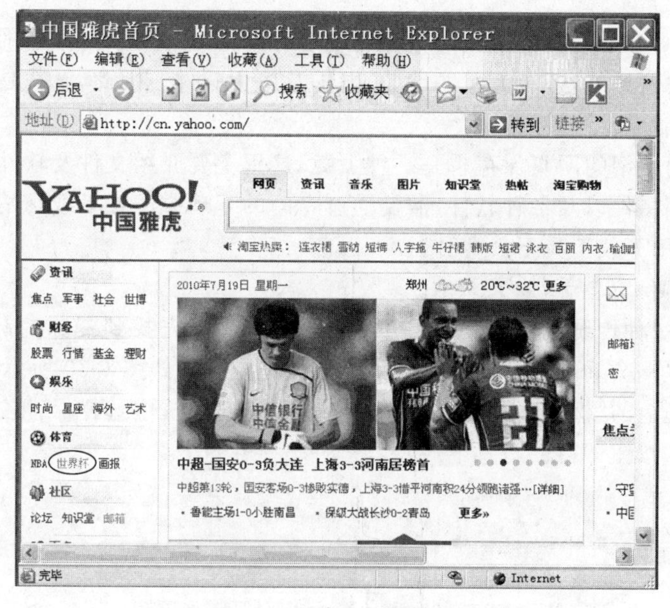

图 6-27 雅虎分类搜索页面

(2) 使用关键词检索

关键词检索是按照信息的主题内容来查找信息。例如要查找有关2010上海世博会的有关内容,可以在百度首页的搜索框中输入“2010上海世博会”关键字,如图6-28所示,按Enter键或者单击“百度一下”按钮,百度就会自动把相关的站点和此站点的描述信息返回给用户。百度还支持多个关键词搜索,当一个关键词不容易定位用户想要搜索的信息时,用户还可以使用多个关键词,每个关键词之间用空格隔开。

图6-28 百度关键词检索页面

6.2.3 文件的下载与上传

1. 下载

下载就是将网络上的资源传输并保存到本地计算机上的方法。互联网上的资源非常丰富,除了文字性的信息外,还有大量的歌曲、电影及应用软件。因此,下载是网络用户必须掌握的一项基本技能。

实际上,前面介绍的网页保存也是一种下载,这里主要介绍文件及软件的下载。要下载电子图书、电影等文件以及各种软件,需要通过专门的下载中心或下载网站来进行。下载分为普通下载和使用下载工具下载两种。

(1) 普通下载

普通下载是一种传统的下载方式,操作比较简单。首先找到资源的链接,例如图6-29中的“(下载文件“w87.doc”;)”,然后单击该链接,就会弹出如图6-30所示的“文件下载”对话框,单击对话框上的“保存”按钮,在弹出的“另存为”对话框中选择保存位置并设置保存文件名,单击“保存”按钮即可。

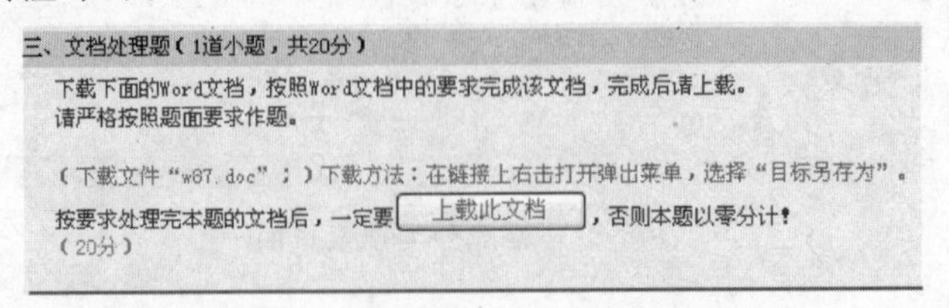

图6-29 普通下载及Web上传页面

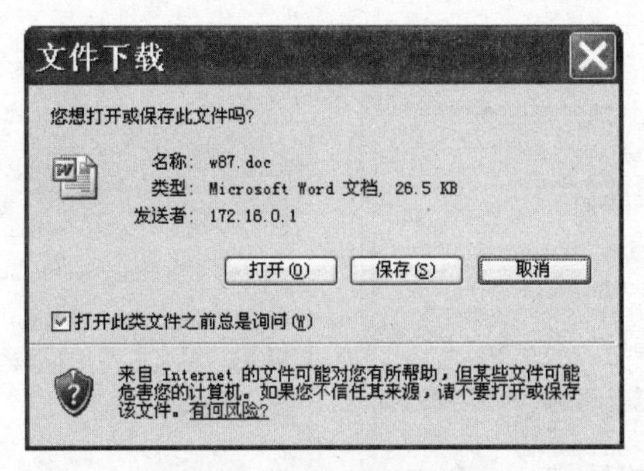

图 6-30 “文件下载”对话框

对于普通下载，其关键就在于如何找到资源的链接。可以通过搜索引擎来找，不过搜到的结果很多，不太好选择。在这里推荐 2 个下载网站。一个是“华军软件园”(http://www.newhua.com/index.htm)，该网站是国内最大的下载网站，软件资源丰富，信誉很好，而且所有的资源都经过了杀毒软件的检测，同时对含有插件的软件也进行了特别的说明，用户可以放心地下载。另一个是“绿色软件联盟”(http://www.xdowns.com/)，这个网站很有特色，提供的几乎都是绿色软件，也就是无须安装，直接可以运行，是一个非常好的下载站点。

(2) 使用下载工具下载

对于普通下载方式而言，有 2 个主要的缺点。其一是速度比较慢；其二是不支持断点续传。断点续传，指的是一个资源如果下载了一部分便中断了，那么下一次可以接着前面的内容继续下载。而使用专门的下载工具软件不但可以提高下载速度，而且可以支持断点续传。在早期，比较流行的下载软件有网络蚂蚁、网际快车(FlashGet)等。不过，目前迅雷(Thunder)已成为广大网友心目中的首选下载工具软件。

“迅雷”这个名字取自古语“迅雷不及掩耳”，说明了其最大优点就是速度快！迅雷以其先进的技术，通过最大限度地发掘网络带宽，尽可能地利用网络上的一切资源，达到最快的下载速度。要使用迅雷下载工具，首先需要从网上下载迅雷并进行安装，安装了以后就可以使用迅雷下载各种资源了。使用迅雷下载的方法是先找到资源的链接，在该链接上右击，在弹出的快捷菜单上执行“使用迅雷下载”菜单命令，如图 6-31 所示，然后就会弹出“建立新的下载任务”对话框，如图 6-32 所示，在这里可以通过单击“浏览”按钮选择要保存的地方，或者就保存在默认的文件夹中，然后单击“立即下载”按钮就开始下载了。

2. 上传

上传就是将信息资源从本地计算机传输并保存到远程服务器上的方法，是“下载”的逆过程。制作好的网页、文档、图片、视频等发布到互联网上去以便让其他人浏览、欣赏，共享各种资源，也是目前比较广泛的一种应用。

上传分为 Web 上传和 FTP 上传两种，前者直接通过单击网页上的链接即可操作，后者需要专用的 FTP 工具。下面简单介绍 Web 上传。

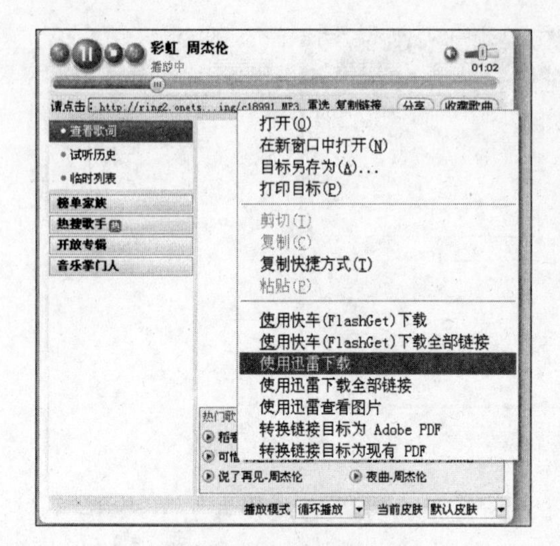

图 6-31　使用迅雷下载

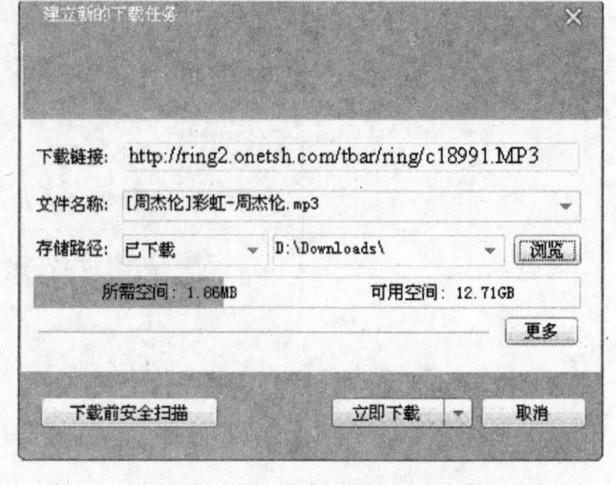

图 6-32　建立新的下载任务

Web 上传需要先找到相应的网页，能够上传文件的网页上一般都有提示，例如，单击图 6-29 中的"上载此文档"按钮，会出现如图 6-33 所示的页面，单击该页面中的"浏览"按钮选择需要上传的文件，然后单击如图 6-33 所示对话框中的"提交文件"按钮，就已将文件上传到网上。

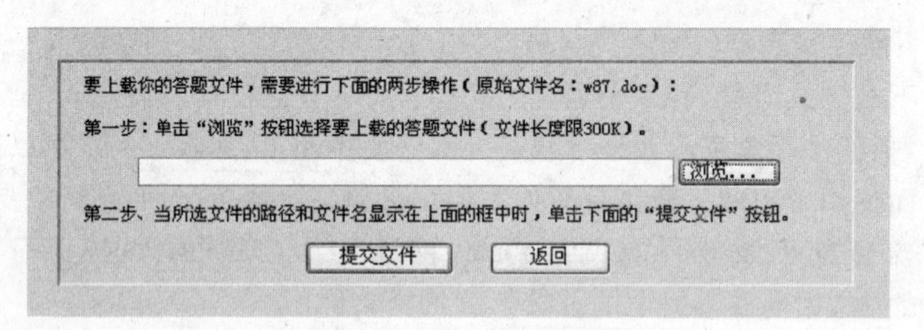

图 6-33　Web 上传文件

6.2.4　电子邮件

电子邮件就是 E-mail，又称为"电子函件"，是一种通过电子手段提供信息交换的通信方式，是 Internet 上应用最广泛的服务之一。在现实生活中，如果要收信就需要一个信箱，与此同理，使用电子邮件需要一个电子邮箱。目前的电子邮箱有两种形式，一种是基于 Web 的形式，另一种是基于邮件客户端程序的形式。

1. 基于 Web 的电子邮件

(1) 申请邮箱

目前国内许多大网站都提供了电子邮件服务。下面以网易免费邮箱申请为例介绍申请免费邮箱的步骤：首先在浏览器地址栏中输入 http://www.163.com 并按 Enter 键，打开网易主页，如图 6-34 所示；然后单击主页上的"免费邮箱"链接，打开邮箱登录界面，选择申请"126 免费邮箱"；再单击"立即注册"打开邮箱注册页面，如图 6-35 所示，接着按照界面上给出的提示信息一步一步进行填写；填写完毕后单击“创建账号”按钮完成免费邮箱申请。

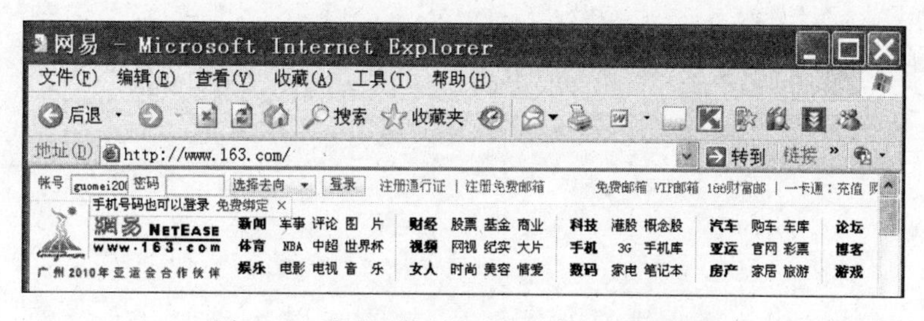

图 6-34　在“网易”主页上单击“免费邮箱”

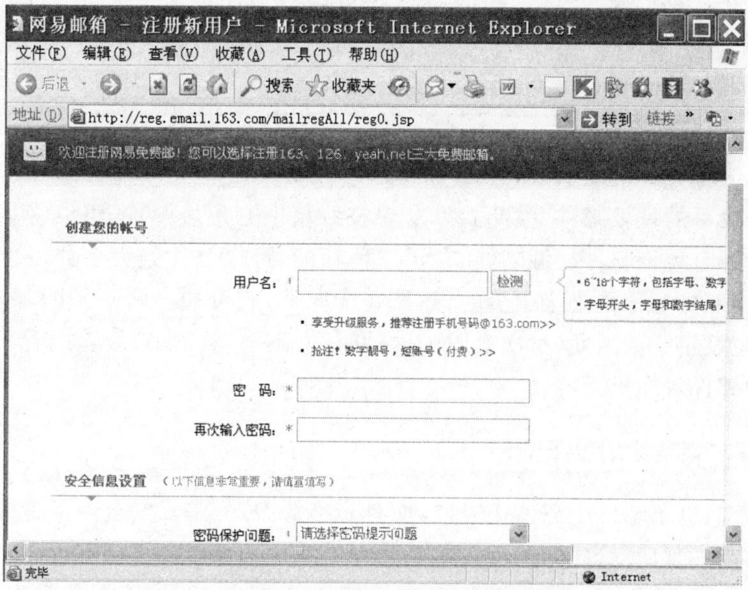

图 6-35　邮箱注册界面

(2) 发邮件

发邮件其实很简单，首先登录到提供电子邮件服务的网站，打开自己的电子邮箱。注意正确填入收信人的邮箱地址即可。电子邮箱地址有固定的格式，即“用户名@服务器域名”，比如 andycpp@qq.com 就是一个合法的电子邮件地址。另外，如果同一个邮件要发给多人，可以使用群发功能，具体操作就是在“收件人”一栏填入多个邮箱，邮箱地址之间用逗号隔开，如图 6-36 所示。

在发送邮件时，还可以添加附件。把文件以附件的形式发送的好处是附件可以是任何格式的文件，比如 Word 文档、MP3 歌曲以及压缩文件等，而且文件的格式样式不会发生任何改变。在发邮件的页面中一般都有“添加附件”的链接，单击该链接可以打开一个对话框，利用对话框中的“浏览”按钮可以打开本地机上的资源管理器，从中找到想要以附件方式发送的文件后，单击“粘贴”或者“上载”按钮即可完成附件的添加。这样在发送邮件时附件就会被一起发送给了收信人。

(3) 收邮件

只要进入邮箱的“收件箱”，就可以看到所有收到的邮件，单击相应邮件即可查看内容。

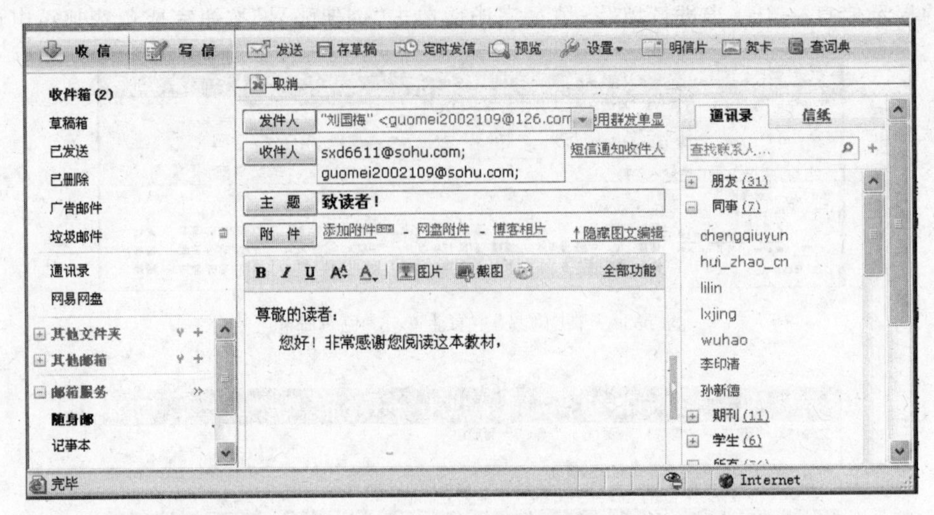

图 6-36　发送电子邮件

网络中存在着大量的垃圾邮件，因此如果发现收件箱中有垃圾邮件，可以将其删除。另外，电子邮箱一般都有垃圾邮件拦截功能，有了这种功能，可以挡住绝大多数垃圾邮件，这是好事，可是这种功能毕竟不是十全十美的，在某些情况下，它可能会将正常的邮件也识别为垃圾邮件，放入垃圾箱中。因此，每次查收邮件的时候，不要忘了去垃圾箱中看一眼，说不定就有一封重要的邮件放在里面呢。

2. 基于客户端程序的电子邮件

基于 Web 的电子邮件服务使用方便，而且价格低廉，但是其安全性不是很高，因此很多安全性要求较高的部门、公司宁愿使用基于客户端程序的电子邮件服务。

使用这种邮件服务，首先需要在本地计算机上安装邮件客户端程序，如 Foxmail、Internet mail、Outlook Express、Hotmail 等；然后还需要到 ISP 那里申请一个邮件账户。具体的邮件收发方法与基于 Web 的电子邮件基本一样，不再赘述。

6.2.5　即时通信

即时通信(Instant Messenger，IM)，是指能够即时发送和接收互联网消息之类的网络服务。自 1998 年面世以来，特别是近几年的迅速发展，即时通信的功能日益丰富，逐渐集成了电子邮件、博客、音乐、电视、游戏和搜索等多种功能。即时通信不再是一个单纯的聊天工具，它已经发展成集交流、资讯、娱乐、搜索、电子商务、办公协作和企业客户服务等为一体的综合化信息平台。即时通信软件是通过即时通信技术来实现在线聊天、交流的软件，目前最流行的即时通信软件有 QQ、MSN、ICQ、POPO、UC、LAVA-LAVA 等。下面介绍一下国内最广泛使用的 QQ 软件。

QQ 是深圳市腾讯计算机系统有限公司开发的一款基于 Internet 的即时通信软件。腾讯官方较新版本是 QQ2010 正式版。要想使用 QQ，必须首先下载安装 QQ 软件，并申请 QQ 号码，这些都可以到腾讯网站(http://www.qq.com)上免费得到。

安装了 QQ 软件，申请到 QQ 号码，登录以后，就可以使用 QQ 了。图 6-37 显示了 2010

版 QQ 窗口，里边显示了自己已经添加的好友及一些功能按钮。如果还想继续添加好友，则单击“查找”按钮，会弹出查找联系人窗口，这里可以进行精确查找和按条件查找，找到了就可以添加为好友。如果想和哪个好友聊天，就可以在图 6-37 所示窗口中双击相应的好友，打开聊天窗口（如图 6-38 所示），在这里可以进行文字聊天、语音聊天、视频聊天、传输各种文件等，功能非常强大。

图 6-37 “QQ2010”窗口

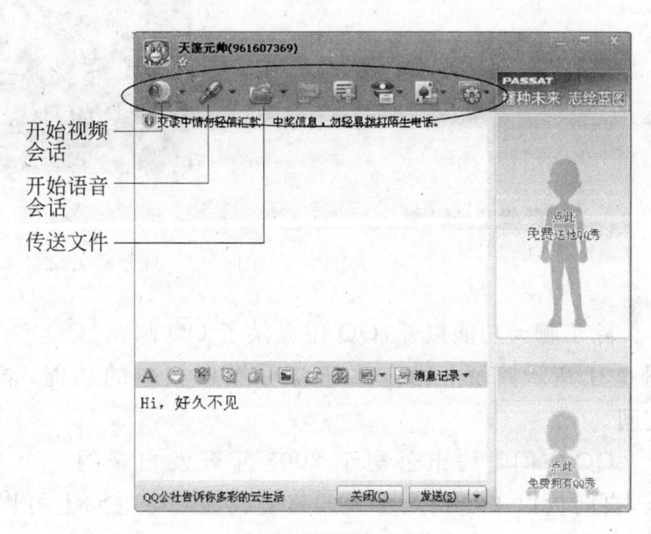

图 6-38 聊天窗口

默认的是文字聊天，在“聊天”对话框的上方标出了各种形式的聊天按钮。例如，如果想进行视频聊天，单击“聊天”对话框上方的“开始视频会话”按钮（小摄像头），就开始呼叫，等待对方接受邀请，如图 6-39(a)所示，这时对方就会收到呼叫消息，如图 6-39(b)所示，可以单击“接受”或者“拒绝”按钮，如果“接受”则开始建立连接并启用视频设备，连接成功后，双方就可以进行视频聊天了，视频聊天窗口如图 6-40 所示。进行视频聊天所需要的视频设备包括麦克风、耳机、摄像头，并确保这些和计算机相连并能正常使用。

(a) 发出请求，等待响应

(b) 对方呼叫，选择响应

图 6-39 建立视频聊天连接

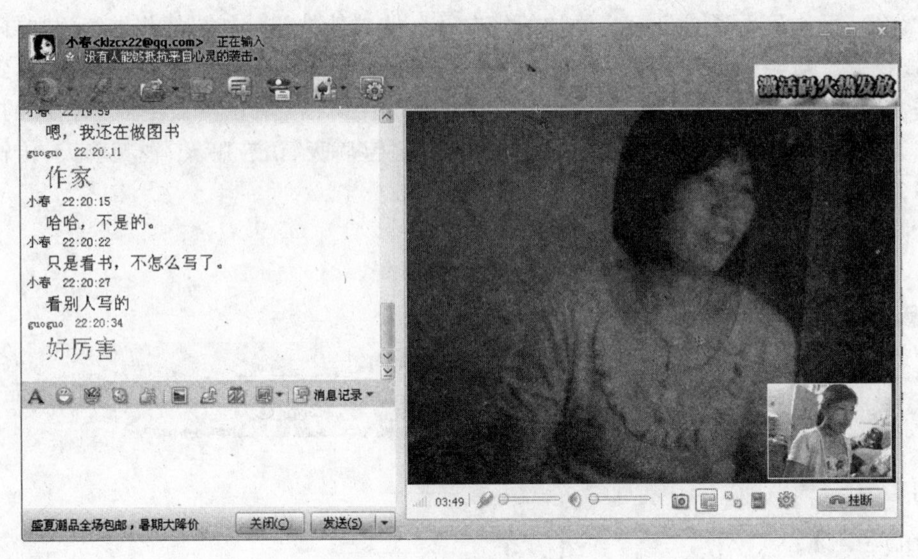

图 6-40 视频聊天窗口

除了聊天功能以外，QQ 还提供了 QQ 邮箱、QQ 空间、QQ 宠物、QQ 音乐等，单击如图 6-37 所示界面中相应按钮就可操作相应的功能，下面介绍一下用得比较多的 QQ 空间。

QQ 空间是腾讯公司于 2005 年开发出来的一个个性空间，具有博客(Blog)的功能，自问世以来受到众多人的喜爱。在 QQ 空间上可以书写日记，上传自己的图片，听音乐，写心情，通过多种方式展现自己。除此之外，用户还可以根据自己的喜爱设定空间的背景、小挂件等，从而使每个空间都有自己的特色。开通 QQ 空间也非常简单，在如图 6-37 所示界面中双击自己的头像，在弹出的页面中单击“立即开通”按钮，就可以开通了，刚开通的 QQ 空间界面如图 6-41 所示。在这里就可以装扮自己的空间、展现自己的个性了。

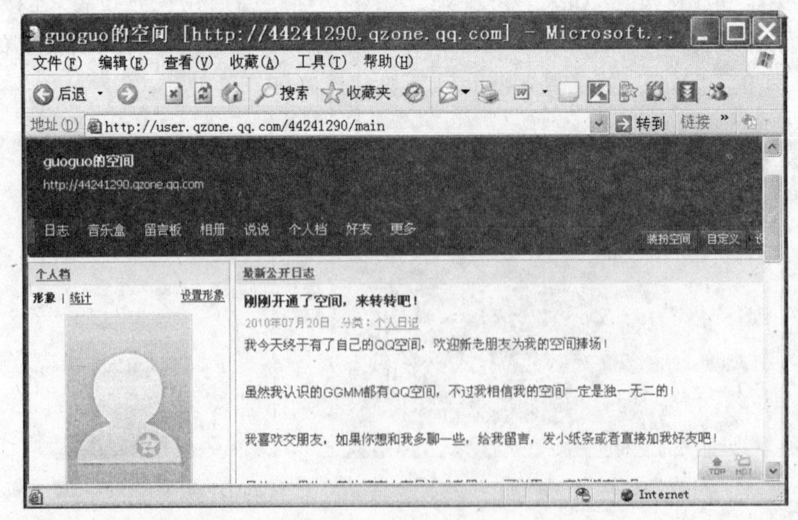

图 6-41 QQ 空间

6.2.6 文件传输服务

文件传输服务是使用文件传输协议(File Transfer Protocol,FTP)进行文件传输的一种互联网应用。Internet 上的一些主机运行着 FTP 服务程序,这些主机被称为 FTP 服务器,用户可以将 FTP 服务器上的文件复制至自己的计算机上,也可以将文件从自己计算机中复制至远端 FTP 服务器上。FTP 服务能够支持的文件格式很多,例如各种图像文件、音频文件、压缩文件等。

访问 FTP 服务器可以使用浏览器,也可以使用 FTP 工具软件。

1. 使用浏览器进行访问

要用浏览器访问 FTP 服务器,在浏览器地址栏中输入 FTP 服务器的 URL 就可以了,其格式如下:

```
ftp://账号:口令@FTP服务器名[:端口]
```

其中,ftp 表示 FTP 服务,对于允许匿名登录的 FTP,则不需要账号和口令,例如在 Internet Explorer 地址栏中输入 ftp://202.102.148.6/ ,稍等片刻,就可以登录到该 FTP 服务器上,打开如图 6-42 所示的窗口,至此,可对所要传输的文件或文件夹,如同在本地计算机上一样进行复制和粘贴,达到文件传输的目的。需要注意的是,目前大多数 FTP 服务器是需要账号和口令的。

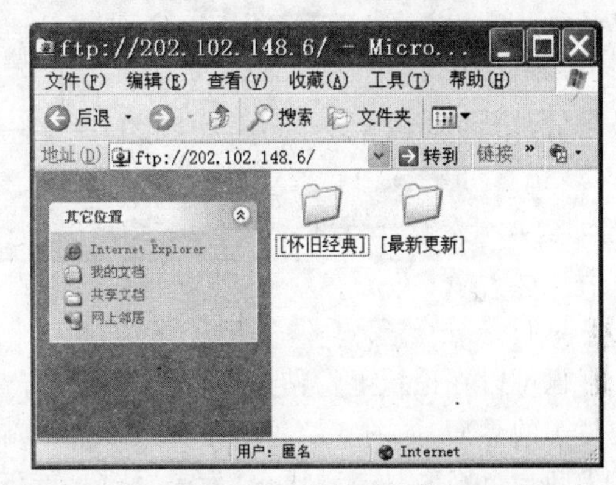

图 6-42 用 Internet Explorer 访问 FTP 站点

2. 使用专门的 FTP 工具软件访问

对于经常使用 FTP 的用户,最好还是使用专门的 FTP 工具软件。常见的 FTP 下载工具有 CuteFTP、FlashFXP、QuickFTP 2000、FTP Works 等。这些软件操作简单实用,功能丰富。以 FlashFXP 为例,它可以实现"断点续传"、"计划任务"、"文件快速查找"、"站点管理"、"下载队列的保存和载入"、"自定义命令"等一系列高级功能,极大地提高了 FTP 的使用效率。

6.2.7 论坛

论坛又称 BBS(Bulletin Board System,即电子公告板),是一类可以发表言论,并与其他人一起讨论的网站。俗话说"物以类聚,人以群分",每一个论坛都有相应的主题,都会聚集一些有共同爱好的网友。因此,如果找到一个感兴趣的论坛,那么一定会找到很多朋友。娱乐性的论坛最重要的是热闹,所以在逛论坛的时候,有事没事都应该多发言,多顶别人的帖子,这种行为称之为"灌水"。比较著名的论坛有天涯虚拟社区(www.tianya.cn)、猫扑(www.mop.com)等。

论坛的种类有很多,风格各不相同,但是基本的操作都是一样的,那就是浏览帖子、发帖子和回复帖子。图 6-43 是天涯社区的主页面,左栏列出了不同的主题,大家可以选择一个感兴趣的主题,例如单击“大学校园”这一主题,右栏上半部分是一些置顶的帖子,这些帖子无论是否有人回复,位置都不会改变,只有版主才能设置和取消帖子的置顶,下面就是一些普通的帖子,根据回复时间排序,最近回复的帖子最靠上。大家可以先看一下标题,如果对某个标题感兴趣,单击进入就可以查看更详细的内容,看完讨论后,在帖子的最后还可以回复帖子,发表自己的看法。

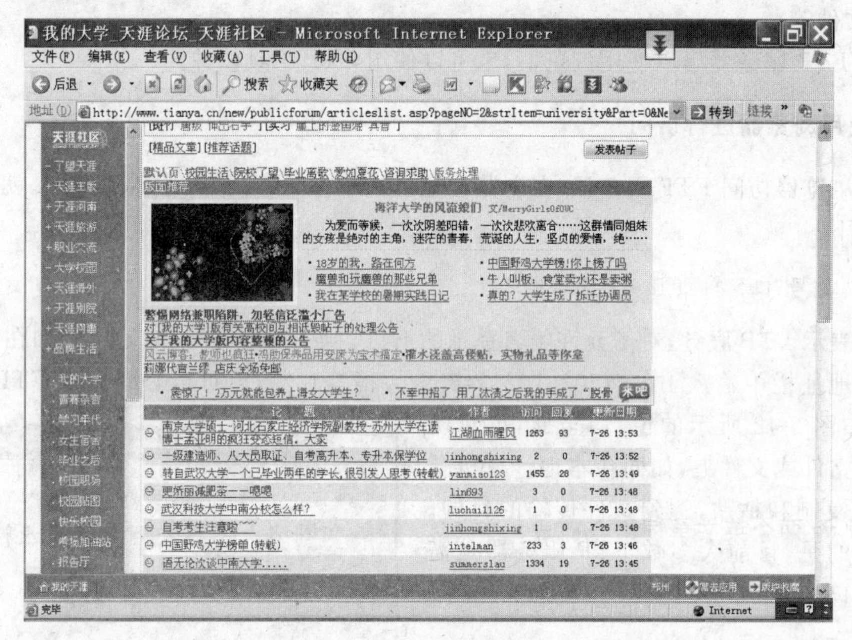

图 6-43 天涯社区

也可以在论坛上发帖子,单击图 6-43 右上方“发表帖子”按钮,此时在右栏就会出现发表帖子的界面,如图 6-44 所示。在这里填写帖子标题,选择好类别,输入帖子内容,也可以插入图片,填写完毕后,单击“发表”按钮,就可以将帖子发出去,在论坛中就可以看到自己完整的帖子内容了,如图 6-45 所示,对于所发的帖子,自己和别人都可以进行回复,回复的结果显示在帖子的后边,图 6-45 中也显示了对帖子内容的回复情况。

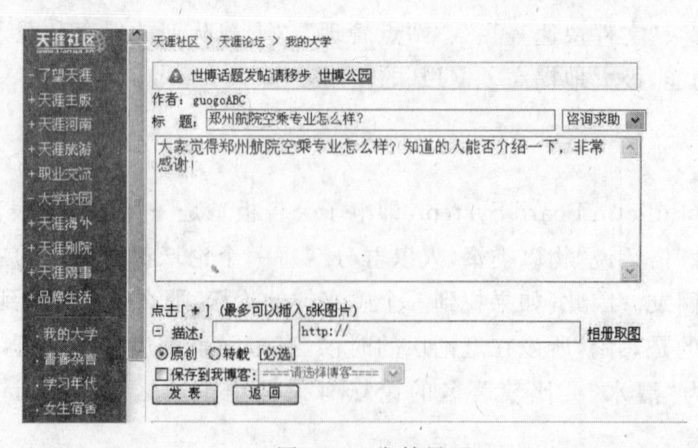

图 6-44 发帖界面

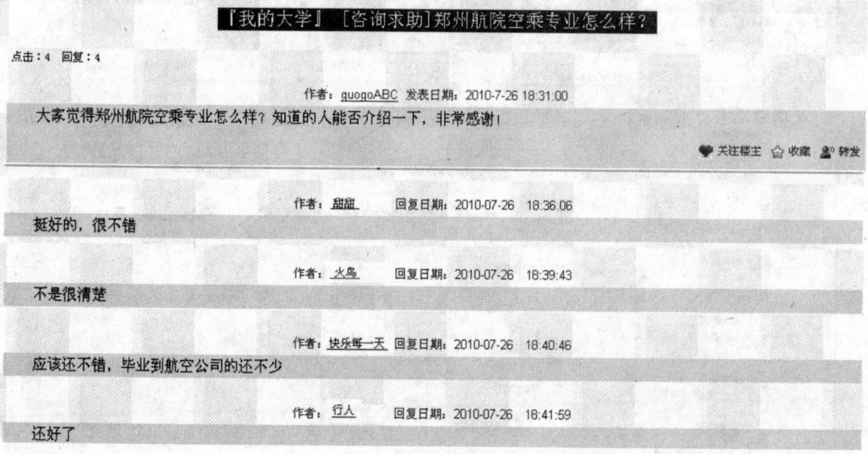

『我的大学』 [咨询求助]郑州航院空乘专业怎么样?

点击:4 回复:4

作者:guogoABC 发表日期:2010-7-26 18:31:00

大家觉得郑州航院空乘专业怎么样?知道的人能否介绍一下,非常感谢!

关注楼主 收藏 转发

作者:甜甜 回复日期:2010-07-26 18:36:06

挺好的,很不错

作者:火鸟 回复日期:2010-07-26 18:39:43

不是很清楚

作者:快乐每一天 回复日期:2010-07-26 18:40:46

应该还不错,毕业到航空公司的还不少

作者:行人 回复日期:2010-07-26 18:41:59

还好了

图 6-45 发帖及回帖结果显示

6.2.8 博客与微博

1. 博客

“博客”一词是从英文单词 Blog 翻译而来。Blog 是 Weblog 的简称,而 Weblog 则是由 Web 和 Log 两个英文单词组合而成。Weblog 就是在网络上发布和阅读的流水记录,通常称为“网络日志”,简称为“网志”。“博客”是以网络作为载体,迅速便捷地发布自己的心得,及时有效地与他人进行交流,再集丰富多彩的个性化展示于一体的综合性平台。

Blogger 指撰写 Blog 的人。Blogger 在很多时候也被翻译成为“博客”一词,而撰写 Blog 这种行为,有时候也被翻译成“博客”。因而,中文“博客”一词,既可指代 Blog(网志)或 Blogger(撰写网志的人),也可指代撰写网志的行为,至于具体代表什么要看具体场合。

申请自己的博客也很容易,现在很多网站都提供了博客申请的平台,例如国内著名的搜狐网站就提供了“搜狐博客”(blog.sohu.com),专门供网络用户申请博客。申请方法是首先在浏览器地址栏中输入 http://blog.sohu.com/login/reg.do 并按 Enter 键,打开搜狐博客注册界面,如图 6-46 所示,然后按照提示一步一步地填入个人信息,就可以完成申请。有了自己的“博客”以后,用户就可以使用“博客”了。

Blog 实际上就是一个网页,如图 6-47 所示,在这里可以写一些网络日志,也可以上传一些照片或者视频,它们一般是按照年份和日期倒序排列的,别人可以看你写的日志并发表评论。而作为 Blog 的内容,它可以是纯粹个人的想法和心得,包括对时事新闻、国家大事的个人看法,或者对一日三餐、服饰打扮的精心料理等,也可以是在基于某一主题的情况下或是在某一共同领域内由一群人集体创作的内容。Blog 并不等同于“网络日记”,作为网络日记是带有很明显的私人性质的,而 Blog 则是私人性和公共性的有效结合,它绝不仅仅是纯粹个人思想的表达和日常琐事的记录,它所提供的内容可以用来进行交流和为他人提供帮助,是可以包容整个互联网的,具有极高的共享精神和价值。Blog 和论坛有很多相似之处,都可以发表文章,都可以进行回复,而且发帖和回复的操作也基本相同,不同之处在于,论坛是

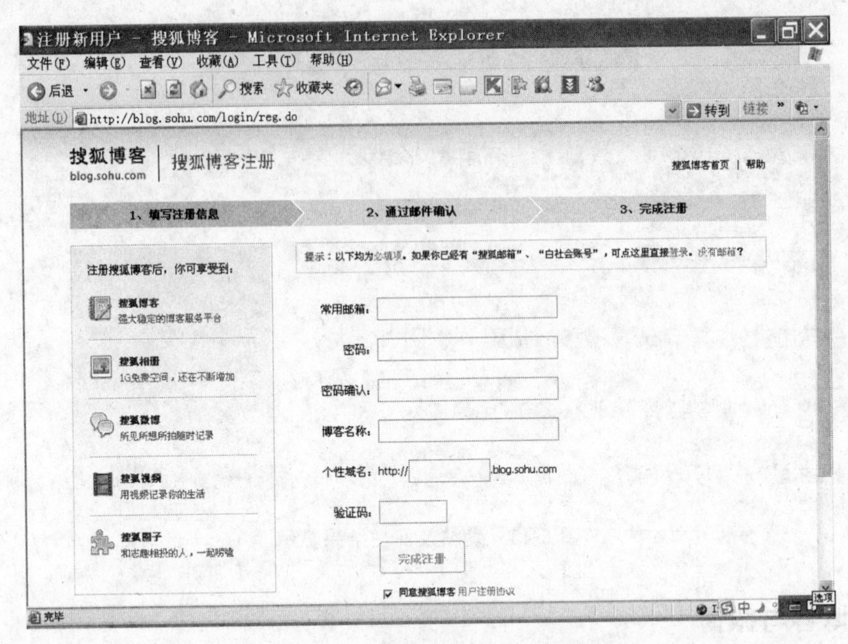

图 6-46 搜狐博客新用户注册

公共场所，所有的人都能发帖；而 Blog 是私人场所，只有自己能发帖，其他用户只能回帖。同时，Blog 的管理权也完全掌握在自己手中，可以随意地删除文章或者别人的回复。

图 6-47 个人博客

2. 微博

微博，是微型博客(micro blog)的简称，是一个基于用户关系的信息分享、传播以及获取平台，用户可以通过 Web、WAP(Wireless Application Protocol，无线应用协议)以及各种客户端组建个人社区，少于 140 字的文字更新信息，并实现即时分享。

相对于强调版面布置的博客来说，微博的内容只是由简单的只言片语组成，从这个角度来说，对用户的技术要求门槛很低，而且在语言的编排组织上，没有博客要求那么高，只需要反映自己的心情，不需要长篇大论，更新起来也方便，和博客比起来，字数也有所限制；微博开通的多种外部 API 接口使得大量的用户可以通过手机、网络等方式来即时更新自己的个人信息。

国内著名的搜狐网站除了提供“搜狐博客”，也提供微博(http://t.sohu.com)，网络用户可以免费申请。申请到以后，就可以“写句话，发张图，记录点点滴滴瞬间，和好友分享”。图 6-48 就是摘自某人“微博”，可以看到每篇都很短，有的是通过网页发布的，有的是通过短信发布的。

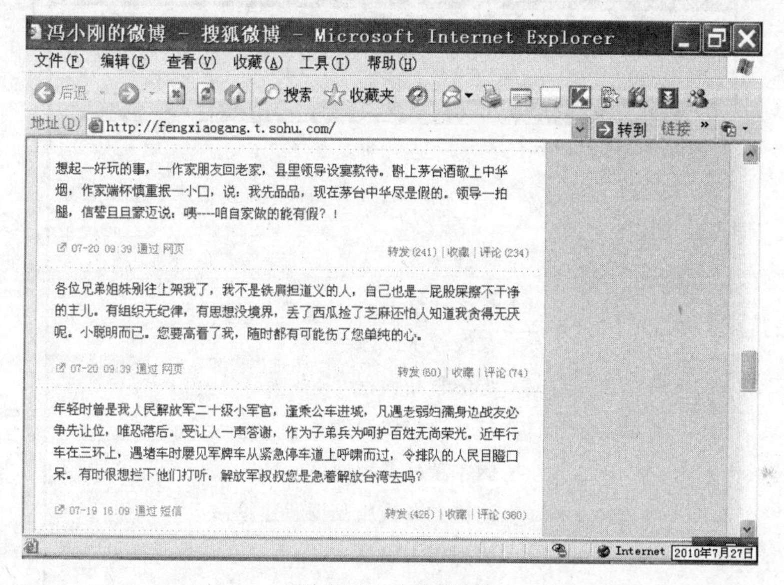

图 6-48　个人微博

6.3　校园网应用

随着 Internet 的广泛应用，校园网络建设已成为衡量一个学校教育信息化、现代化的重要标志。近几年来，我国大学的校园网络建设发展突飞猛进，各大学都投入大量资金建成了校园网，并且已深入到广大师生学习、工作、生活的方方面面。目前校园网提供的基本功能包括网上招生、网上办公、学籍管理、成绩管理、网上选课、网上教学、数字图书馆、校园一卡通等，下面重点介绍一下校园网上教学资源的使用及数字图书馆。

6.3.1　校园网上教学资源的使用

校园网是为学校师生提供教学、科研和综合信息服务的宽带多媒体网络，所以校园网上一般都提供有丰富的教学资源，供大家学习和交流。下面以郑州航空工业管理学院校园网为例介绍一下校园网教学资源的浏览与使用方法。

在浏览器地址栏中输入 http://www.zzia.edu.cn，按 Enter 键，登录到郑州航空工业管理学院的主页。单击主页左侧角的“网络教学”超级链接，则链接到图 6-49 所示的网页上。可以看到这里有“精品课程”、“在线教学点播系统”、“英语资源专题”等教学资源，都可以用来学习。例如，单击“精品课程”超链接，可以看到校园网上有多门精品课程，如图 6-50 所示，在这里选择一门课程，例如单击“多媒体技术”课程，进入该课程以后如图 6-51 所示，网站上提供的学习资源很丰富，有教学大纲、教学计划、网络课件、多媒体课件、授课教案、实验指导、授课录像、试题库、素材库等，在这里能够学习到很多东西。在图 6-49 中单击“国家精品课程网站”超链接，就连接到全国高校精品课程建设工作网站，在这里可以检索到多门国家级精品课程，进行学习非常方便。

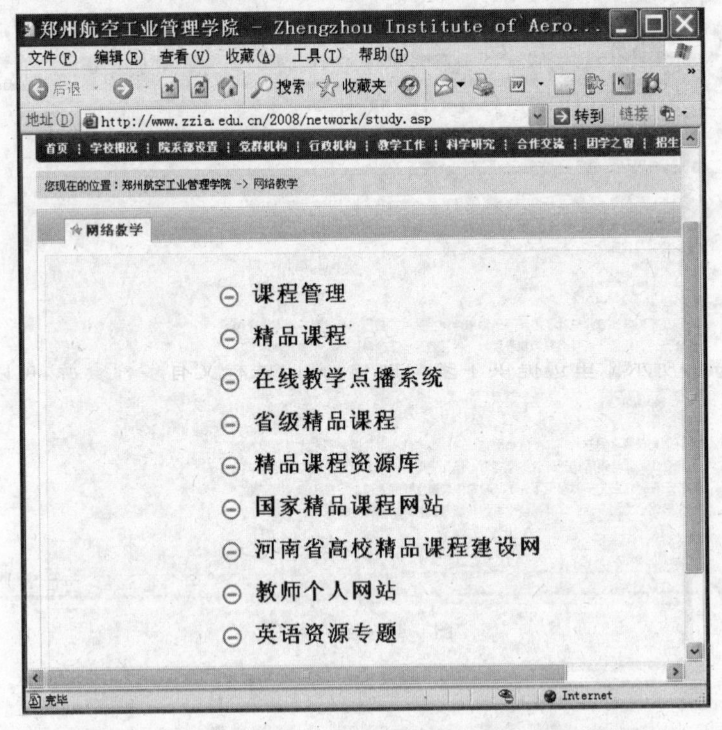

图 6-49 郑州航空工业管理学院网站上提供的教学资源

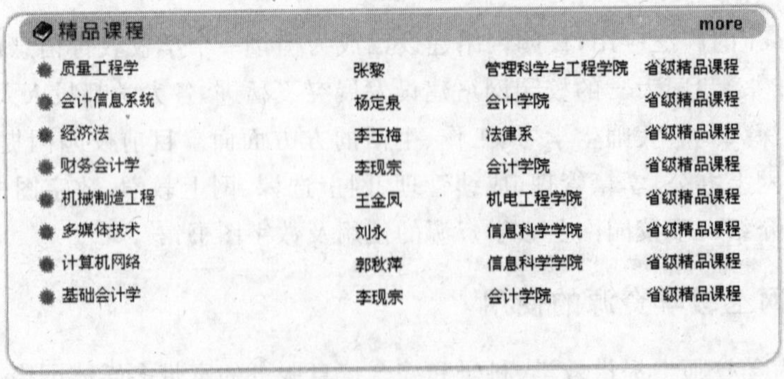

精品课程 more

质量工程学	张黎	管理科学与工程学院	省级精品课程
会计信息系统	杨定泉	会计学院	省级精品课程
经济法	李玉梅	法律系	省级精品课程
财务会计学	李现宗	会计学院	省级精品课程
机械制造工程	王金凤	机电工程学院	省级精品课程
多媒体技术	刘永	信息科学学院	省级精品课程
计算机网络	郭秋萍	信息科学学院	省级精品课程
基础会计学	李现宗	会计学院	省级精品课程

图 6-50 校园网上的多门精品课程

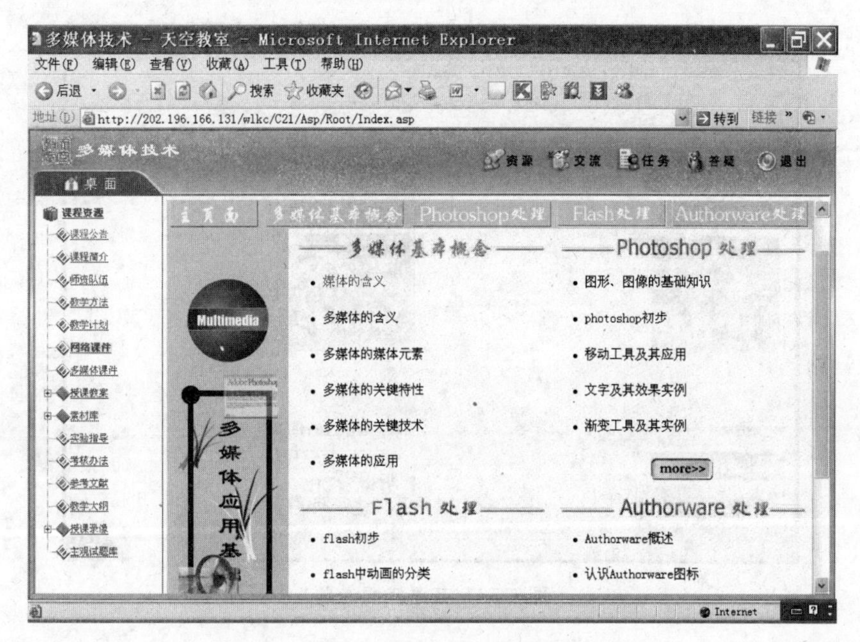

图 6-51 多媒体技术精品课程网站

在图 6-49 中，单击“在线教学点播系统”，就会进入学校自己提供的一些教学资源，登录后的界面如图 6-52 所示。里边提供了多门课程，每门课程又有多种资源，可以根据具体情况点播某一门课程，课程里提供的视频及动画讲解是很能提高大家的学习兴趣的，图 6-52 中就包含一个动画演示的截图。除此之外，校园网上还有其他很多可供学习的教学资源，例如“英语资源专题”，如图 6-53 所示。

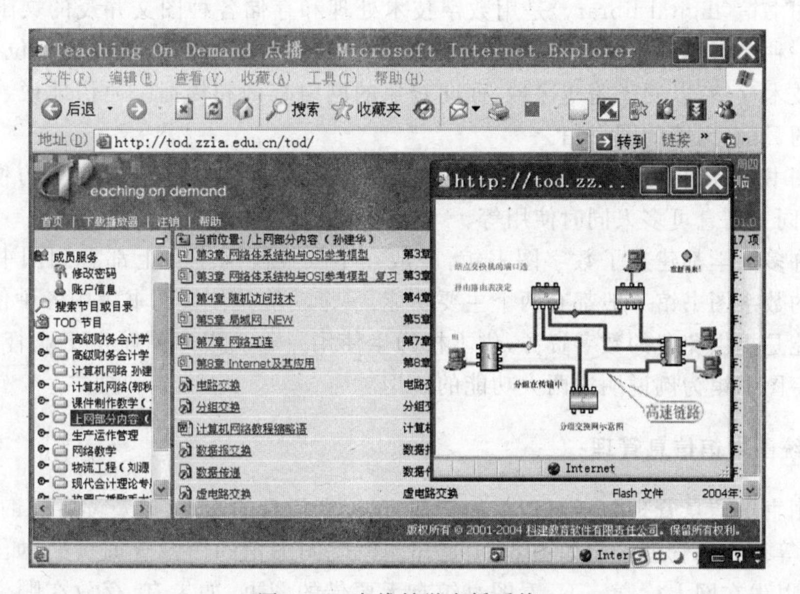

图 6-52 在线教学点播系统

校园网的快速普及，使得一个教学信息多样化、学习环境数字化、网络化、功能日益完善的现代化教学方案正在逐步形成，网络教学、远程教学已成为现实。在现代这个信息社会

图 6-53 英语资源专题

里,大家一定要适应时代要求,学会使用网络,学会网络学习,让网络切切实实为自己学习、工作、生活服务。

6.3.2 数字图书馆

随着信息技术的发展,需要存储和传播的信息量越来越大,信息的种类和形式越来越丰富,传统图书馆已不能满足这些需要。数字图书馆应运而生。

数字图书馆(digital library)是用数字技术处理和存储各种图文并茂的文献的图书馆,实质上是一种多媒体制作的分布式信息系统。它把各种不同载体、不同地理位置的信息资源用数字技术存储,以便于跨越区域、面向对象的网络查询和传播。通俗地说,数字图书馆就是虚拟的、没有围墙的图书馆。

数字图书馆有很多优点,例如信息储存空间小、不易损坏,信息查阅检索方便,远程迅速传递信息,同一信息可多人同时使用等。

目前许多大学都建立了数字图书馆,一般在本校校园网主页上都有到图书馆的链接。校园网上的数字图书馆一般都有两个主要功能,一个功能是传统图书馆中各种信息的管理,另一个功能是提供免费的数字资源,供本校师生使用。下面以郑州航空工业管理学院校园网上的数字图书馆为例说明这两大功能的使用。

1. 传统图书馆信息管理

传统图书馆信息管理包括对图书的管理、对读者信息的管理,以及读者查询图书、借书、续借、还书等行为的管理。例如图 6-54 是郑州航院图书馆的馆藏查询页面,如果想借某方面的书,可以先在网上检索一下,看图书馆有无要借的图书,如果有,存放在哪个地方,做到心中有数,然后再去图书馆借书,这会方便很多。

通过自己的借书证号、密码登录以后,还可以查询自己已经借了哪些书,什么时候需要还。另外,还可以在网上续借图书,如图 6-55 所示。所有这些都是数字图书馆带来的好处。

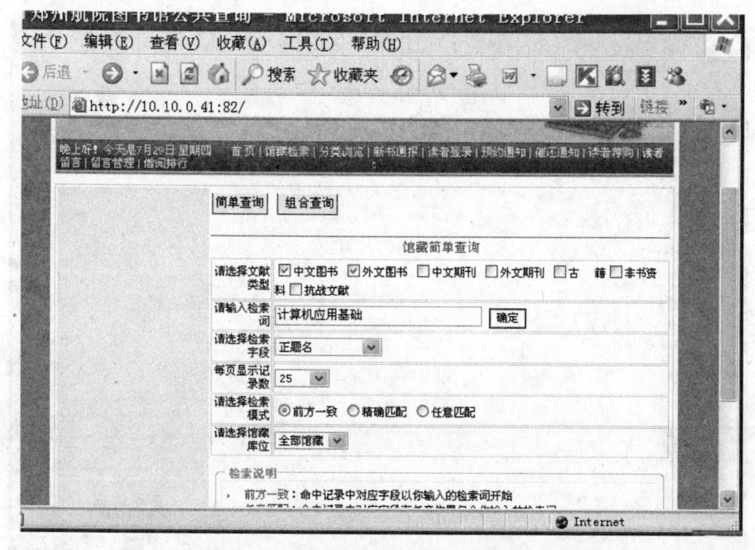

图 6-54　郑州航院图书馆馆藏查询页面

郑州航院图书馆公共查询 - Microsoft Internet Explorer

文件(F) 编辑(E) 查看(V) 收藏(A) 工具(T) 帮助(H)

后退 搜索 收藏夹

地址(D) http://10.10.0.41:82/dzff.php　转到　链接

[读者基本信息]	
姓名	刘国梅
读者号	
性别	女
职别	教师
单位	计算机科学与应用系
专业	空
年级	
固定电话	
移动电话	
电子邮件	
发证日期	2004-09-14
地址	
欠款	
有效期至	
暂停服务	
挂失	

关闭窗口

当前借阅　历史借阅　预约列表　批注列表　留言列表　荐购列表　收藏夹　帐户修改

当前借阅情况

选择	书名	馆藏号	典藏地址	借阅日期	可借天数	应还日期	超期天数	使用费	续借
□	大学计算机应用基础教程	09020465	东综合	2010-06-12	100	2010-09-20	-53		
□	大学计算机基础	08002214	东综合	2010-06-12	100	2010-09-20	-53		
□	计算机文化基础	08014937	东综合	2010-06-12	100	2010-09-20	-53		
□	大学计算机基础教程习题与实验	08014823	东综合	2010-06-12	100	2010-09-20	-53		
□	大学计算机应用教程	08016360	东综合	2010-06-12	100	2010-09-20	-53		
□	计算机应用基础案例教程	09003643	东综合	2010-06-12	100	2010-09-20	-53		
□	计算机文化基础	09035219	东综合	2010-06-12	100	2010-09-20	-53		

续借图书

完毕　Internet

图 6-55　用户借书情况查询

2. 免费的数字资源

大学校园网上的数字图书馆是学校文献信息中心，一般都提供期刊文献数据库或者部分电子图书，供校内师生免费使用。例如郑州航空工业管理学院的图书馆的网页上（见图 6-56）提供的有“同方 CNKI（中国学术期刊全文数据库）”、“万方中国学位论文全文数据库”、“万方外文文献数据库”、“万方中国数字化期刊群”、“重庆维普科技期刊全文数据库”、“中国数字图书馆电子图书”、“德国施普林格西文期刊全文数据库”等 17 种优秀中外文数据库，通过校园网为全院师生提供文献信息检索服务。这些数字资源，可以让用户轻松快速地找到自己需要的中外参考文献，了解国内、外前沿的研究进展，满足学校广大师生的工作和学习的需要。

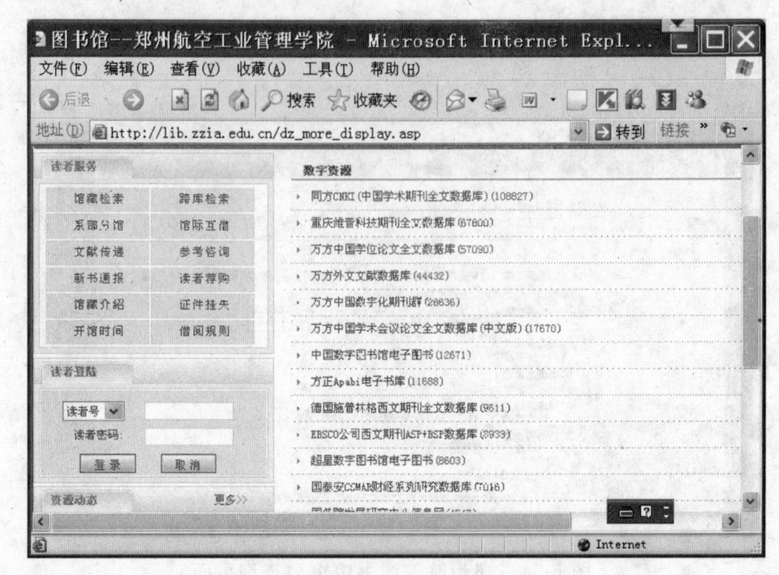

图 6-56 数字图书馆上的数字资源

例如,如果想通过同方 CNKI 查找某一方面的参考文献,单击如图 6-56 所示网页中"同方 CNKI(中国学术期刊全文数据库)"超链接,就会打开同方 CNKI 的检索窗口,如图 6-57 所示,在这里可以按主题、篇名、关键词、摘要、作者、单位、刊名等多个检索项进行检索,例如想按关键词检索一下"医疗机器人"的文章,则在"检索项"中选择"关键词",在"检索词"项中输入"医疗机器人",还可以进行一些其他限定,然后单击"检索"按钮,马上就会出来检索结果。如果想下载某一篇文章,则单击该篇文章前边的图标,就会弹出"另存为"对话框,选择好保存位置,然后单击"保存"按钮,保存到自己的硬盘上,则整篇文章的全文就被下载下来了。

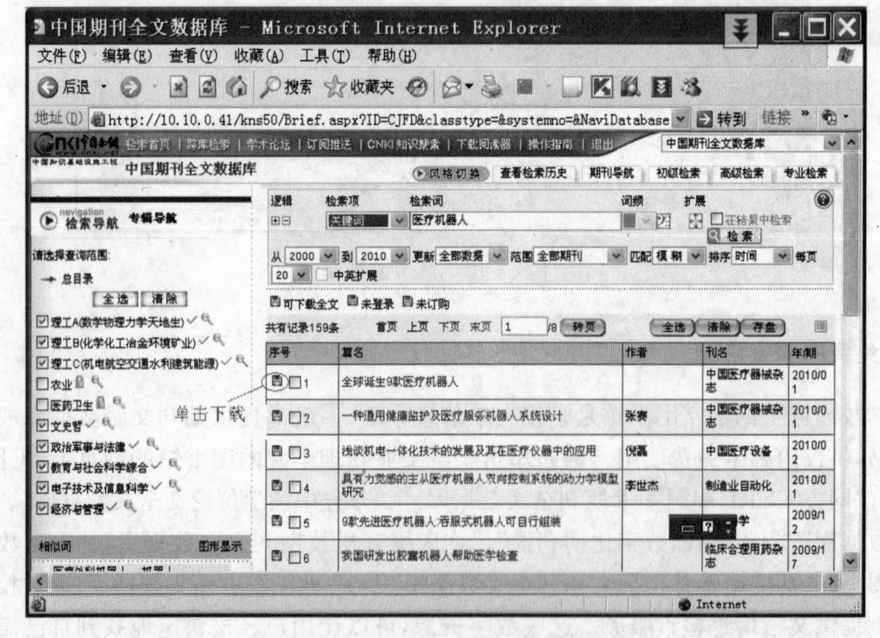

图 6-57 同方 CNKI 的检索页面

习题 6

一、选择题

1. 局域网的拓扑结构主要有(　　)、环状、总线型和树状 4 种。
   A. 星状　　B. T 形　　C. 链状　　D. 关系型
2. 根据(　　)可将网络划分为广域网(WAN)、城域网(MAN)和局域网(LAN)。
   A. 接入的计算机多少　　B. 接入的计算机类型
   C. 拓扑类型　　D. 接入的计算机距离
3. 按照网络分布和覆盖的地理范围,可将计算机网络分为(　　)。
   A. 局域网和互联网　　B. 广域网和局域网
   C. 广域网和互联网　　D. Internet 网和城域网
4. 计算机网络最突出的优点之一是(　　)。
   A. 安全保密性好　　B. 信息传递速度快　　C. 存储容量大　　D. 共享资源
5. 计算机网络的构成可分为(　　)、网络软件、网络拓扑结构和传输控制协议。
   A. 体系结构　　B. 传输介质　　C. 通信设备　　D. 网络硬件
6. Web 上的信息是由(　　)语言来组织的。
   A. C　　B. BASIC　　C. Java　　D. HTML
7. 下列软件中,(　　)是网络操作系统。
   A. UCDOS　　B. DOS　　C. NetScape　　D. UNIX
8. LAN 是(　　)的英文的缩写。
   A. 城域网　　B. 局域网
   C. 广域网　　D. 网络操作系统
9. 超文本与一般文档的最大区别是它有(　　)。
   A. 声音　　B. 图像　　C. 超链接　　D. 都不是
10. 普通的 IP 地址由(　　)个字节组成。
    A. 1　　B. 2　　C. 3　　D. 4
11. 在 Internet 上,已分配的 IP 地址所对应的域名可以是(　　)个。
    A. 1　　B. 2　　C. 少于 3　　D. 多
12. 电子邮件是(　　)。
    A. 网络信息检索服务
    B. 通过 Web 网页发布的公告信息
    C. 通过网络实时交互的信息传递方式
    D. 一种利用网络交换信息的非交互式服务
13. 下列符合 IP 地址格式的是(　　)。
    A. 202.115.116.59　　B. 202,84,13,5
    C. 202.117.276.75　　D. 202：84：101：66
14. 下列(　　)服务不是 Internet 的功能。
    A. E-mail　　B. WWW　　C. Web　　D. MAG

15. 下列哪一个不是搜索引擎(　　)。

A. Excite　　B. Yahoo　　C. Sohu　　D. Foxmail

16. 下面几种操作系统中,(　　)不是网络操作系统。

A. MS-DOS　　B. NetWare　　C. Windows NT　　D. UNIX

17. 个人用户访问 Internet 最常用的方式是(　　)。

A. 公用电话网　　B. 综合业务数据网　　C. DDN 专线　　D. X. 25 网

18. 下列地址中,(　　)是域名。

A. beijing/railway/institute/china　　B. www. unf. edu. cn

C. 202. 145. 3. 6　　D. yhkhf@legend. com

19. 拨号上网时必须使用的一种设备是(　　)。

A. 网卡　　B. Modem　　C. ISP　　D. Hub

20. 用户想在网上查询 WWW 信息,必须安装并运行一个被称为(　　)的软件。

A. 适配器　　B. 浏览器　　C. Yahoo　　D. FTP

21. 下面所列,(　　)不是邮件地址的组成部分。

A. 用户名　　B. 主机域名　　C. @　　D. 口令

22. Internet 中,IP 地址由(　　)组成。

A. 国家代号和国内电话号码　　B. 国家代号和主机号

C. 网络号和邮政代码　　D. 网络号和主机号

23. 计算机通过校园网入网时必须使用的一种设备是(　　)。

A. 网卡　　B. Modem　　C. ISP　　D. Hub

24. 在 Internet Explorer 中,要保存一个网址可以使用它的(　　)功能。

A. 历史　　B. 搜索　　C. 收藏　　D. 转移

25. 一般来说,域名 www. abc. net 表示(　　)。

A. 中国的教育界　　B. 中国的工商界　　C. 工商界　　D. 网络机构

26. 网络信息通路上出现的拥堵称为网络(　　)。

A. 梗阻　　B. 阻塞　　C. 瓶颈　　D. 问题

27. 某人 E-mail 地址是 lee@sohu. com,则邮件服务器地址是(　　)。

A. lee　　B. lee@

C. sohu. com　　D. lee@sohu. com

28. 下列正确的电子邮件地址是(　　)。

A. chenping. 163. com　　B. 163. com. chenping

C. chenping@,163,com　　D. chenping@163. com

29. 一般用 4 组十进制整数表示 IP 地址,其中(　　)是一个正确的 IP 地址。

A. 192. 211. 23. 4　　B. 120. -1. 3. 45　　C. http. 172. 3. 56　　D. 276. 6. 124. 5

30. 一台计算机连接到计算机网络后,该计算机(　　)。

A. 运行速度会加快　　B. 可以共享网络中的资源

C. 内存容量变大　　D. 运行精度会提高

31. 在电子邮件中所包含的信息(　　)。

A. 只能是文字　　B. 只能是文字与图形图像信息

C. 只能是文字与声音信息　　D. 可以是文字、声音和图形图像信息

32. 下列哪个选项不是视频网站(　　)。

A. 土豆网　　B. 六间房　　C. 校内网　　D. 优酷

33. 下列哪个选项不是下载工具(　　)。

A. Photoshop　　B. FlashGet　　C. Thunder 5　　D. EasyMule

34. 下列哪项不是校园网提供的基本功能(　　)。

A. 网上办公　　B. 网上选课　　C. 网络游戏网　　D. 网上教学

35. 下列有关数字图书馆的说法正确的是(　　)。

A. 信息储存占用空间小

B. 信息容易受到损害,并且没办法避免损害

C. 远程迅速传递信息,信息查阅检索方便

D. 同一信息可多人同时使用

二、判断题

1. 万维网(WWW)是一种局域网。(　　)
2. 迅雷属于网络系统软件。(　　)
3. 网址中.cn代表教育网。(　　)
4. 只能从网上下载文件,不能将自己的程序上载到网上。(　　)
5. 计算机网络最本质的功能是实现数据通信和资源共享。(　　)
6. 当发电子邮件给对方,对方此时可以不在网上。(　　)
7. 域名是一种用名称替代IP地址的方法。(　　)
8. Internet是由Internet公司所组建的网络。(　　)
9. 网络一定要依赖于协议才能可靠地传输数据。(　)
10. 接入Internet的方式中,局域网连入上网属于拨号上网。(　　)
11. 使用QQ聊天工具,不但可以进行文字聊天,还可以进行语音、视频聊天。(　　)
12. 博客和论坛一样,每个人都可以发表文章,都可以进行回复。(　　)
13. 微博比起博客来说,内容更短,一般只由几句话组成。(　　)
14. 校园网上一般都提供有丰富的教学资源,供校内师生免费使用。(　　)
15. 校园网上提供的免费数字资源,所有在线用户可同时使用。(　　)

计算机系统维护与数据安全

随着计算机和计算机网络使用的日益广泛，如何保证计算机系统的安全已经成为社会关注的焦点问题。对计算机系统的威胁，既有来自用户对计算机系统维护的缺乏，还有来自外界的计算机病毒、黑客入侵等。因此，一般的计算机用户都应该掌握一定的计算机系统维护以及数据安全的知识与技术。本章将对计算机系统软硬件系统维护和提高计算安全的知识与技术进行简单介绍，使读者能够掌握一些最基本的计算机系统维护和数据安全方法，达到正确、安全使用计算机和计算机网络的目的。

7.1 计算机系统维护

计算机系统维护可以预防计算机系统故障的发生。一般的计算机用户都应该了解和掌握一些计算机系统维护的知识和技能。本节重点介绍计算机系统维护，但考虑到实际应用的需要也简单介绍了计算机系统故障的检查与排除。

7.1.1 计算机日常维护

计算机系统日常维护包括计算机系统环境维护和计算机系统维护两个方面。环境维护主要是指对影响计算机正常使用的外部环境进行一定的控制和管理。系统维护主要是指对计算机软件和硬件的控制和管理。

1. 计算机环境维护

良好的计算机环境是计算机正常工作的重要条件。因为计算机是比较精密的设备，周围的灰尘、温度、湿度、电磁环境等都会影响其正常的工作状况。可以从以下几个方面对计算机环境进行维护。

(1) 保持环境卫生

由于计算机硬件系统是由电子元器件构成，在使用时很容易吸附灰尘，所以在使用计算机一段时间以后，无论是键盘、鼠标、显示器还是机箱内的板卡、风扇等，都会落上很多灰尘。这些灰尘会影响元器件的散热，而且很容易吸潮，并且严重时会造成集成电路芯片短路，或使机械传动机构、导轨等运行不良。

灰尘对计算机系统的影响可以造成如下一些故障。

① 鼠标、键盘因积尘较多而灵敏度下降，引起操作困难。

② 显示器表面沾染灰尘，使显示亮度与色泽降低，容易引起视觉疲劳。

③ 如果经常使用沾有灰尘的光盘、软盘，则光驱的激光头和磁盘驱动器的磁头也会沾染灰尘，从而引起读写不正常，甚至降低驱动器寿命。

④ 主机后部外侧的接口积尘过多会导致计算机与所连接外部设备的接触不良或不能接通。

⑤ CPU 与电源的风扇上灰尘过多，会大大降低散热效果，可导致死机甚至烧毁 CPU 或板卡。

因此，保持计算机系统环境清洁非常重要。计算机用户应该养成定期对计算机系统进行清洁护理的习惯。

(2) 保持合适的温度

计算机系统在运行时大部分器件都会发热，所以计算机系统都设计有散热装置。一般计算机对周围环境的温度要求在 10℃～30℃。在正常温度环境中，靠计算机系统散热装置的正常工作，计算机系统不会出现温度过高以致引起故障的情况。但是当环境温度过高、散热风扇积尘过多时，计算机系统散热装置的散热效果会大大降低，此时计算机系统温度就会急剧升高。温度过高会加速电路元器件的老化，降低器件性能，严重时可以引起死机甚至烧毁板卡和 CPU。

因此计算机室内最好配备空调以保持合适的计算机环境温度。如果没有条件则可以采用间断式工作方法。

(3) 保持合适的湿度

计算机系统正常的环境湿度应该在 30％～80％。湿度太低容易产生静电，造成电子元器件的损坏；湿度太高则容易使元件受潮，引起电子元器件短路，所以计算机室内要保持通风良好，当外界天气湿度很大时可以用电吹风的低温档吹主机箱内部，保持主机的相对干燥。

(4) 保持稳定的电压

计算机在工作过程中，电压一般要稳定在 220V。电压过高会烧毁计算机，而电压过低计算机无法正常运行。因此，最好为计算机配备一台不间断电源 UPS(或稳压电源)，这样既可以起到稳压作用，也可以防止突然停电而造成数据丢失。

(5) 保持较清洁的电磁环境

计算机系统工作过程中，无论是各个电子元器件内部还是各个电子元器件之间都有数据的快速传递。这些数据的快速传递都是靠不停地发射高频电信号实现的。所以计算机在工作时不但会产生大量的电磁辐射，同时也对外界的电磁辐射较为敏感。较强的电磁辐射可能造成显示器产生花斑、抖动，有时也可造成硬盘数据丢失。

另外，还要注意静电对计算机的影响。

2. 计算机硬件系统维护

这里介绍计算机硬件系统维护主要强调用户对计算机硬件的正确操作和日常维护。

(1) 开机时，应该先外部设备后主机，即先打开显示器、打印机、扫描仪等设备的电源，然后打开主机电源；关机时，先主机后外部设备，即先关闭主机电源再关闭外部设备电源。

(2) 不要频繁地开关机，并且每一次关机再开机时，应该保持一定的时间间隔。

(3) 计算机通电开始工作后，不要随意移动主机箱，保证计算机工作台的稳定，避免震动。

(4) 定期清洁计算机各个设备，保证计算机外观干净整洁，机箱内部没有过多灰尘。清洁外部设备时一般不要使用酒精等可溶性的清洁剂；清洁机箱内部时使用柔软防静电的皮老虎、毛刷等清洁工具。在具体清洁时要注意以下几点。

① 安全规范。在打开机箱进行清洁之前首先应该关机断电，还要进行防静电处理。

② 风道的整理与清洁。风道畅通，通过机箱内外空气快速交换是机箱内部设备散热的保证。

③ 风扇的清洁。在风扇的清洁过程中，最好清除灰尘后，能在风扇转轴处滴一些油，加强润滑。

④ 插头、插座、沟槽、板卡等金手指的清洁。清洁这些金手指时，可以用橡皮擦拭，也可以用酒精擦拭。

⑤ 集成块、元器件等引脚的清洁。清洁这些引脚时，应该用小毛刷、皮老虎或吸尘器等除去灰尘，同时要观察引脚有无虚焊和潮湿现象、元器件是否变形。

(5) 注意区分设备是否支持"热插拔"。对于不支持热插拔的设备，一定要在主机关闭的情况下进行添加或去除。

(6) 拆卸设备时用力要适当，轻拿轻放避免磕碰其他设备；连接时要注意正确连线，还要注意清理，避免遗漏螺钉、导线于主板上。

3. 计算机软件系统维护

计算机维护不仅需要进行硬件维护，同时还要进行软件维护，这样才能全面保证计算机系统稳定可靠地运行。计算机软件系统维护包括软件的安装与卸载、正确的使用方法与设置、数据文件的整理与备份、病毒的查杀等。应该特别注意以下几点。

(1) 软件系统与用户数据分离

这主要是为以后方便计算机维护。现在的计算机硬盘一般都在 100GB 以上，如此巨量的硬盘如果没有进行软件系统与数据的分离，一旦系统出现故障而需要格式化硬盘重新安装系统软件时，将会造成用户数据丢失。因此，应该对硬盘进行合理分区，使软件系统与用户数据处在不同的分区。这样，当系统因为某种原因崩溃时，可以快速恢复系统，并且安全保留用户数据。

(2) 保管好设备的驱动程序

只有正确安装了设备驱动程序设备才能正常工作。虽然目前一些计算机操作系统，比如 Windows XP，已经自带了很多设备的驱动程序，但是有些设备的驱动程序它是没有的，所以最好还是保管好所有设备的驱动程序，以备系统维护之需。

(3) 定期维护软件系统

定期维护可以延长软件系统的正常使用寿命，减少系统重装次数。一般情况下，用户应该利用系统优化工具定期对硬盘进行垃圾文件清理、文件碎片整理以及注册表垃圾清理等；定期对硬盘进行病毒查杀，并定期对杀毒软件升级；不要安装盗版或未经验证的软件；不用的软件应及时卸载；及时备份自己的重要数据。

7.1.2 计算机主机的维护

这里主要指对主机箱内重要硬件设备,包括主机电源、CPU、主板、内存条、硬盘、光驱等的维护。

1. 电源的维护

电源是整个计算机系统的动力源,其后部都带有散热风扇。开机后,电源上的风扇发出轻微而均匀的转动声,这是正常现象。当电源风扇声音异常或风扇不转动时,一定要立即关机,否则会导致机箱内大量热量散发不出去而烧毁电路。计算机电源本身一般不会发生故障,一旦发生故障普通计算机用户就很难解决。常见的计算机电源故障都是由于风扇积尘过多引起风扇工作不正常造成的。因此电源的维护主要就是除尘和给风扇加润滑油。

电源维护具体操作如下:

(1) 拆开电源盒除尘

首先关掉电源,打开机箱,从机箱后部拧下固定电源的螺钉,取下电源盒。一般的电源盒都是由薄铁板做的,卸掉底部的4个小螺钉,取下上盖。接下来拧下印刷电路板4个角的固定螺钉,取出整个电路板。可以用毛刷为整个电源盒与电路板除尘。对于缝隙中的灰尘可以用皮老虎吹掉。

(2) 擦拭风扇叶片

擦拭风扇叶片对工具没有特殊要求,不过要注意不能让水进入风扇转轴或线圈中。

(3) 给风扇轴承加润滑油

一般情况下风扇使用较长时间后,转动的声音会明显变大,这主要是轴承润滑不良造成的。为风扇轴承加油时,可以用小刀揭开风扇正面的不干胶商标,在其下面有一个薄金属盖,同样用小刀将其撬开,这时就可以看见风扇前端轴承了。在轴的顶端还有一个卡环,用镊子把卡环取出,再取出垫圈,最后将电机转子连同叶片一起拉出。此时便可看见前、后轴承了。将润滑油分别在前、后轴承的内外圈之间滴几滴,在确定润滑油已经浸入轴承以后,依次复原。

2. CPU 的维护

CPU 是一个集成度很高的集成电路块,并且有着严密的封装,因此对 CPU 的维护就是保证散热良好。具体来说,就是维护好 CPU 散热风扇,定期清除灰尘和为轴承加油。如果风扇因使用过久而效能下降,则应及时更换。

3. 主板的维护

主板的维护主要包括下面一些内容。

(1) 定期清除主板上的灰尘。一般使用毛刷和皮老虎清除主板上的灰尘。

(2) 定期检查电路板,看是否有氧化或腐蚀现象。

(3) 在长时间不使用计算机的情况下,应该定期开机加热一段时间,以免主机元件受潮。

(4) 主机应放置在通风良好、温度和湿度合适、无辐射、电压稳定、无阳光直射的场所。

4. 内存条的维护

对内存的维护要注意以下几点。

(1) 防止静电损坏。

(2) 注意防潮,因为潮湿的环境可导致连线腐蚀或脱落。

(3) 注意机箱内通风散热,避免内存条温度过高。

(4) 避免磕碰。

(5) 避免频繁开关机。

5. 硬盘的维护

计算机硬盘的维护与保养注意以下几点。

(1) 及时备份数据。重要文件一定要及时备份,以免在发生硬件故障、软件故障或误操作等情况下造成无法挽回的损失。

(2) 禁止在存有重要数据的硬盘或者分区中运行游戏软件或其他任何有风险的操作。

(3) 预防病毒,定期检查并清除病毒。

(4) 保持环境清洁。虽然硬盘一般密封很严,但是如果硬盘表面积尘过多会影响硬盘的正常工作。

(5) 避免震动和冲击,尤其正在工作的硬盘更要防震。剧烈的震动不但可能引起数据丢失,也可能损坏硬盘。

(6) 养成整理文件的习惯,及时删除不再使用的文件和临时文件。

(7) 定期进行文件碎片整理,减少文件碎片。

(8) 扫描检查硬盘坏扇区,重新分区和格式化修复坏扇区。

(9) 保持合理的使用温度(5℃～40℃)。

6. 光驱的维护

光驱是计算机系统中易损坏的设备,平时也比较容易出问题,所以对光盘和光驱的维护是非常必要的。下面介绍光盘及光驱的日常维护要点。

(1) 不要使用变形的光盘,在选择光盘时应尽量挑选盘面光洁度好、无划伤的盘。

(2) 保持光盘表面清洁。当光盘表面变脏时,可以用干燥、洁净、不掉屑的软布擦拭盘面。擦拭时应从中心开始沿径向朝外轻轻擦拭,切勿绕着圆周擦拭。如果光盘聚污严重可以沾一些清水或中性清洁剂擦拭。

(3) 光盘不用时应该及时从光驱中取出。为了避免光驱长时间工作,用户可以将经常使用的光盘文件(如 VCD 视频)复制到硬盘,在硬盘中播放。

(4) 光驱使用较长时间后,激光头可能会因为灰尘覆盖而影响读盘,此时可以打开光驱清洁激光头,用镜头纸直接擦拭激光头,或用镜头纸沾一点清水擦拭激光头。

7.1.3 计算机外部设备的维护

这里主要指通常置于机箱外面的计算机外部设备,包括键盘、鼠标、显示器、打印机、扫描仪等的维护。

1. 键盘的维护

键盘是计算机系统最基本的输入设备,也是计算机用户接触最多的设备之一。由于键盘处于暴露状态,因此很容易掉进脏东西而成为"藏污纳垢"的场所。键盘的维护应该注意以下几点。

(1) 定期除尘,注意不要使用任何润滑剂。

(2) 击键时不要用力过大,以免损坏按键。

(3) 防水防潮。

2. 鼠标的维护

目前,鼠标是一般计算机用户使用最多的输入设备,也是容易出故障的设备。对鼠标的维护主要是防尘防潮,避免用力拉扯鼠标线,避免摔碰,最好使用鼠标垫。

3. 显示器的维护

显示器是比较耐用且不容易出故障的设备,但是显示器对人的视觉及身体健康影响比较大。显示器日常维护应该注意以下几点。

(1) 保持电压稳定。

(2) 擦拭显示屏时须用柔软的织物或纸张,不能用可溶性清洁剂。

(3) 防止磁场的干扰。

4. 打印机的维护

打印机是现代办公和家庭常用的计算机输出设备,主要有激光打印机、喷墨打印机和针式打印机 3 种。每一种类型打印机具有不同的工作原理,维护方法也不尽相同,就其共性而言下面几点需要注意。

(1) 防潮防尘,尤其是打印纸应该干燥干净。

(2) 打印机应该平稳放置,避免震动和摇摆。

(3) 注意打印纸的类型和质量,以保证打印质量。

(4) 及时更换墨盒或色带,以免影响打印质量和损害打印机。

(5) 不要带电插拔电缆。

(6) 打印机上面不要放置物品,打印机周围应该有足够的空间,以免影响纸张进出。

5. 扫描仪的维护

鉴于扫描仪在办公领域的应用越来越多,一般的计算机用户掌握一些扫描仪的维护知识也很必要。

(1) 扫描仪在不用时应该放置于柜子里或用布盖上,防止灰尘落入。

(2) 避免扫描仪长时间直接暴露在阳光之下或靠近其他过热的热源。

(3) 扫描仪应该平稳放置,避免震动。

(4) 在扫描多页装订的原稿时,应该拆开装订,一页一页地扫描,以保证扫描质量。

7.1.4 计算机常见故障的检查与排除

虽然现代计算机系统的稳定性和安全性已经达到很高的程度，但是由于多数用户是经常性地、高强度地使用计算机，所以依然会遇到各种计算机系统故障。因此，作为经常使用计算机的用户，掌握一些计算机故障的检查与排除的基本方法是很必要的。

1. 计算机系统常见故障分类

一般来说，凡是计算机不能正常使用的现象都可以称为计算机故障。在使用计算机的过程中，引起计算机故障的原因错综复杂，呈现出的故障现象也是多种多样，但从整体上可以分为软件故障和硬件故障两类。

(1) 软件故障

计算机软件故障是软件使用不正常的现象，主要包括系统软件或应用软件因损坏而不能正常启动运行、文件不能打开或不能识别、文件丢失、文件损坏等。

产生软件故障的原因可能是软件本身问题，也可能是用户操作不当引起，如误删除、误格式化、误克隆、误分区等。此外，硬件设置不当、病毒及一些网页中的恶意脚本也可引起软件故障。

(2) 硬件故障

计算机硬件故障是由计算机硬件引起的故障，涉及主机内的各种板卡、存储器、显示器、电源等。常见的硬件故障如下。

① 电源故障。导致系统和部件没有供电或只有部分供电。

② 部件工作故障。计算机系统中的主要部件，如显示器、键盘、鼠标、磁盘驱动器等，产生故障，造成系统工作不正常。

③ 电子元器件或芯片松动、接触不良、脱落，或者因温度过高而不能正常运行。

④ 计算机系统中部件之间的连线或插头(座)松动，甚至脱落或错误连接。

⑤ 板卡跳线脱落或错误连接。

2. 计算机系统故障查找与排除的一般原则

计算机系统故障的排除是一项非常复杂的工作，既要有一定的理论知识，又要有丰富的实践经验。下面介绍计算机系统故障检查与排除的几个基本原则。掌握这些基本原则可以避免走弯路，提高故障检查与排除的效率。

(1) 先看后动

在计算机维修时最忌讳不经过认真观察就急于动手，因为不经过仔细观察分析就动手，轻则会降低维修效率，重则可能扩大故障范围，使故障更严重。

(2) 先想后做

要求先对故障现象进行分析，初步判断故障类型和产生原因，然后再采取相应的措施。

(3) 先软后硬

计算机系统故障的解决应该先从软件系统着手分析判断。先软件后硬件的原则可以避免盲目地拆卸硬件。

(4) 先外后内

当进行计算机故障维修时，先外后内主要是指先外部设备后主机，先机箱外部后机箱内部。根据系统错误报告信息进行检修,先检查键盘、鼠标等外部设备,查看电源的连接、各种连线的连接是否正确,在排除了外部的可能性后,再对主机内部进行检查。

(5) 先静后动

计算机出现硬件故障后,应该首先关机或切断电源。在断电的状态下进行故障检查和维修。只有确信加电不会加重故障或者引起新的故障时才能加电。

(6) 先电源后负载

电源故障影响最大,也比较常见。在检查电源以后,再根据情况检查相应设备。

3. 计算机系统故障诊断常用方法

计算机系统软件故障与硬件故障有着不同的维修方法,而且软件故障不需要拆卸设备,所以当遇到计算机故障时首先应该分析判断是软件故障还是硬件故障。

(1) 软件故障的诊断与排除常用方法

在使用计算机过程中,软件故障比硬件故障更常见。当遇到计算机软件故障时,首先需要检讨自己有无误操作,然后根据故障现象和显示器提示信息判断故障类型和发生原因,进而展开维修操作。下面是几种常用的方法。

① 重新启动计算机。

② 查杀计算机病毒。

③ 检查计算机配置是否满足软件要求。

④ 重新安装软件。

⑤ 使用工具软件恢复损坏的数据。

(2) 硬件故障的诊断与排除方法

在排除了是软件故障可能性以后,可以再对计算机硬件部分进行检查。下面是几种简单而有效的硬件故障诊断方法。

① 清洁法。很多硬件故障都是由于计算机使用时间较长,积累了较多灰尘或者产生氧化膜而产生的,所以当把计算机硬件设备清洁以后故障就可能消失了。清洁设备不但是解决故障的方法,也是硬件故障维修过程中必走的第一步。

② 直接观察法。采用"望"、"闻"、"切"等手段查找故障所在。也就是看一看设备表面有没有异样,闻一闻有没有异常的味道,摸一摸有没有松动。

③ 震动敲击法。用手指、橡皮锤等轻轻敲击有关元件或组件,是检查发现接触不良类故障的有效方法。

④ 插拔法。关闭计算机,拔掉可疑设备,再启动计算机,看一看故障现象有无变化。

⑤ 替换法。用正常的设备替换系统中的可疑设备,观察故障现象的变化。

⑥ 比较法。当手头有两台以上一样或者相似的计算机时,可以同时运行这些计算机,并且进行相同的操作,根据计算机的不同表现可以初步判断故障的部位。

7.2 计算机数据安全

当今,计算机用户所拥有的计算机数据量不断增大,计算机数据的重要性也与日俱增,因而对数据安全性的重视程度也越来越高。所以,即使是普通的计算机用户,了解和掌握一定的计算机数据安全策略也是很必要的。下面简单介绍几种提高计算机数据安全性的方法。

7.2.1 计算机数据备份

备份是防止数据丢失、提高数据安全性最常用的方法之一。根据所使用的手段不同，备份可以分为 3 种：硬件级、软件级和人工级。

(1) 硬件级备份。硬件级备份是指用那些冗余的硬件来保证系统与数据的安全，比如磁盘镜像、磁盘阵列、双机容错等。

(2) 软件级备份。软件级备份指用一些备份软件将认为重要的数据备份到合适地方，当系统数据丢失时可以用相应的恢复软件将系统恢复到备份的状态。比硬件级备份更安全，不过要花费更多时间。

(3) 人工级备份。人工级备份就是靠手工来进行数据备份。这种备份最简单有效，就是太花费时间。

其中软件级备份最常用，最有效。常用的备份软件有 Windows 备份工具、驱动精灵、Ghost、某些杀毒软件、超级兔子等。一般用户经常进行的备份有文件备份、驱动程序备份、系统备份、分区备份、硬盘备份等几种。

1. 在 Windows 资源管理器中进行文件备份

为了提高数据安全性和管理的方便性，常常把一个硬盘分成多个逻辑盘，每一个逻辑盘用于存放不同类型的数据，比如可以把 C：盘作为操作系统专用盘，D：盘专门安装应用软件，E：盘作为数据备份盘专门存放重要文件的备份。

平时应该养成把重要文件进行及时备份的习惯。在使用软件编辑文档或者编写程序时，除了正常存盘以外可以再在数据备份盘上保存一份；也可以在每次关闭计算机之前通过 Windows 资源管理器把重要的文件复制到数据备份盘。这样，即使软件因为出现了问题而重新安装，或者格式化 C：盘，重要文件也不会受到任何损失。

2. 操作系统备份

计算机操作系统是现代计算机系统的核心。计算机操作系统的安全性也常常受到威胁。可以运用 Windows XP 自带的系统备份与还原功能进行系统的备份与还原来提高操作系统的安全性。利用 Windows XP 自带工具进行系统备份和还原的步骤如下：

(1) 打开“系统属性”对话框中的“系统还原”选项卡，去掉“在所有驱动器上关闭系统还原”前面的√，启动系统还原，如图 7-1 所示。

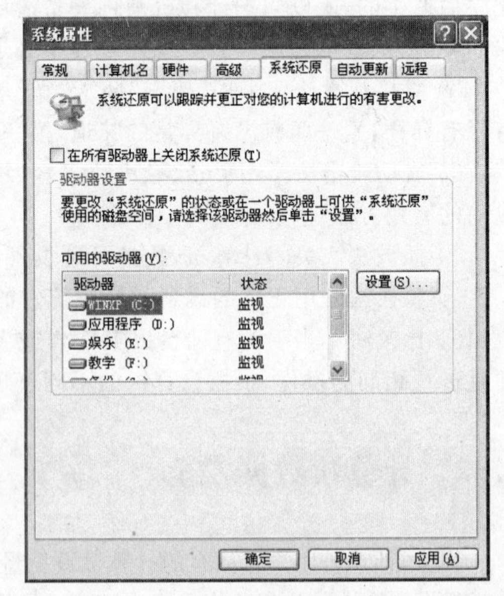

图 7-1 “系统属性”对话框

(2) 在“系统工具”中启动“系统还原”。在“欢迎使用系统还原”界面中单击“创建一个还原点”单选按钮，如图 7-2 所示，然后单击“下一步”按钮，进入“创建一个还原点”界面。

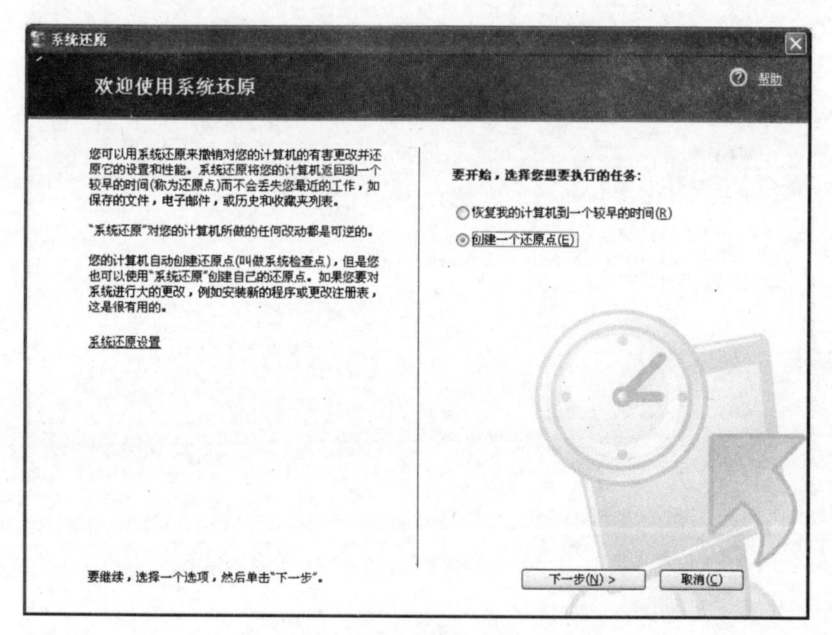

图 7-2　选择创建一个还原点

(3) 在还原点描述框中给本次还原点命一个名字，如图 7-3 所示，然后单击“创建”按钮。

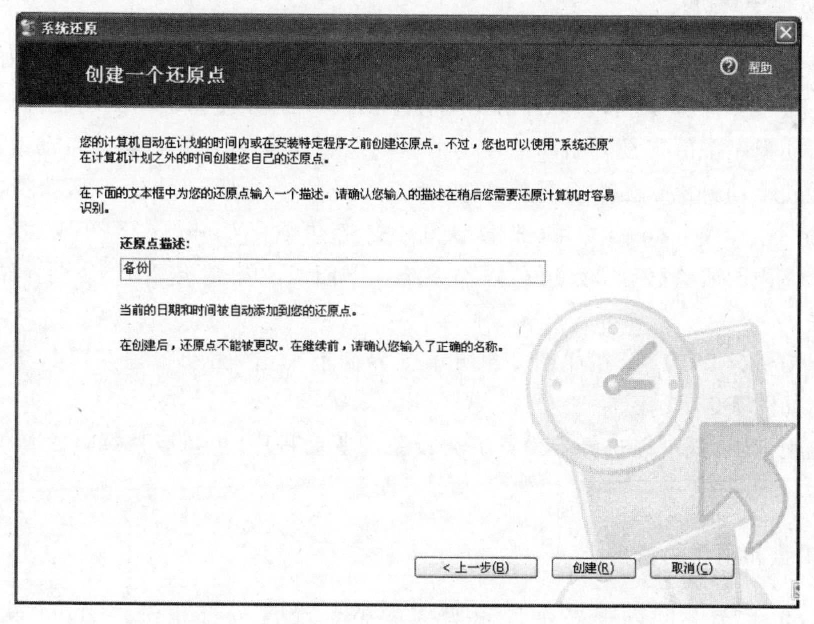

图 7-3　为还原点命名

(4) 系统自动完成还原点的创建，如图 7-4 所示。最后单击“关闭”按钮结束还原点创建。

利用“系统还原”成功创建一个还原点即成功地对 Windows XP 进行了备份。当操作系统出现故障时，用户就可以再次打开“系统还原”从系统的备份还原出原来的 Windows XP

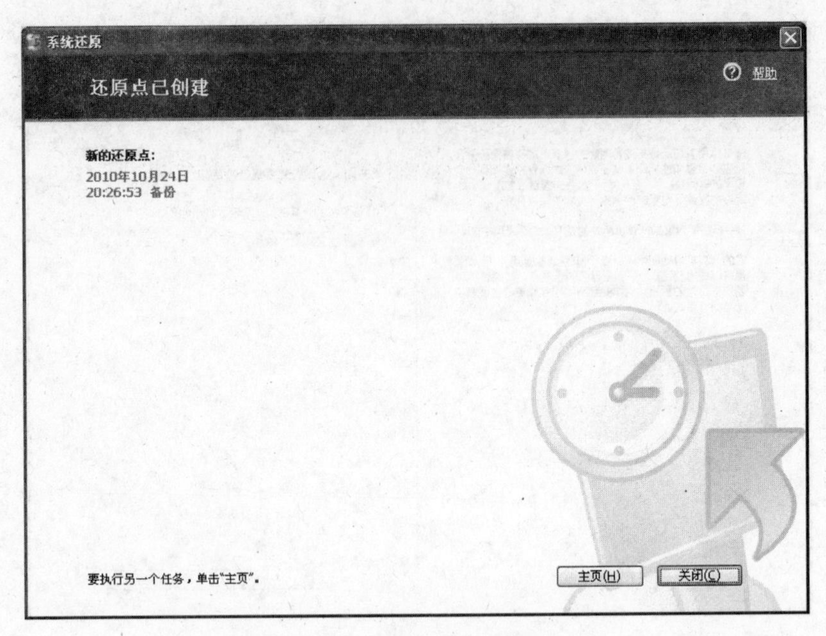

图 7-4　完成还原点创建

操作系统而无须重新安装操作系统。

3. 驱动程序备份

计算机系统中的很多设备都需要相应的驱动程序，否则便不能正常工作。如果把设备的驱动程序做一个备份，就不会再害怕驱动程序的损坏或者丢失了。驱动精灵就是一款很受欢迎的驱动程序备份工具。驱动精灵是由驱动之家研发的一款集驱动自动升级、驱动备份、驱动还原、驱动卸载、硬件检测等多功能于一身的专业驱动软件。驱动精灵 2009 和 2010 版均通过了 Windows 7 的兼容认证，支持包含 Windows XP、Windows Vista、Windows 7 在内的所有微软 32/64 位操作系统。下面以驱动精灵 2010 为例介绍备份驱动程序的方法。

启动驱动精灵 2010 后，在如图 7-5 所示主界面上单击"驱动管理"按钮，选择"驱动备份"选项卡，如图 7-6 所示。

在此选项卡中，既可以选择备份某一个设备的驱动程序，也可以选择一次备份多个设备的驱动程序。

4. 逻辑盘和硬盘的备份

利用 Ghost 软件可以把一个逻辑盘或者整个硬盘进行备份。Ghost 软件是美国 Symantec 公司推出的硬盘备份还原工具，可以实现 FAT16、FAT32、NTFS、OS2 等多种分区格式的逻辑盘与硬盘的备份和还原，俗称"克隆"软件。Ghost 的备份和恢复是按照硬盘上的簇进行的，所以备份最彻底，既包括系统文件又包括驱动程序和应用软件，而且恢复速度相当高。Ghost 既可以对整个硬盘备份也可以对一个逻辑盘进行备份；既可以进行逻辑盘到逻辑盘、硬盘到硬盘的直接备份，也可以把硬盘或逻辑盘备份成镜像文件，然后像普通

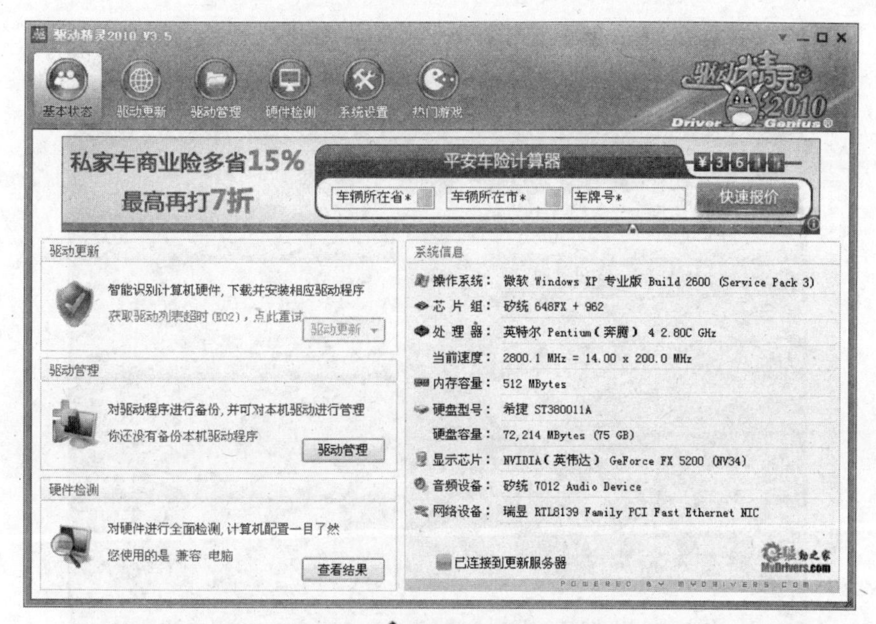

图 7-5　驱动精灵 2010 的工作界面

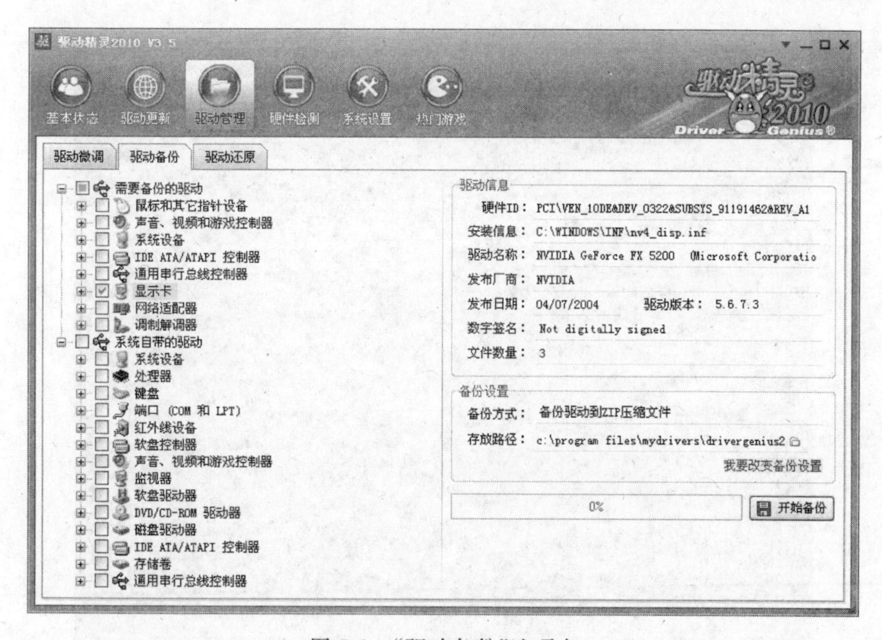

图 7-6　“驱动备份”选项卡

文件一样随时使用。另外，Ghost 还支持网络硬盘之间的备份。

下面以把逻辑盘备份成镜像文件为例介绍 Ghost 备份的操作方法。

启动 Ghost 后，首先出现一个支持大硬盘分区格式选择对话框，如图 7-7 所示。单击 OK 按钮后，就可以看到 Ghost 的主菜单，如图 7-8 所示。

在 Ghost 主菜单中，Local 表示对本地计算机上的硬盘进行操作；Peer to peer 表示通过点对点模式对网络计算机上的硬盘进行操作；GhostCast 表示通过单播/多播或者广播方式

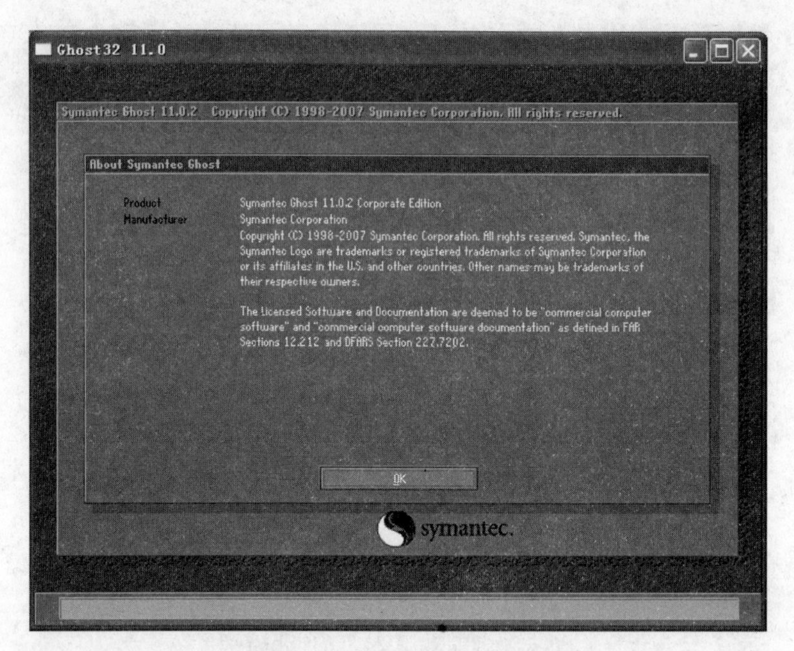

图 7-7 大硬盘分区格式选择

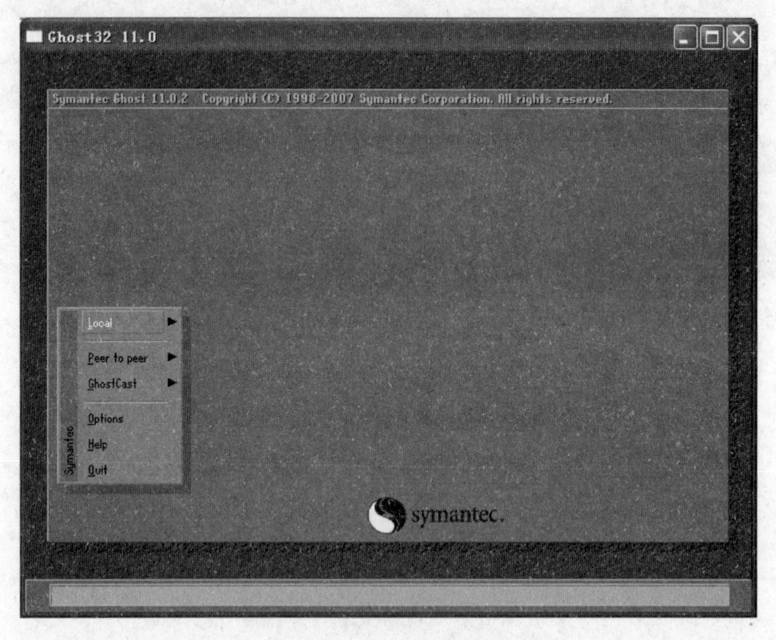

图 7-8 Ghost 工作界面

对网络计算机上的硬盘进行操作;Option 包含使用 Ghost 时的一些选项,一般使用默认设置即可;Help 包含一个简洁的帮助;Quit 表示退出 Ghost。

注意:当计算机上没有安装网络协议的驱动时,Peer to peer 和 GhostCast 选项不可用。

使用 Ghost 对主分区进行备份的操作步骤如下:

(1) 在 Ghost 工作界面中执行 Local | Partition | To Image 菜单命令，如图 7-9 所示。

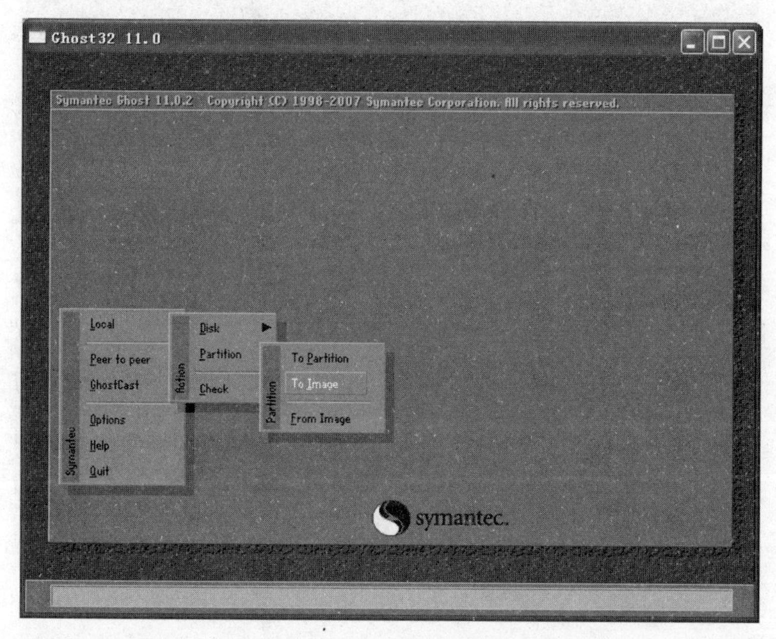

图 7-9 执行 Local|Partition|To Image 菜单命令

(2) 选择主分区所在的硬盘后单击 OK 按钮，如图 7-10 所示。

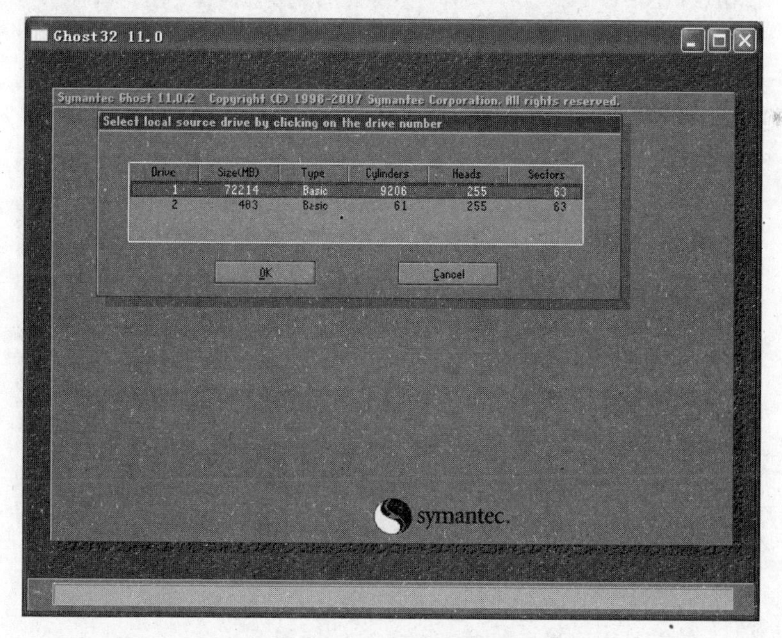

图 7-10 选择分区所在的硬盘

(3) 选择需要备份的主分区后单击 OK 按钮，如图 7-11 所示。

(4) 给主分区的备份文件(镜像文件)命名并选择存放位置，然后单击 Save 按钮，如图 7-12 所示。

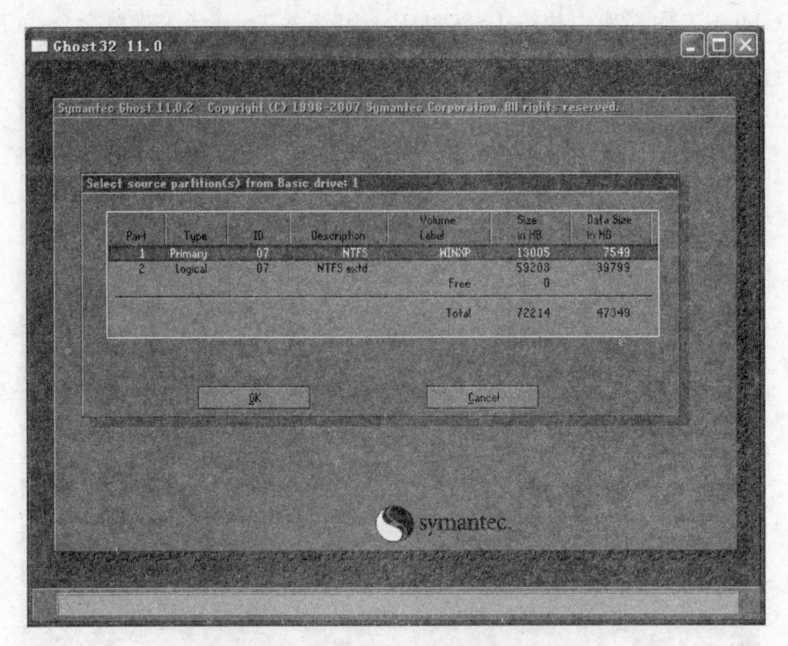

图 7-11　选择硬盘中需要备份的分区

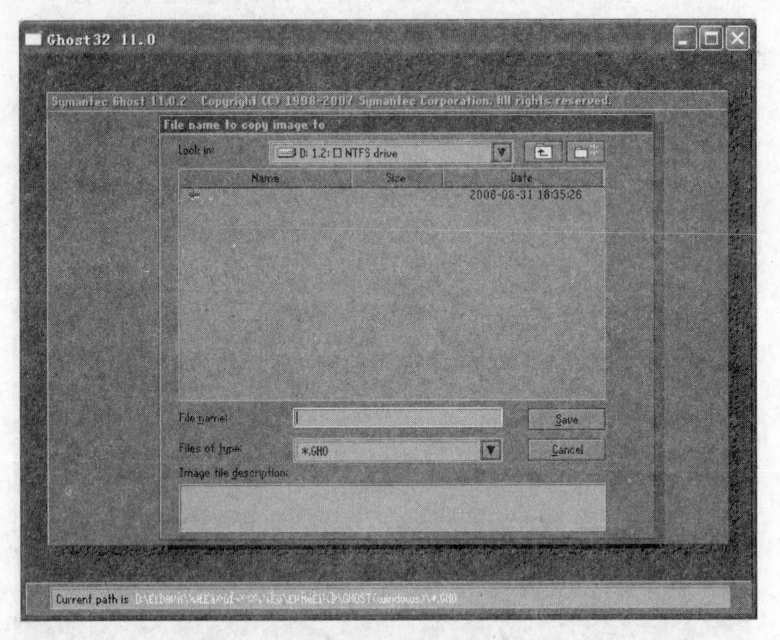

图 7-12　给备份文件命名并选择存放位置

(5) 对备份文件压缩方式进行选择，如图 7-13 所示。

接下来，Ghost 就自动完成主分区的备份并把备份文件存放到指定位置。

如果要从备份文件还原系统，可先在 Ghost 主窗口中执行 Local | Partition | From Image 菜单命令，如图 7-14 所示，然后根据提示一步一步地进行操作，很容易就可以实现从备份文件到系统的还原。

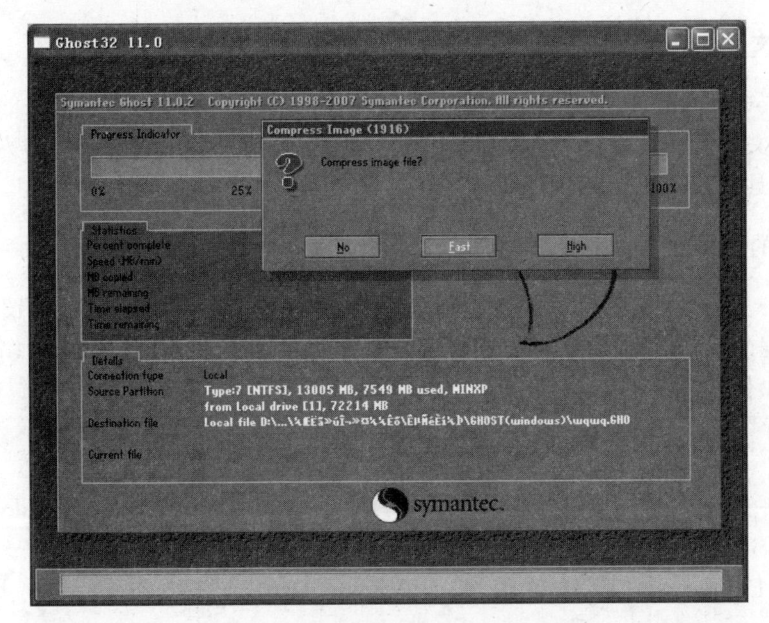

图 7-13　选择是否对备份文件进行压缩

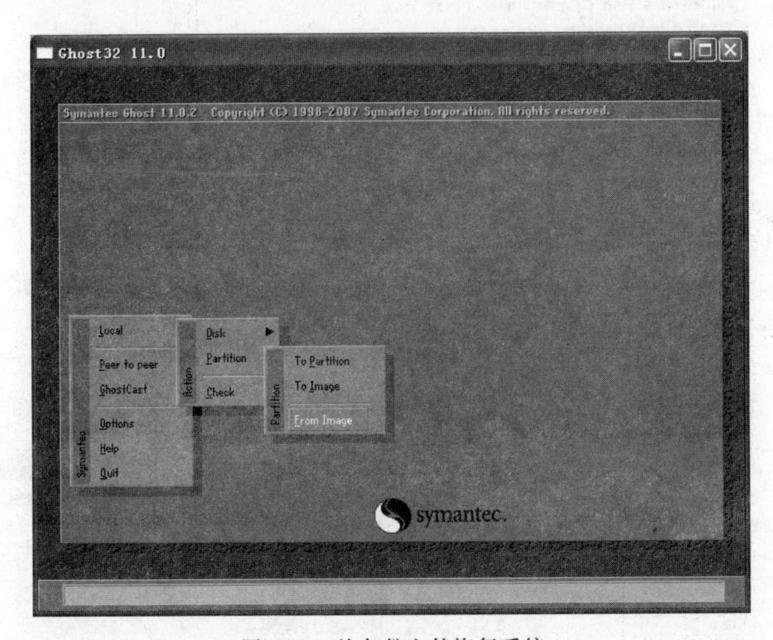

图 7-14　从备份文件恢复系统

7.2.2　文件隐藏与加密

文件隐藏是指把文件从 Windows 资源管理器中隐藏起来，使一般的计算机用户无法找到，从而提高数据的安全性。加密是信息安全中的一个重要概念，有很多的加密理论和技术。这里所介绍的文件加密是指普通计算机用户，通过一些常用软件对文件的访问权限进行管理的方法。这些方法虽然简单，但却可以有效提高计算机数据的安全性。

1. 利用文件属性进行文件隐藏

在 Windows 中,文件或者文件夹的属性都包含有“隐藏”属性。当把文件的属性设置为“隐藏”时,该文件便被隐藏起来,通过常规的文件浏览方法是看不到该文件的。这样,被“隐藏”的文件就具有较高的安全性。

2. 磁盘的隐藏

Windows 还提供了逻辑盘隐藏功能。当计算机管理员不想让一般用户使用某一个存放有重要数据的逻辑盘时,便可以把它隐藏起来。下面,以隐藏 C:盘为例,介绍隐藏一个逻辑盘的具体操作方法:

(1) 执行“开始”|“运行”菜单命令,打开“运行”对话框,在“打开”文本框中输入“regedit. exe”,单击“确定”按钮,打开“注册表编辑器”对话框。

(2) 根据路径 HKEY_CURRENT_USER\Software\Microsoft\Windows\Current Version\Policies\Explorer 展开子键 Explorer。

(3) 在 Explorer 中新建键值项 NoViewOnDrive。其数据类型为 DWORD,值为 0000000C。

(4) 退出注册表编辑器,重新启动计算机。

3. Office 文档的加密保护

为了提高文档的安全性,Office 中的 Word、Excel 和 PowerPoint 均提供了对其文件的加密功能。下面分别简单介绍使用 Word、Excel 和 PowerPoint 对文件加密的方法。

(1) Word 文件的加密

在 Word 2003 中可以按照下面方法对一个文件进行加密:

① 在一个文件的编辑窗口中执行“工具”|“选项”菜单命令(如图 7-15 所示),打开“选项”对话框。

② 在“安全性”选项卡中,可以设置打开文件时的密码,也可以设置修改文件时的密码,如图 7-16 所示。如果给文件设置了打开文件的密码,则未经授权的用户便不能打开和浏览

图 7-15 执行“选项”命令

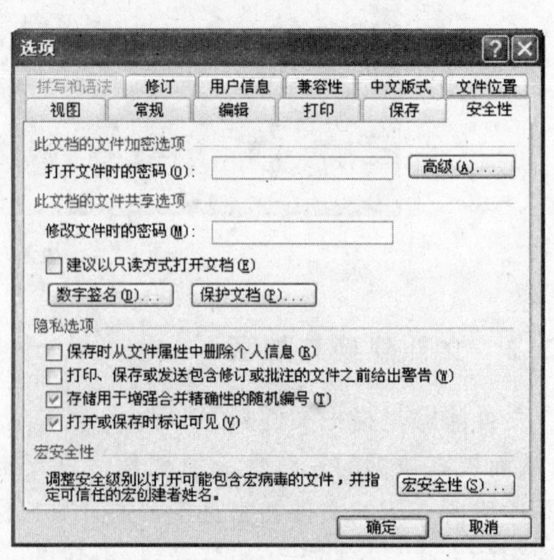

图 7-16 “安全性”选项卡

文件；如果只设置了修改文件的密码，则对于未授权用户就只能打开浏览文件而不能修改文件内容。

③ 单击“确定”按钮，关闭“选项”对话框。

④ 执行“文件”|“保存”菜单命令，保存文件。

⑤ 关闭文件编辑窗口，退出 Word。

(2) Excel 工作簿与工作表的加密

Excel 2003 具有比 Word 2003 更强的加密功能，既可以对工作簿文件进行加密，又可以对工作簿中的工作表结构和内容进行加密保护。

Excel 2003 对工作簿文件加密的方法和效果与在 Word 2003 中对文件加密的方法与效果相似，不再详述。

Excel 2003 对工作表结构加密保护的方法如下：

① 在一个工作簿编辑窗口中执行命令“工具”|“保护”|“保护工作簿”菜单命令，打开“保护工作簿”对话框。

② 选中“结构”和“窗口”复选框后，在密码框中输入保护工作簿密码，如图 7-17 所示。

③ 单击“确定”按钮，再次确认密码，完成密码设置。

④ 保存工作簿文件，退出编辑窗口。当再次打开工作簿文件时就会发现，必须在输入有效密码的情况下才可以修改工作表窗口结构。

Excel 2003 对工作表内容加密保护的方法如下：

① 在一个工作簿编辑窗口中执行“工具”|“保护”|“保护工作表”菜单命令，打开“保护工作表”对话框，如图 7-18 所示。

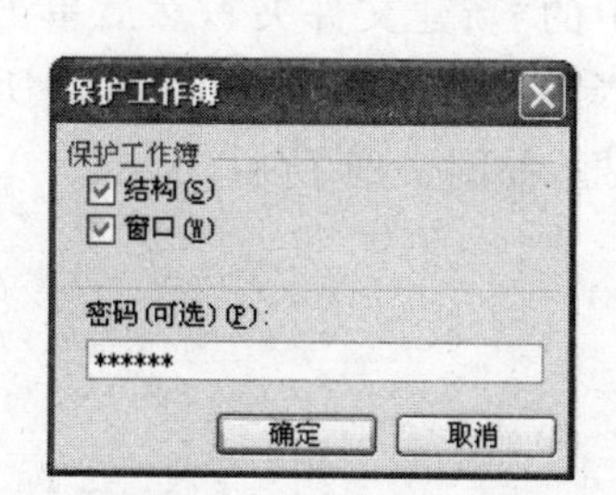

图 7-17　保护工作簿“结构”和“窗口”

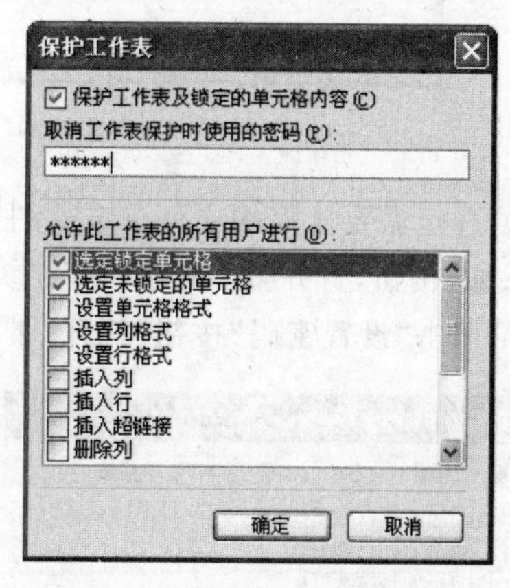

图 7-18　“保护工作表”对话框

② 在“允许此工作表的所有用户进行”框中选中符合要求的项后，在密码框中输入保护工作表密码。

③ 单击“确定”按钮，再次确认密码，完成密码设置。

④ 保存工作簿文件，退出编辑窗口。当再次打开工作簿文件时就会发现，必须在输入有效密码的情况下才可以编辑工作表的单元格。

(3) PowerPoint 演示文稿的加密

在 PowerPoint 中可以对演示文稿文件加密，其方法与在 Word 中对文件加密的方法一样，仍然是打开"选项"对话框，在"安全性"选项卡中进行密码设置，详细操作从略。

4. 压缩文件的加密

WinRAR是常用的文件压缩和解压工具。它不但具有操作简单、压缩速度快的特点，而且具有对压缩文件加密的功能。只有得到压缩密码的用户才能解压带密码的压缩文件。对一个文件或文件夹压缩并加密的操作步骤如下：

(1) 打开WinRAR的工作界面，如图7-19所示。

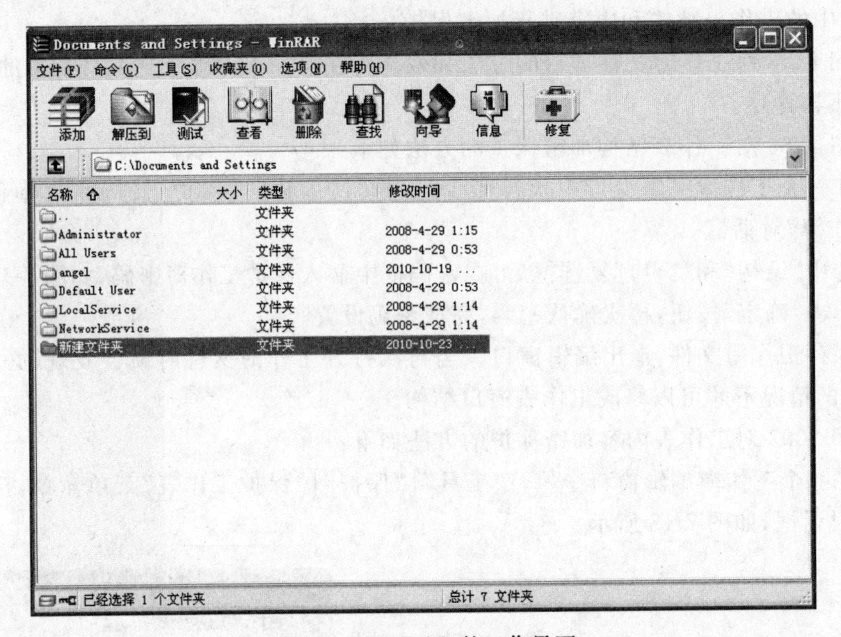

图7-19　WinRAR的工作界面

(2) 选定需要压缩的文件夹或文件，例如图7-19中的"新建文件夹"，然后单击工具栏中的"添加"按钮，打开"压缩文件名和参数"对话框，选择"高级"选项卡，如图7-20所示。

(3) 单击"设置密码"按钮，打开"带密码压缩"对话框，如图7-21所示。

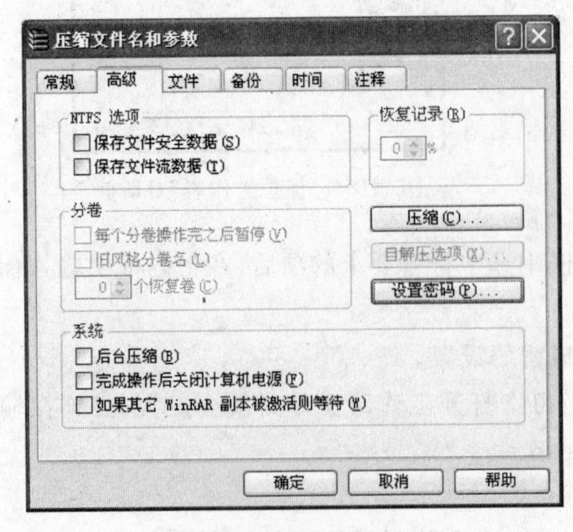

图7-20　"高级"选项卡

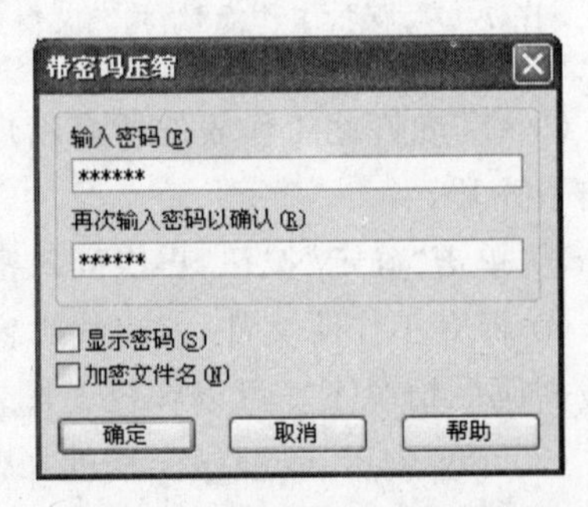

图7-21　"带密码压缩"对话框

(4) 密码输入完成后，单击“确定”按钮，退出“带密码压缩”对话框，返回到“压缩文件名和参数”对话框，单击“确定”按钮。WinRAR 便自动完成文件夹的压缩与加密。

5. Windows XP 系统的加密

Windows XP 具有多用户功能，并且不同用户还可以设置自己的用户密码。这样，一台计算机的不同用户都可以拥有自己隐私的计算机数据，在未经授权的情况下别人不能共享自己的数据。

用户密码既可以在安装 Windows XP 过程中创建用户账户时设定，也可以在 Windows XP 的控制面板中打开“用户账户”窗口进行设定。

6. 利用 BIOS 对计算机系统加密

一般的微型计算机主板 BIOS 中都提供了开机密码设置功能。当为一台计算机设置了开机密码以后，非授权用户就不能启动和使用它。这样计算机系统存储的数据的安全性就大大提高了。

7.2.3 计算机数据恢复

计算机硬盘常称为计算机系统的“数据仓库”，因而硬盘中数据的安全性备受计算机用户关注。为了提高计算机硬盘数据的安全性，人们根据硬盘工作原理研究出了一些数据恢复方法。下面首先讨论一下硬盘数据恢复的原理，然后介绍一款功能优越的计算机数据恢复软件。

1. 计算机硬盘数据恢复原理

计算机操作系统(例如 Windows)管理下的计算机硬盘通常分成 5 个功能区域，分别是主引导记录(Master Boot Record，MBR)、操作系统引导记录(Dos Boot Record，DBR)、文件分配表(File Allocation Table，FAT)、文件目录表(File Directory Table，FDT)、用户数据区(DATA)。主引导记录区和操作系统引导记录区存放有引导程序，主要作用是引导硬盘和逻辑盘，并对逻辑盘进行管理；文件分配表包含了分区内文件的分配信息，是操作系统寻找文件的关键；文件目录表中存放了逻辑盘根目录下所有的文件名、目录名、文件属性等信息，把文件目录表与文件分配表中的信息相结合就可以确定文件在磁盘上的位置；用户数据区占据硬盘的大部分空间，用于存放文件内容。硬盘上 5 个功能区域中的数据各司其职共同完成文件的读写，也就是说如果 5 个功能区当中的任何一个功能区中的数据遭到破坏，计算机便不能成功读取硬盘上的文件，导致用户数据丢失。如何尽可能多地找回丢失的用户数据是计算机数据安全技术需要解决的重要问题之一。

当计算机用户从硬盘上删除一个文件时，只是把位于 FDT 中的文件名的第一个字改为 E5 来表示该文件已经被删除，同时把 FAT 作相应改动，而位于 DATA 区的文件内容未有丝毫的改动；使用 Fdisk 删除分区、重建分区也只是对硬盘分区表(MBR 区中的 DPT)做了改动，未对数据区(DATA)作任何改动；使用 Format 进行格式化(不加参数 U)只是对文件的 FAT 进行改写，未对 DATA 部分作任何改动。可见当引导区损坏、分区表丢失，或因误操作进行了删除、重新分区甚至格式化等，只要没有对硬盘进行写操作，都可能重新打开硬盘找回丢失的数据。

2. 数据恢复软件 EasyRecovery

EasyRecovery 是由 ONTRACK 公司开发的，目前最流行的数据恢复软件。它不但能够对 FAT、NTFS 分区中的文件删除、格式化、分区造成的数据丢失进行恢复，还能够在 FAT 和 FDT 被破坏的情况下恢复数据，另外，还可以修复受损的 Excel、Word、PowerPoint、Zip 文件以及 Outlook 电子邮件。EasyRecovery 在恢复数据的过程中不重写硬盘，可以避免因写盘而造成新的数据丢失。

下面以恢复 C:盘上误删除的文件为例介绍操作步骤：

(1) 启动 EasyRecovery，如图 7-22 所示。

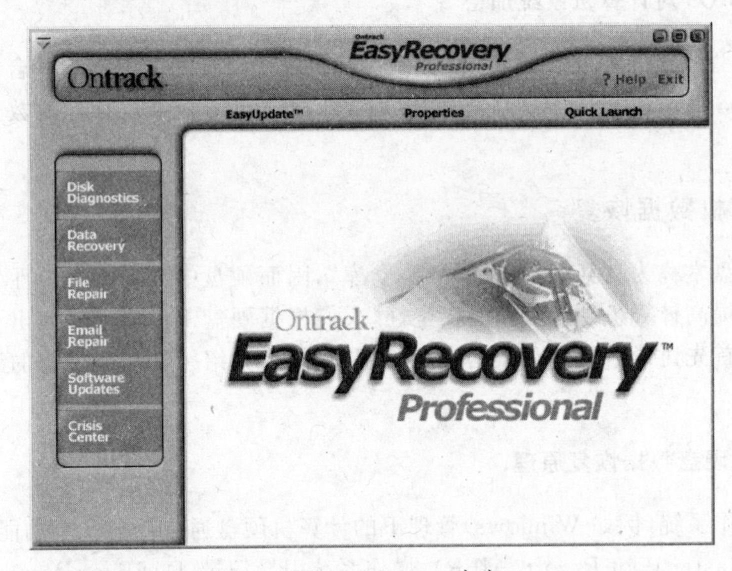

图 7-22 EasyRecovery 主窗口

(2) 在窗口左面的栏中选择 Data Recovery，右面显示出数据恢复的类型，如图 7-23 所示。

(3) 选择 DeletedRecovery，打开如图 7-24 所示的窗口。窗口左面的系统资源区列出了本计算机系统中的全部逻辑盘，选择其中的 C:盘。如果需要，还可以在窗口右下方的栏框中指定要恢复的文件类型。完成相关设置后单击 Next 按钮进入下一步。

(4) 稍等一会，窗口中就会显示出软件恢复的文件信息，如图 7-25 所示。本窗口就如同 Windows 的资源管理器，左边以树状目录的形式列出了所有从 C:盘上恢复的文件夹，右边则是所选中文件夹的内容。根据窗口右面所显示的文件信息判断出需要恢复的文件，选中它。单击 Next 按钮进入下一步。

(5) 在图 7-26 所示的窗口中指定恢复文件存放的位置。注意，为了保证数据的安全，恢复的文件不能放在 C:盘。单击 Next 按钮进入下一步。

(6) 于是软件自动完成文件的恢复，并把恢复的文件保存到指定位置，同时生成一份文件恢复情况报告，如图 7-27 所示，如果不需要保存或者打印文件恢复情况报告，直接单击 Done 按钮结束本次文件恢复。如果需要浏览恢复文件的内容，则像普通文件一样操作即可。

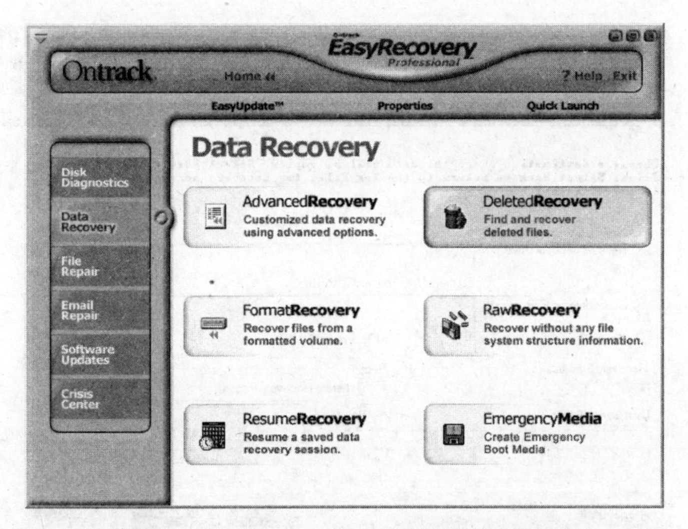

图 7-23 EasyRecovery 支持的数据恢复类型

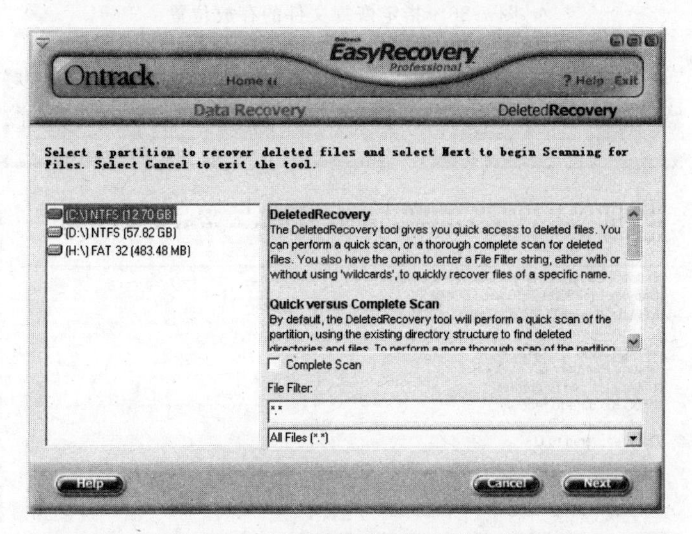

图 7-24 判断选择需要恢复的文件

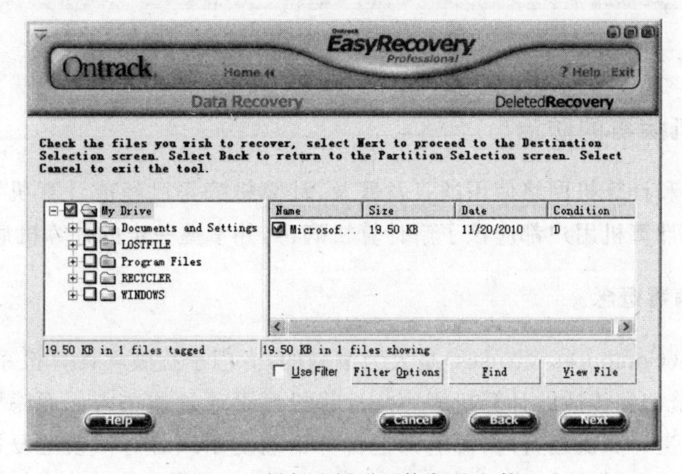

图 7-25 判断选择需要恢复的文件

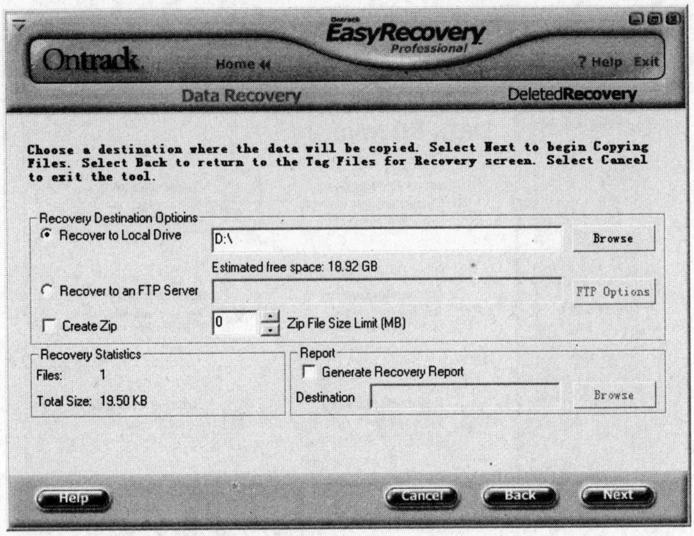

图 7-26　指定恢复文件的存放位置

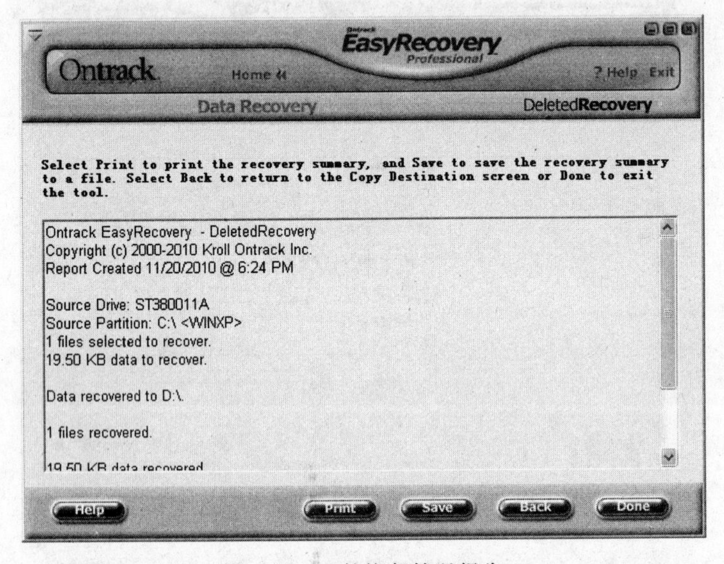

图 7-27　文件恢复情况报告

7.2.4　计算机病毒的防治

随着计算机和计算机网络使用的日益普及，计算机病毒已经成计算机和网络安全的主要威胁。每一个计算机用户都应该了解计算机病毒，并掌握一定的计算机病毒防治方法。

1. 计算机病毒概念

计算机病毒(Computer Viruses)是人为编制的，专门干扰破坏计算机系统正常工作的，可以潜伏，自行繁衍和传播的计算机程序。计算机病毒通过非法入侵而隐藏在可执行程序或数据文件中。当计算机运行时，源病毒把自身精确复制或者有修改地复制到其他程序体内，极大地破坏计算机的正常运行。因此，计算机病毒已成为计算机安全的主要威胁之一，我国和世界上许多国家都已宣布编制计算机病毒程序是违法行为。

目前，流行的计算机病毒已达数千种，新的计算机病毒还在不断涌现，给正常使用和管理计算机系统带来了极大的干扰和威胁。特别是学校教学用计算机，用户较多，而且每一个学生都有可能不自觉地成为计算机病毒的携带者和病毒源，因此这类计算机所受到的计算机病毒感染的威胁更严重。

计算机病毒有如下特性。

(1) 破坏性。当病毒被激活后就破坏计算机系统，例如删除数据、修改文件、抢占存储空间甚至对磁盘进行格式化，使计算机系统紊乱，甚至瘫痪，造成灾难性的后果。

(2) 隐蔽性。病毒是特制的短小精悍的程序体，常用汇编语言或高级语言编写，并在其中使用了许多编程技巧，可以隐藏在可执行程序或数据文件中，不易被察觉和发现。

(3) 传播性。病毒具有很强的再生机制，它可以在计算机系统的运行过程中不断搜索、感染其他程序，从而很快地扩散到磁盘存储器和整个系统上。

(4) 激发性。病毒可以在一定条件下，通过外界刺激活跃起来。例如在某个特定时间或日期、特定的用户标识符出现、特定文件被使用时，都可以使病毒体激活并发起攻击。

(5) 潜伏性。病毒具有依附于其他媒体而寄生的能力，可以在很长时间内进行传播和再生而不被人发现。病毒的潜伏性越好，在系统中存在的时间就会越长，病毒的传播范围就会越大。

(6) 非授权可执行性。

2. 如何发现计算机病毒

当计算机病毒侵入计算机后，计算机系统往往会有一些异常表现，不但有软件异常表现也有硬件异常表现。

(1) 隐藏在计算机系统引导区的病毒症状

① 计算机启动后，在某个时间段内频繁地进行读写操作，屏幕上出现一些莫名其妙的信息，则可断定计算机染上了病毒。

② 根据经验，发现计算机启动比以往慢，运行某个程序也变得很慢，则计算机有可能染上了病毒。

③ 用软件工具检查内存可用空间的大小，如果检查出的值比它应有的值小，则可以断定计算机染上了病毒。

④ 用磁盘扫描程序扫描检查磁盘是否有坏簇，如果有，则说明有可能染上了病毒。

(2) 寄生在可执行文件或数据文件的病毒症状

① 显示器上出现一些莫名其妙的信息。

② 计算机突然死锁，只能冷启动才能启动计算机。

③ 程序或数据神秘地消失。

④ 有些文件长度增加。

⑤ 有些可执行文件不能正常运行。

⑥ 生成一些无关的隐含文件或其他文件。

⑦ 文件图标发生变化。

⑧ 计算机有怪叫声。

⑨ 数据文件中记录项的小数点被挪位。

⑩ 在没有运行大型程序软件时经常提示内存不足。

⑪ 无法运行注册表或注册表被无故修改。

⑫ 键盘或鼠标被无故锁死。

总之，计算机中病毒的症状多种多样，每当计算机使用出现异常而又找不到原因时就可以怀疑是计算机中毒了。

3. 计算机病毒的预防

对计算机病毒应以预防为主。由于计算机病毒传播需要一定的传播途径，所以预防的主要的措施就是切断其传播途径。下面给出几条简单有效的计算机病毒预防措施。

(1) 上互联网时不要访问不可靠的网站，更不要从不可靠网站下载文件。

(2) 不要随便使用外来盘，使用前要认真地进行病毒检查。

(3) 慎玩计算机游戏。有很多游戏软件为了防止复制，一些加密手段中带有病毒。

(4) 对只读不写的存储设备，都应进行防写保护，这样可以有效地防止感染。

(5) 不接收、不打开可疑电子邮件。

(6) 安装"防火墙"，或使用虚拟专用网等。

4. 计算机病毒的清除

由于计算机病毒不仅干扰受感染的计算机的正常工作，而且它还会继续传播到其他计算机，最后造成不可估量的损失。因此，当计算机不慎感染病毒后，需要立即采取措施予以清除。

清除计算机病毒的有效方法就是使用杀毒软件杀毒。用户只要按照杀毒软件的菜单或对话框提示即可轻松杀毒。目前，国内外有很多杀毒软件，比较流行的有瑞星杀毒软件、诺顿杀毒(Norton Antivirus)软件、卡巴斯基杀毒(Kaspersky Anti-Virus)杀毒软件、金山毒霸杀毒软件等。杀毒软件不但具有病毒查杀功能还有病毒拦截功能，因此安装杀毒软件是最有效的防范病毒感染的方法。

7.2.5 使用防火墙软件

防火墙是本地网与外地网络之间的一道防御系统，可以监控进出网络的数据。防火墙有两项基本功能：对外禁止未授权的程序进入内部网络，对内限制内部用户访问外部的特殊站点。实际使用的防火墙产品有硬件防火墙和软件防火墙两种。硬件防火墙一般用于企业，通过守护 Internet 连接并过滤所有未经允许的请求信息对网络进行保护。软件防火墙则直接安装到计算机上，并在请求信息到达用户的计算机后对其进行过滤。硬件防火墙通常具有更高的安全性，而软件防火墙通常具备较低的价格且更加易于配置，更加适合一般计算机用户用于保护个人计算机数据安全。比较流行的硬件防火墙产品有联想网御防火墙系列、华为 Quick Way 防火墙、天融信公司的"网络卫士"防火墙等；比较流行的软件防火墙产品有天网个人防火墙、瑞星个人防火墙、绿盟科技的《绿色警戒》个人防火墙等。

防火墙有两种基本技术，即包过滤技术和代理服务技术。包过滤就是监视并过滤网络上流入和流出的每一个数据包,可信的数据包正常处理,可疑的数据包则直接丢掉。包过滤的优点是通用性好,缺点是不能区分包的好坏,需要建立大量的规则和策略。代理服务则是在防火墙上运行一些代理服务程序。代理服务程序可以叫做代理服务器,位于内部网络与外部网络之间,用于转接内外主机之间的通信。代理服务器根据安全策略决定是否为用户进行代理(数据转发)。代理服务的优点是可以对代理的主机提供第三方安全认证,并能够记录详细的日志信息。缺点是对于每一种服务都要编制专门的代理程序,当出现一个新的服务时不能及时更新,并且由于所有的通信流都需要代理服务器转发,可能产生网络服务的瓶颈。

那么防火墙与杀毒软件有什么不同呢?一般说来,防火墙主要用来防止外界对本机进行恶意攻击,比如可以封堵木马、黑客等,它通过检测、限制、更改跨越防火墙的数据流,尽可能地对外部屏蔽网络内部信息和运行状况,以实现网络的安全保护。杀毒软件主要用于预防上网时被病毒侵害,为计算机提供计算机病毒防护和查杀。

7.2.6 黑客攻击与防范

"黑客"是指利用通信软件通过网络非法进入公共或他人的计算机系统,截获或篡改计算机中的信息,危害信息系统安全的计算机入侵者,其行为称为"黑客"行为。简单地说,"黑客"就是指对计算机系统进行非授权访问的人员。

1. 黑客的攻击手段

黑客攻击网络的手段多种多样,并且不断更新。不过从攻击类型看,无外乎两类。

一类是主动攻击。这种攻击是通过一定方式获取攻击目标的信息,找出系统漏洞,侵入系统,然后有选择地破坏信息的有效性和完整性,例如邮件炸弹。

另一类是被动攻击。这种攻击是在不影响网络正常工作的情况下进行截获、窃取、破译以获取重要机密信息,其中包括窃听和通信流量分析,例如扫描器。

下面简单介绍几种常见的黑客攻击手段。

(1) 口令破解

黑客攻击通常从口令破解开始。所谓口令破解就是指用一些软件破解已经得到的经过加密的口令文档。在计算机网络系统中,用户的口令一般经过加密形成口令文档,然后保存在计算机中。加密过程通常是单向的,因此即使得到了口令文档也很难获得原口令。然而,黑客却可以使用特殊的软件对口令文档进行破解。

(2) 拒绝服务

拒绝服务是指攻击者占有大量的共享资源,使系统无法为其他用户服务,或者以过多的请求使服务器或路由器过载,甚至迫使服务器关闭。拒绝服务攻击是一种主动的破坏性攻击。

(3) 网络监听

网络监听是局域网中的一种黑客技术。在非交换式局域网中,数据是以广播形式传送的,网络中的每一个工作站和结点只要想要都可以获得,所以黑客通过网络监听就可以获得所有的报文,再加上局域网中数据多是明文传输,因此很容易造成信息丢失。网络监听是一种被动的攻击方式。

(4) 端口扫描

黑客使用一种称为扫描器的扫描程序自动扫描目标计算机的网络端口,可以不留痕迹地发现远程服务器的各种 TCP 端口分配及提供的服务、使用的版本以及其他一些服务信息。端口扫描不能够直接对网络进行攻击,但可以帮助黑客发现目标计算机系统的弱点,查找其漏洞,为黑客进行破坏性攻击打下基础。网络扫描是一种被动的攻击方式。

(5) 炸弹攻击

炸弹攻击是指黑客利用自编的炸弹攻击程序或工具软件,集中在一段时间内向攻击的目标计算机发出大量数据,使计算机出现负载过重、网络堵塞,最终使系统崩溃的一种网络攻击手段。

最常见的是电子邮件炸弹。电子邮件炸弹是指发件者以匿名的电子邮件地址不停地将电子邮件发送给被攻击方,过多的电子邮件加剧了网络负担、消耗了大量的存储空间,过多的处理可造成正常用户访问速度减慢,甚至造成操作系统瘫痪和邮件服务器死锁。还有一种邮件炸弹是将压缩文件发送到被攻击方的邮箱,一旦运行就会自动解压,一直"膨胀"到超出邮箱的容量,最终使其瘫痪。

2. 防范黑客

要防范黑客、保障网络安全,就要建立一个完善的网络安全策略,包括建立安全标准规范、安全管理保障和运用安全防范技术。下面介绍几种常见的安全防范技术。

(1) 防火墙技术

建立防火墙是一种最常用的防范黑客攻击的技术措施。通过防火墙可以在内网与外网之间建立一道安全屏障,对进入内网的数据进行检查和过滤,保护内网不受黑客攻击。

要使防火墙真正起到黑客防范和网络保护作用,必须对防火墙进行正确设置。

(2) 入侵检测技术

入侵检测系统可以通过对计算机系统的关键点进行信息收集和分析,从中发现网络或系统中是否有违反安全策略的行为和被攻击的迹象。它的主要任务有监视、分析用户或系统活动;系统构造和弱点审计;识别已知进攻的活动模式并向相关人员报警;对异常行为模式统计分析;评估重要系统和数据文件的完整性。

入侵检测是防火墙的合理补充,是一种积极主动的安全防护,提供了对内部攻击、外部攻击和误操作的实时保护,在网络受到危害之前拦截和响应入侵。

(3) 加密技术

加密是保障信息安全的基本技术之一。通过加密可以保护网络内部的数据、文件、口令和控制信息,可以保护网上传输的数据。数据加密通常包括数据传输加密、数据存储加密、数据完整性鉴别以及密钥管理等 4 种类型。

(4) 身份识别和数字签名

身份识别和数字签名是网络中进行身份证明和保证数据真实性、完整性的一种重要手段。目前常用的身份认证方式有 3 种。

① 利用用户本身特征进行认证,例如用户的指纹、声音、面像、虹膜等。

② 利用所知道的事件进行认证,例如口令。

③ 利用用户持有的物品进行认证,例如智能卡。

习题 7

1. 试举出几种软件系统维护的常用方法。
2. 提高计算机数据安全的措施有哪些？
3. 计算机病毒是如何产生的？主要传播途径有哪些？
4. 计算机病毒有哪些基本特性？如何防治？
5. 什么是网络黑客？如何防范黑客？

第8章 计算机应用实训

8.1 Windows 操作系统操作实训

【实训目标】

(1) 了解 Windows XP 的启动和关闭。
(2) 了解 Windows XP 桌面的组成。
(3) 掌握任务栏的操作和应用。
(4) 掌握 Windows XP 窗口、菜单、对话框的操作。
(5) 掌握文件或文件夹的管理。
(6) 掌握中英文输入法的使用,具备一定的打字速度。
(7) 通过创建多个用户,理解多用户操作系统概念。
(8) 了解磁盘维护技术。

【实训内容】

1. Windows XP 的启动与退出

(1) 启动 Windows XP,观察 Windows XP 桌面的组成。
(2) 在桌面上添加一个“画图”快捷方式图标。
(3) 用“手动方式”对桌面上的图标重新排列。
(4) 掌握从“开始”菜单关闭退出 Windows XP,关闭计算机的方法。理解这种“软件关机”的优点。

2. 桌面常用图标的操作

(1) 我的电脑

双击“我的电脑”图标,打开“我的电脑”,查看计算机中的资源。打开“系统属性”查看本机的配置。

(2) 回收站

双击“回收站”图标,打开“回收站”,练习掌握“回收站”中文件的“还原”、“清空”和“移动”方法。右击“回收站”图标,在快捷菜单上执行“属性”,打开“回收站属性”对话框,了解其内容。

(3) 任务栏

认识任务栏的组成和作用。

向任务栏上的快速启动区添加图标，使用快速启动区中的图标快速启动应用程序，从快速启动区移出图标。

打开、切换、关闭中文输入法。利用“控制面板”中的“区域和语言选项”隐藏/显示语言栏。在“Word”中分别使用英文、中文半角和中文全角等3种方式连续输入10个阿拉伯数字，比较它们的异同；比较英文标点符号和中文标点符号形状和输入方法的异同。

调节、设置计算机音量。

查看调整计算机系统的当前时间和日期，利用“控制面板”中的“任务栏和「开始」菜单”隐藏/显示任务栏上的“时钟”。

使任务栏处于未锁定状态，然后通过鼠标拖曳，改变任务栏的大小、位置，隐藏任务栏，最后使任务栏恢复原来的状态，并锁定任务栏。

3. 窗口、菜单和对话框的基本操作

(1) 在桌面上右击“我的电脑”图标，执行快捷菜单上的“资源管理器”菜单命令打开“资源管理器”。观察“资源管理器”窗口中标题栏、菜单栏、工具栏、状态栏、水平滚动条和垂直滚动条，并进行隐藏状态栏的操作。最后与“我的电脑”窗口相比较。

(2) 以“资源管理器”为例进行窗口的最大化、还原、最小化、任意缩放、移动等操作。

(3) 打开画图、记事本的窗口。观察窗口与程序的对应关系；窗口与任务栏上图标的对应关系；分别使用任务栏和按Alt+Tab键进行窗口的切换，并注意前台窗口与后台窗口的标题栏颜色以及任务栏上图标有什么不同。

(4) 在“资源管理器”窗口中，比较选中一个文件对象后打开的“编辑”菜单与单击空白处后打开的“编辑”菜单有什么不同。

(5) 在“资源管理器”窗口中分别右击空白处和单击一个文件图标，观察两种情况下的快捷菜单内容显示有什么不同，总结快捷菜单显示规律和使用特点。

(6) 打开“显示属性”对话框。

切换到“桌面”选项卡，把自己心爱的图片作为自己计算机的桌面。找出“桌面”选项卡上的列表框、下拉列表框和命令按钮。

切换到“屏幕保护”选项卡，设置一个保护时间为10分钟，内容为“欢迎您使用计算机”字样的屏幕保护画面。

(7) 复制活动窗口或对话框

打开“我的电脑”窗口，按Alt+PrintScreen键，接着进行“复制”操作，然后打开“画图”程序，执行“粘贴”操作，观察复制的窗口图片，最后把图片以picture为文件名保存到D盘根文件夹中。注意区分Alt+PrintScreen键和PrintScreen键的功能差别。

4. 文件管理

(1) 文件或文件夹快捷方式的创建

使用快捷菜单创建；使用右键拖曳法创建；使用快捷方式“向导”创建。

(2) 文件或文件夹的复制和移动

分别使用菜单法、鼠标拖曳、快捷菜单、快捷键等方法实现文件或文件夹的复制和移动。

(3) 文件或文件夹的重命名

分别使用右键菜单和按 F2 键完成某个文件或文件夹的重新命名。

(4) 文件或文件夹的删除和恢复

使用多种方法(不低于 5 种)删除文件或文件夹,然后再将删除到"回收站"的文件或文件夹恢复到原始位置。

(5) 文件或文件夹的搜索

执行"开始"|"搜索"菜单命令,打开"搜索结果"窗口,查找计算机中 D: 盘上所有 JPG 格式的图片文件并将其复制到 D 盘上新创建的文件夹中。

从"资源管理器"中执行"查看"|"浏览器栏"|"搜索"菜单命令,窗口左侧显示"搜索"浏览器栏,查找 C: 盘上以 t 字母开头的程序文件。

5. 多媒体工具使用

使用"录音机"录制一个 Wav 类型的文件;利用 Windows Media Player 试听一下刚录制的 Wav 文件的声音,利用 Windows Media Player 欣赏刚得到的一首 MP3 新歌。

6. 理解多用户操作系统

通过控制面板,再创建两个计算机用户,并分别登录,设置不同的桌面背景、屏幕保护程序及其他的一些个性化设置,理解多用户操作系统的概念。最后再把自己创建的用户删除。

7. 系统维护

(1) 检查 D 盘或自己优盘空间的大小,在资源管理器中对其进行格式化(注意在格式化 D 盘或优盘之前应该把其中的文件备份到一个安全的地方),对比格式化前后存储器容量的变化。

(2) 执行"开始"|"所有程序"|"附件"|"系统工具"|"磁盘碎片整理程序"菜单命令,打开相应工具窗口,整理 C: 盘碎片。

(3) 执行"开始"|"所有程序"|"附件"|"系统工具"|"磁盘清理"菜单命令,打开相应工具窗口,清理 C 盘上的垃圾文件。

(4) 使用磁盘"属性"对话框中的"工具"选项卡中"差错"栏中单击"开始检查"按钮,打开"磁盘检查"对话框,检查磁盘的"健康"状况。

8. 综合练习一

(1) 在 D: 盘新建一个文件夹,命名为"我的文件"。

(2) 在 C: 盘中查找第三个字母是 a 且小于 100KB 的所有的文本文件,并将其复制到 D: 盘的"我的文件"文件夹中。

(3) 将文件夹"我的文件"改名为 mine。

(4) 在桌面上为 D: 盘中的 mine 文件夹创建快捷方式。

(5) 将 D: 盘的 mine 文件夹的属性设置为"只读"和"隐藏"。

9. 综合练习二

在“资源管理器”窗口中依次进行如下操作。

(1) 在 D：盘根文件夹下建立两个新文件夹 document 和 picture。

(2) 在 C：盘根文件夹下建立两个文件 ok. doc 和 pic1. bmp。

(3) 将 C：盘根文件夹下的文件 ok. doc 复制到 D：盘 document 文件夹下。

(4) 将 D：盘 document 文件夹下的文件 ok. doc 重新命名为 myok. doc。

(5) 将 C：盘根文件夹下的文件 pic1. bmp 剪切到 D：盘 picture 文件夹下并重命名为 pic1. jpg。

(6) 删除 C：盘根文件夹下的 ok. doc。

(7) 搜索 C：盘中所有 jpg 类型的文件并复制到 D：盘 picture 文件夹下。

(8) 将 D：盘 picture 文件夹下的文件按大小降序排列。

(9) 恢复第(6)步删除的文件 ok. doc。

10. 中英文字符输入练习

借助“写字板”或专门的打字练习软件，按照正确的打字姿势和比较规范的指法，练习提高中英文字符的输入速度。达到每分钟输入不低于 35 个汉字或英文单词的目标。

8.2 Word 应用实训

【实训目标】

(1) 掌握 Word 2003 文档的建立、打开和保存等基本操作。

(2) 掌握文档的字符、段落格式化方法。

(3) 掌握图文混排的排版方法。

(4) 掌握表格的创建及编辑。

(5) 掌握文本框的使用以及流程图的绘制。

(6) 掌握文档页面设置方法。

【实训内容】

1. 文档处理

(1) 文档的新建与保存

新建一个空白文档，输入下面一篇短文。然后把文档以个人姓名为文件名，保存在 D 盘根目录下以个人学号命名的文件夹中，保存的文件类型为“Word 文档”。

常回家看看

“找点时间，找点空闲，领着孩子常回家看看……”几年前，陈红的一首脍炙人口的歌曲传唱了大江南北，也唱起了多少年轻人对父母无限的关爱和思念。以至于今天从收音机里听到这首歌，仍能让人十分的动情，勾起我归乡的期盼。

世界上最无私的爱是母爱，最博大的天空是父母的心胸，父母对儿女的关爱是世上任何一种文字都难以形容的。记得小时候，年少不更事，过着“衣来伸手，饭来张口”的生活，完全没有懂得父母对自己的呵护是那样的专注、那样的倾心。及至到了自己为人父、为人夫，把同样的一份爱传承给自己的儿女，才懂得做父母的心境。甚至有一种倾情于儿女身上的呵护是自身在强作欢颜，作出莫大牺牲后才能获取的。

十岁那年，我上小学三年级，十月是我的生日。那时的条件十分的艰难，我们能穿上一件新衣、吃上一顿猪肉都是做孩子的奢侈。于是我十分盼望自己的生日能早一天到来，缘由便是与父母约好穿上一身新衣服、吃一次红烧肉。

从八月桂花香浓的那一天，掰着手指数到九月重阳菊花黄，好不容易转到了十月。十月的天气已经显得寒意渐浓，自己用小笔在书上画着勾，还有十天就要过生日了。我问父亲：“什么时候给我做新衣服，就要过生日了。”父亲用那双带着淡淡忧郁的眼睛看着我，眉头紧皱，半晌不说话，我又问母亲，母亲也叹了口气：“孩子，还早呢！放心吧，妈一定为你做一身新衣服。”我揪着的心放下了，蹦蹦跳跳地上学去……

第二天父亲便离开了家，我问妈妈：“爸爸上哪儿去了？”妈妈说：“爸爸到别人家帮工去了。”我仍未放在心上，及至到了过生日的前一天晚上，父亲才回到家中，拎回来5斤猪肉还有我的一身新衣服，那晚我的心美极了，为自己的衣服、为明天能吃上的一顿肉。

过了许多年，从母亲的口中才知道，父亲是去100多里外的沙矿上替别人挑沙，挣回来二十块钱为我过生日，一霎间，我什么都明白了。

从此一有空闲我总回到父母的身边去看看。不为别的，只想起父母亲老了许多，能时常陪陪他们，让他们感受儿子的孝心！享受亲情的关爱与满足。

(2) 编辑文档

① 将文章标题设置为三号、加粗、方正舒体字、蓝色、居中。

② 将文章正文设置为四号、华文行楷字体、水绿色。

③ 将文章段落设置为两端对齐，左缩进两个字符，单倍行距，首行缩进两个字符，并设置首字下沉。

④ 自己绘制或从剪贴画中选择一幅与《常回家看看》意境相符的图片，并把它编辑好放在文中，并设置图片的环绕方式为“嵌入式”。

⑤ 为整篇文档加入“拒绝复制”字样的文字水印。

(3) 页面设置

① 在页眉中输入“诗人传记”，并设置为小五号、楷体、加粗、居中的格式。

② 页面纸张设置为A4(21cm×29.7cm)上下页边距分别设置为2.4cm，左右页边距设置为3.2cm，左侧装订，装订线位置为1cm。

2. 表格制作与数据处理

(1) 在文档中创建一个表格，如图8-1所示。

(2) 编辑表格与数据处理

① 设置单元格对齐方式为“中部居中”；字体为“幼圆五号”。

② 将表格的外框线设置为3磅的斜纹线条，表格底色为浅青绿色。

姓名	工资（单位：元）						合计
	一月	二月	三月	四月	五月	六月	
李丽	2300	2300	2400	2450	2600	2600	
李晓刚	2100	2100	2100	2350	2350	2350	
李刚	3200	3200	3200	3400	3400	3500	
张明亮	2300	2300	2300	2500	2500	2500	
赵伟	3300	3300	3300	3600	3600	3600	
平均值							

图 8-1　某公司员工上半年工资表

③ 为表格添加一个标题“公司员工上半年工资表”，字体为宋体，字号为小五，居中对齐。

④ 计算公司上半年每个员工的工资总和以及每个月员工平均工资。

3. 图形绘制与公式编辑

(1) 绘制如图 8-2 所示的图形，并把它们组合在一起。

开始结束用椭圆框

(2) 利用公式编辑器编辑以下公式。

① $\sum_{i=0}^{n} \sqrt{a_i + b_i}$

② $\int \frac{du}{u\sqrt{u^2 - a^2}} = \frac{1}{a}\text{arcsec}\,\frac{u}{a} + c$

③ $\text{sgn}(t) = \begin{cases} 1, & t > 0 \\ -1, & t < 0 \end{cases}$

④ $\int_{-\infty}^{+\infty} f(t)\delta(t - t_0)\,dt = f(t_0)$

4. 制作毕业生推荐表

参照图 8-3 和图 8-4 给出的《毕业生推荐表》样式（共 5 张表格），用 Word 制作自己的毕业生推荐表。

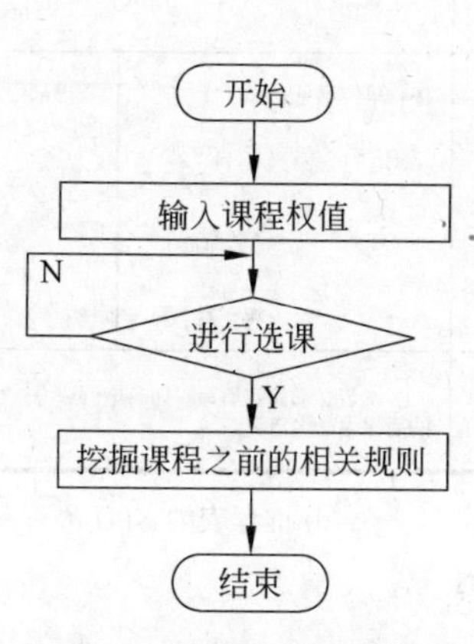

图 8-2　选课推荐流程图

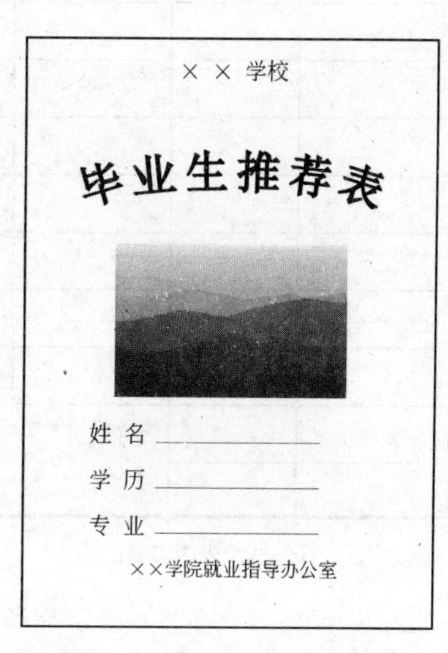

图 8-3　毕业生推荐表封面

自荐书

尊敬的领导：

您好！

我是一名刚毕业于××学校××专业的学生，在投身社会之际，为了找到符合自己专业和兴趣的工作，更好地发挥自己的才能，实现自己的人生价值，也为了贵单位的发展壮大，谨向您作自我推荐。

作为一名××专业的学生，我热爱自己的专业，并为其投入了巨大的热情和精力。在校期间，我学习刻苦，在德、智、体、美各个方面取得了优异成绩。我一直相信："机遇会给予每一个人，只有充分准备的人才不会和它擦肩而过。"在掌握专业知识的同时，我利用寒暑假进行社会实践活动，深入社会，努力提高自己的综合素质。在求知之余我不忘对自己人品的塑造，多次参加业余党校学习，以提高思想道德素质。曾任团总支书记，并得到领导和老师们的好评。

通过几年的学习，我已具备了扎实的××专业知识，在××方面有自己的专长，这恰好是您单位急需的。我正处于人生中精力充沛的时期，我渴望在更广阔的天地里展露自己的才能，我不满足于现有水平，殷切希望在实践中得到锻炼和提高。因此，我希望能够加入你们的行列，接受挑战。

此致

敬礼

自荐人：×××

(a) 推荐表内容(1)

毕业生基本情况	姓名		性别		照片
	年龄		民族		
	籍贯		政治面貌		
	本人成分		健康状况		
	专业			学制	
	家庭住址			联系电话	
特长爱好					
专业技能					
求职意向					
个人简历					
获奖情况					
任职情况（学校-社会团体）					

(b) 推荐表内容(2)

学业成绩	课程	成绩	课程	成绩
			教务部门审查情况：盖章 年 月 日	

(c) 推荐表内容(3)

在校表现	该生在校期间尊敬师长，团结同学，有远大的理想，能以特有的奋斗精神一直付诸行动，在努力学习的同时练就所长，不断完善自我，并具有较高的思想品质，是一位品学兼优的毕业生。 盖章 年 月 日	
学校意见	同意推荐。 盖章 年 月 日	
用人单位意见	接收单位意见： 盖章 年 月 日	管理部门意见： 盖章 年 月 日
备注	本表必须如实填写，如有虚假成分，由此产生的后果由学生自负。	

(d) 推荐表内容(4)

图 8-4 毕业推荐表内容

基本要求如下。

(1) 封面中“毕业生推荐表”设置为艺术字。

(2) 尽量使用能展现母校或者个人风采的图片。

(3) 表中应填入自己的真实情况。

(4) 设置为用A4纸打印的页面，打印效果力求美观。

8.3 Excel应用实训

【实训目标】

(1) 掌握电子表格数据类型与输入方法。

(2) 掌握电子表格常用编辑方法。

(3) 掌握电子表格的格式化方法。

(4) 掌握电子表格的数据计算与处理功能。

(5) 掌握电子表格的图表操作。

(6) 掌握电子表格的打印方法。

【实训内容】

1. 班级学生信息表制作

(1) 新建一个工作簿，在工作表Sheet1中建立图8-5所示的工作表，然后输入本班同学的信息数据。

	A	B	C	D	E	F	G	H	I
1									
2									
3									
4									
5					×班学生基本信息				
6									
7	学号	姓名	性别	籍贯	住址	联系电话	备注		
8									
9									

图8-5 班级信息表

(2) 调整表头和标题，使Sheet1成为如图8-6的形式。

	A	B	C	D	E	F	G	H	I
1									
2									
3									
4									
5					**×班学生基本信息**				
6									
8		**学号**	**姓名**	**性别**	**籍贯**	**住址**	**联系电话**	**备注**	
9									
10									

图8-6 设置后的班级信息表表头与标题

(3) 至少输入20个学生的信息。要求“学号”、“性别”、“籍贯”、“住址”等分别使用不同的自动填充方法完成，其中“住址”字段填入宿舍号。

(4) 把当前工作簿保存到D盘上以班级命名的文件夹中，工作簿以自己的姓名作为文件名，例如王二小.xls。

2. 班级成绩统计

(1) 打开保存于D盘的工作簿，在工作表Sheet2中建立图8-7所示的表格。

	A	B	C	D	E	F	G	H
1								
2								
3								
4								
5			×班英语成绩单					
6								
7		姓名	学号	卷面成绩				
8								
9								
10								

图8-7　班级英语成绩统计表

(2) 将工作表Sheet1中的“学号”和“姓名”数据引入到工作表Sheet2中，要求当改动工作表Sheet1中的某个姓名时，工作表Sheet2中相应的姓名能自动地改动；输入学生“卷面成绩”。

(3) 在“学号”和“卷面成绩”之间插入一列“平时成绩”，并输入平时成绩数据。在“卷面成绩”后增加一列“英语成绩”。

(4) 要求使用公式填充方法计算英语成绩。“英语成绩”＝“平时成绩”×30％＋“卷面成绩”×70％。

(5) 采用“复制工作表”的方法，分别在工作表Sheet3～Sheet5中建立“×班高等数学成绩单”、“×班计算机基础成绩单”、“×班思想品德修养成绩单”。

(6) 插入一个新工作表Sheet6，表头为“成绩汇总表”，包括“姓名”、“学号”、“数学”、“英语”、“计算机”、“思修”等字段。把需要的数据从Sheet2～Sheet5中引入到Sheet6。要求当改动表Sheet2～Sheet5中的某个学生成绩时，表Sheet6中的数据能自动地作相应改动。

(7) 把工作表Sheet1～Sheet6分别更名为“班级学生基本信息”、“英语成绩”、“高等数学成绩”、“计算机基础成绩”、“思想品德修养成绩”、“成绩汇总表”。

(8) 保存所完成的工作。

3. 班级成绩分析处理

打开保存在D盘的工作簿，把“成绩汇总表”设为当前工作表。

(1) 给“成绩汇总表”增加“总分”、“平均分”两列。使用公式求“总分”，使用函数AVERAGE()求“平均分”，结果保留1位小数。

(2) 按“学号”升序进行快速排序。

(3) 在表格最右增加“名次”一列，按照总分进行排名。

(4) 把平均90分以上的用红色底纹表示以示醒目。

(5) 在表格最右增加“简评”一列。给总分高于360的同学以“很棒”的简评；给总分低于240的同学以“别泄气”的简评；给其余同学以“再加把劲”的简评。

(6) 在表格的下边统计各科的平均分、优秀率、及格率。

最后的“成绩汇总表”如图8-8所示。

(7) 插入一个新的工作表Sheet7，根据“成绩汇总表”中的数据统计出平均分为不及格

(低于60)、中等(60～79)、良好(80～89)、优秀(90以上)的人数占总人数的百分比,并记录在Sheet7中。

(8) 根据表Sheet7的数据绘制图表,以饼图形式显示各成绩段人数的百分比,如图8-9所示。

期终成绩汇总表

学号	姓名	思修	数学	英语	计算机	总分	平均分	名次	简评
08601	滕飞	78	100	77	79	334	83.5	5	再加把劲
08602	梁佳豪	90	98	92	90	370	92.5	1	很棒
08603	王豪	87	76	56	82	301	75.3	12	再加把劲
08604	牧财财	66	89	76	85	316	79.0	6	再加把劲
08605	陈楠楠	76	55	89	89	309	77.3	9	再加把劲
08606	叶飞	100	97	87	79	363	90.8	2	很棒
08607	董畅	93	45	76	90	304	76.0	11	再加把劲
08608	高亮	67	64	99	82	312	78.0	7	再加把劲
08609	洪武	57	88	34	85	264	66.0	14	再加把劲
08610	朱棣	77	45	67	89	278	69.5	13	再加把劲
08611	范昱	66	78	87	79	310	77.5	8	再加把劲
08612	梁都	79	78	89	90	336	84.0	4	再加把劲
08613	许玉	91	90	98	82	361	90.3	3	很棒
08614	殷塘	47	85	91	85	308	77.0	10	再加把劲

各科平均分	76.7143	77.7143	79.8571	84.714
各科优秀率	28.6%	28.6%	28.6%	21.4%
各科及格率	85.7%	78.6%	85.7%	100.0%

图8-8　分析处理后的成绩汇总表

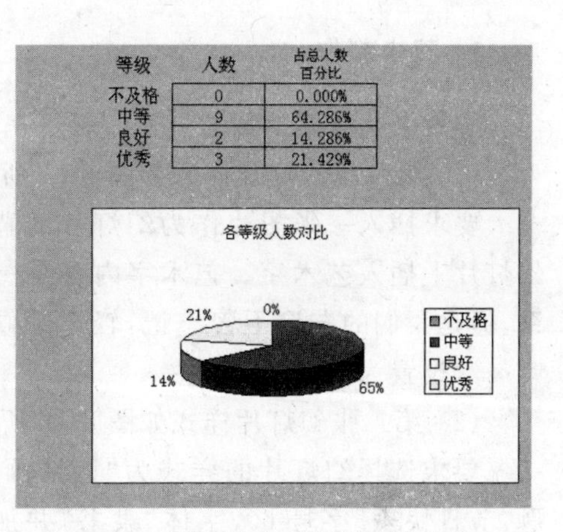

图8-9　用图表显示成绩统计结果

4. 考场编排表制作

(1) 新建一个名为"2008-2009-1学期计算机应用基础考试安排"的工作簿,完成如图8-10所示的考场安排表。

计算中心2008-2009学年第一学期 2008级计算机应用基础课程期末考试安排(东校区)						
场次	日期	时间	考场	班级	监考人员	备注
1	2009年1月5日 星期一	9:00-11:00	中心A机房	会计08-1		
			中心B机房	会计08-2		
			中心C机房	会计08-3		
			中心D机房	审计08-1		
			中心E机房	审计08-2		
2	2009年1月5日 星期一	14:30-16:30	中心F机房	物流08-1		
			中心G机房	物流08-2		
			中心H机房	国贸08-1		
			中心I机房	国贸08-2		
			中心J机房	电气08-1		

图8-10　考场安排表

(2) 打印制作完成的考场安排表,要求:设置纸张大小为A4,打印方向为横向,选择居中方式为水平居中,在页眉中部给出工作表的标题,页脚给出页码、总页数以及当前日期。

8.4 PowerPoint应用实训

【实训目标】

(1) 掌握演示文稿的创建。

(2) 掌握幻灯片的编辑方法。

(3) 掌握幻灯片的格式化及美化方法。

(4) 掌握演示文稿的动画技术。

(5) 掌握演示文稿的放映技术。

【实训内容】

1. 贺卡制作

本贺卡共包括 3 张幻灯片。对每一张幻灯片及演示文稿要求如下。

(1) 第一张幻灯片样式如图 8-11 所示。

要求插入一张图片作为幻灯片的背景，再在该幻灯片上插入艺术字。艺术字内容是“虽然疏于联系，但是我们的友谊不曾忘记，轻声问候一声，你好吗…”，设置为幼圆、28 号字。

图 8-11　第一张幻灯片

(2) 第二张幻灯片样式如图 8-12 所示。

要求选择幻灯片的样式为“诗情画意. pot”；标题“节日快乐”字号 60、字体“隶书”并加粗，再将标题文字加上阴影。

内容为“相识的日子，相知的岁月，共享友谊的温馨。一张小小的贺卡载满思念与祝福，传递你我之间的情感，祝节日快乐!”并将文本框填充颜色设定为浅绿。

(3) 第三张幻灯片样式如图 8-13 所示。

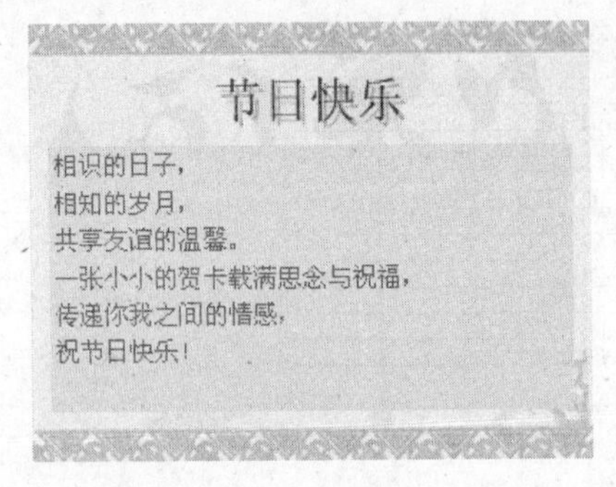

图 8-12　第二张幻灯片

图 8-13　第三张幻灯片

(4) 演示文稿综合设置。

通过幻灯片母版，为每张幻灯片插入日期(自动更新)以及幻灯片编号，页脚“友谊地久天长”。所有幻灯片切换效果为随机、中速，声音为风铃。保存文稿，命名为“贺卡. ppt”。

2. 制作宣传学校的演示文稿

演示文稿的内容及要求如下。

(1) 演示文稿第一页(封面)的内容。要求：

① 添加标题为“××学校”，文字分散对齐、宋体、48 磅字、加粗，加阴影效果。

② 加副标题为“制作日期”，文字居中、宋体、32 磅字，加粗。

③ 插入相应的网址，并超级链接到相应的主页。

④ 插入学校校徽。

(2) 演示文稿第二页的内容为“学校简介”。

(3) 演示文稿第三页的内容为“院系设置”，要求：

① 为每一个院系设置项目符号，颜色为“红色”。

② 插入校园的风景图片。

(4) 添加演示文稿，介绍各个院系的详细情况，每一页都要插入返回第三页的动作按钮。

(5) 设置背景为“白色大理石”的纹理填充效果。

(6) 为幻灯片添加背景音乐。

3. 制作个人宣传片

制作一个关于本人的演示文稿。要求演示文稿中心明确，突出个性，展现亮点；幻灯片应该图文并茂、内容丰富、感染力强。

操作参考步骤如下。

(1) 为演示文稿设计合适的幻灯片母版内容。

(2) 对每张幻灯片的背景、文字等对象设置好恰当的格式。

(3) 定义每章幻灯片在播放时出现的切换效果，加上切换声音。

(4) 插入符合幻灯片主题的旁白或背景音乐。

(5) 对幻灯片进行排练计时，然后使用排练计时进行放映。

(6) 将演示文稿打包。

4. 制作和演示正弦波

用 PowerPoint 制作一个正弦波演示课件。要求演示效果良好。

操作参考步骤如下。

(1) 启动 PowerPoint 应用程序，创建一个新文档。

(2) 单击“绘图”工具栏中“椭圆”按钮，在幻灯片中绘制一个小椭圆(用它来表示动点)。

(3) 设置该椭圆的“形状高度”和“形状宽度”分别为 0.2cm；分别设置其填充颜色和线条色为“红色”。

(4) 将运动点放置于幻灯片的合适位置，选中该点，打开“自定义动画”任务窗格，在该窗格中单击“添加效果”按钮，然后执行“动作路径”|“其他动作路径”菜单命令，打开“添加动作路径”对话框。

(5) 在对话框中选择“正弦波”选项，单击“确定”按钮，在幻灯片中添加一个正弦波运动图形。调整正弦波的幅度和长度；放大幻灯片的显示比例，按 PrintScreen 键将屏幕复制下来。

(6) 按 Ctrl＋V 键将屏幕图片粘贴到幻灯片中。裁剪图片，只保留路径(正弦波)部分。调整路径图片大小及位置，使图片上的正弦波路径与动点的实际正弦波路径重合。再将路径图片设置为“置于底层”。

(7) 为动点选择一个合适的动画速度，并通过“效果选项”将动画效果设置为重复“直到下一次单击”，最后单击“确定”按钮完成设置。

(8) 按 F5 键观看正弦波演示效果。

8.5 Internet 应用实训

【实训目标】

(1) 掌握 Internet Explorer 的基本用法。

(2) 掌握电子邮件的基本用法。

(3) 掌握信息检索及文件的下载方法。

(4) 了解视频网站的使用。

(5) 学会使用个人空间、博客。

(6) 学会使用校园网上的教学资源。

(7) 学会通过期刊数据库查找文献资料。

【实训内容】

1. 给浏览器设置首页，并在收藏夹中保存 5 个网站

具体操作步骤(仅供参考)如下：

(1) 在 Internet Explorer 地址栏输入 www. baidu. com，按 Enter 键，进入百度网站。

(2) 执行“工具”|“Internet 选项”菜单命令，弹出“Internet 选项”对话框。

(3) 单击“使用当前页”按钮，完成首页的设置。

(4) 在 Internet Explorer 地址栏输入 www. sina. com，按 Enter 键，进入新浪网站。

(5) 执行“收藏夹”|“添加到收藏夹” 菜单命令，打开“收藏夹”对话框。

(6) 单击“添加”按钮，将新浪网加入收藏夹。

(7) 重复步骤 4～6，至少在收藏夹中添加 5 个网站。

2. 电子邮箱的使用：申请免费邮箱、设置通讯录、群发邮件、发送带有附件的邮件

操作参考步骤如下。

(1) 申请邮箱

① 在 Internet Explorer 地址栏输入 www. 163. com，按 Enter 键，进入网易。

② 单击窗口上方的 “免费邮箱”超链接，进入注册页面。

③ 一步一步填写完相关信息后，完成网易邮箱的申请。

(2) 设置通讯录

① 将自己的邮箱地址告诉周围的同学，让他们给自己发邮件。

② 进入收件箱，打开一封同学发来的邮件。

③ 在“发件人”一栏，单击“添加到通讯录”链接，弹出“添加联系人”对话框。

④ 正确设置对方姓名后，单击“确定”按钮，该用户已被加入通讯录。

⑤ 重复上述步骤，在通讯录中至少添加 5 个用户。

(3) 群发邮件

① 单击“写信”按钮,打开写信界面,写一些鼓励对方好好学习计算机技术的内容。

② 在右边的通讯录中,单击 5 个好友的名字,就会发现,这些好友的电子邮件地址会自动添加到“收件人”一栏。

③ 单击右边的“信纸”标签,可以选择一个漂亮的信纸。

④ 单击最下面的“发送”按钮,就会将这封邮件同时发向你的 5 个好友。

(4) 发送带有附件的邮件

① 单击“写信”按钮,打开写信界面,写入“见附件”几个字作为信的内容。

② 在“收件人”一栏,填入自己的邮箱地址。

③ 单击“添加附件”链接,弹出“文件上载”对话框。

④ 找到自己计算机上的一个 Word 文档(不要太大),单击“打开”按钮。

⑤ 单击最下面的“发送”按钮,这封带有附件的邮件就发送到自己的邮箱中了。

3. 在百度中下载歌曲

操作参考步骤如下。

(1) 在 Internet Explorer 地址栏输入 http://dl. xunlei. com/,到迅雷软件中心下载“迅雷”软件,安装“迅雷”。

(2) 在 Internet Explorer 地址栏输入 http://mp3. baidu. com,进入百度的 mp3 搜索页面。

(3) 搜索栏输入自己喜欢的歌曲的名字,然后按 Enter 键。

(4) 在结果列表中,找一个格式为 MP3 的超链接,单击后弹出对话框。

(5) 在新弹出的对话框中出现了该歌曲的链接。右击该超链接,在出现的快捷菜单上执行“使用迅雷下载”菜单命令,再在打开的对话框中指定歌曲文件存放的位置,就可以开始下载了。

4. 视频网站的使用:观看和下载

操作参考步骤如下:

(1) 打开 Internet Explorer,进入优酷网(www. youku. com)。

(2) 在搜索栏输入“张娜拉 美女醉酒”,单击“确定”按钮。

(3) 选择一个搜索结果,单击即可进入,自动开始播放。

(4) 下载安装“维棠”软件,并运行。

(5) 将上述视频的网址复制下来,然后在“维棠”中单击“新建”按钮,再单击“确定”按钮,就可以将该视频下载下来了。

5. 个人空间、博客的使用

在 QQ 空间中发表日志,设置背景音乐。

具体操作步骤(仅供参考):

(1) 在 QQ 空间中发表日志

① 登录 QQ,用鼠标指向自己的头像,在弹出的菜单中执行“QQ 空间”菜单项。

② 进入 QQ 空间后,单击“日志” 超链接。

③ 进入日志界面后,单击“写日志”按钮。

④ 写一篇日志,内容要包括图片。

⑤ 单击下面的“发表日志”按钮,完成日志的发表。

(2) 给 QQ 空间添加免费播放器

QQ 空间里有很多漂亮的播放器,但这些都收费,可以通过搜索 QQ 空间音乐播放器代码,为 QQ 空间添加免费的播放器,步骤如下。

① 在 Baidu 首页的检索框中输入“QQ 空间播放器代码”,按 Enter 键,查找 QQ 空间播放器代码,例如下面是找到的几个:

旋律 Qzoner 播放器 javascript:window. top. space_addItem(6,1228,0,0,200,200,0);

水晶年代 Qzoner 播放器 javascript:window. top. space_addItem(6,703,0,0,200,200,0);

音乐的 Qzoner 播放器代码 javascript:window. top. space_addItem(6,702,0,0,200,200,0);

MP3 的 Qzoner 播放器代码 javascript:window. top. space_addItem(6,676,0,0,200,200,0)。

② 单击装扮空间进入空间商城,选择一行代码复制到浏览器地址栏中,按 Enter 键确定,可以看到免费播放器添加好了,然后移动播放器到任何地方,单击“保存”按钮。

(3) 给 QQ 空间添加背景音乐

① 必须拥有一个播放器才能添加背景音乐,如果自己的空间没有播放器,请按上面步骤添加。

② 新打开一个网页,进入百度的 MP3 搜索页面,搜索一首歌曲,比如“求佛”。

③ 单击其中一个搜索结果,在弹出的窗口中,有该歌曲的链接,在该链接上右击,执行“复制快捷方式”。

④ 回到 QQ 空间主页,单击“音乐盒”超链接。

⑤ 进入音乐盒后,单击右侧的“添加背景音乐”按钮。

⑥ 就会看到一个列表中有很多歌曲(先不要单击,这些一般都需要 Q 币),把滚动条往下拉,然后单击“添加网络音乐”按钮,就会出现添加网络音乐页面。

⑦ 在“歌曲名”一栏填入“求佛”,在“歌手名”一栏填入“誓言”,最后将刚才复制的链接地址粘贴到在“歌曲链接”一栏,单击“添加”按钮,这样就完成了一首歌曲的收藏。

⑧ 添加完成后,单击“返回我的收藏”,在“我的收藏”里面,在要设置为音乐的文件前面的复选框打钩(默认已经选上了),然后,单击“设为背景音乐”即可。

⑨ 邀请同学进入自己的 QQ 空间,试听一下背景音乐。

6. 校园网上教学资源的使用

操作参考步骤如下。

(1) 进入校园网网络教学系统。

(2) 进入在线教学点播系统,点播一门课程,通过网络进行学习。

(3) 选择一门自己感兴趣的精品课程,浏览精品课程中的资源,并进行学习。

(4) 通过全国高校精品课程建设工作网站(http://www.jpkcnet.com/new/),查找相关的精品课程,并选择一个精品课程网站进入,浏览课程中的资源。

(5) 浏览校园网上其他的教学资源,例如英语资源、各种课件等,并将自己感兴趣的下载下来进行学习。

7. 文献资料的查找与下载

具体操作步骤(仅供参考)。

(1) 进入校园网图书馆主页。

(2) 打开可用的期刊全文数据库,例如“同方 CNKI”或者“万方中国数字化期刊群”。

(3) 按篇名检索一下“网络环境下大学生学习”,查看检索到的文章摘要。

(4) 选择几篇自己感兴趣的文章下载下来,保存到本地计算机上,打开文章阅读。

(5) 按其他检索项,比如按关键词、作者、期刊等进行检索。

(6) 通过校园网上的数字图书馆,查找感兴趣的电子图书,并进行阅读。

参 考 文 献

[1] 王文生，汤德俊.大学计算机基础教程[M].北京：清华大学出版社，2008.

[2] 徐惠民，徐雅静.大学计算机基础[M].2版.北京：人民邮电出版社，2009.

[3] 崔明远，刘义.计算机组装与维护实用教程[M].北京：北京大学出版社，2007.

[4] 孙新德.大学计算机应用基础[M].郑州：河南科学技术出版社，2009.

[5] 王战伟，等.计算机组成与维护[M].北京：电子工业出版社，2007.